气质女人必修课

拱瑞◎编著

做灵魂
有香气的
女人

浙江工商大学出版社
ZHEJIANG GONGSHANG UNIVERSITY PRESS

图书在版编目（CIP）数据

做灵魂有香气的女人 / 拱瑞编著 . — 杭州：浙江
工商大学出版社，2017.9

ISBN 978-7-5178-2213-4

Ⅰ.①做… Ⅱ.①拱… Ⅲ.①女性—修养—通俗读物
Ⅳ.① B825.5-49

中国版本图书馆 CIP 数据核字（2017）第 132472 号

做灵魂有香气的女人

拱瑞 编著

责任编辑	马齐旖旎　谷树新
封面设计	思梵星尚
责任印制	包建辉
出版发行	浙江工商大学出版社

（杭州市教工路 198 号　邮政编码 310012）

（E-mail: zjgsupress@163.com）

（网址：http: //www.zjgsupress.com）

电话：0571-88904980，88831806（传真）

排　　版	北京东方视点数据技术有限公司
印　　刷	北京德富泰印务有限公司
开　　本	710mm×1000mm　1/16
印　　张	19
字　　数	279 千
版 印 次	2017 年 9 月第 1 版　2017 年 9 月第 1 次印刷
书　　号	ISBN 978-7-5178-2213-4
定　　价	48.00 元

前 言

罗曼·罗兰说过:"气质是很抽象的东西,但是它给人的印象却非常明显。"气质是一种内在的修养,它是思想内涵的体现,洗练出了超凡脱俗的"女人味"。在女人的成长过程中,气质会融入个性,并不断地更新,最终造就女人与众不同的韵味。气质是一种智慧,它在点点滴滴的细节中对女人进行着塑造,让女人散发出迷人的味道,拥有持久的魅力。气质女人不仅仅是如诗如画的女人,更重要的是她们已学会如何绘织如诗如画的风景。气质女人既不依附于男人,也不脱离女人本质,在自己能力之内尽量做得更好;气质女人拥有独立的思考能力,拥有美好的理想,也有为这个理想不断付出、持续前进的激情。

气质决定着女人在别人心目中的形象,是女人在现代生活的各个领域中获得成功的必要前提。气质是女人获得幸福的最大资本,在很大程度上决定了女人一生的幸福。现代女人,既要温柔,又要坚强;既要注重内在修养,又要注意外在装扮;既要幸福的家庭,又要成功的事业;既要奉献,又要善待自己……这些都需要女人在现实的生活中不断培养自己的气质。

只有发掘出属于自己的独特魅力,女人才能找到通往幸福的路径,拥有完美的人生。

气质是女人永恒的化妆品。动人的容颜无法抗拒岁月的印痕,唯有气质,如陈年佳酿般随着女人自身修养的完善和自我价值的提升,能让女人体现出无

1

与伦比的恒久魅力，永远散发着迷人的芳香。一个女性如果全靠各种化妆品来支撑门面，生命必定是空白的，而内在的气质美却可以延缓衰老并使人年轻，可以在他人心灵上引起震荡并留下印记。气质教会女人不断地积聚正能量、增强气场，让女人生命中的每一个层面都能够变得更加丰富而完整。气质女人是上天心情最好的时候打造的艺术品，气质女人的一举一动、一言一语、一颦一笑都像水一样柔软，像风一样迷人，一个不经意的动作，就能吸引所有人的目光。

如何才能让自己拥有超凡脱俗的气质呢？女人的气质模仿不来、着急不得，它不同于时尚，时尚可以追、可以赶，可以花大钱去"入流"，气质比时尚更恒久，它是一种文化和素养的积累，是修养和知识的沉淀。本书从内涵、才情、品位、智慧、仪容、气韵、心态、自信、性格等方面，全方位、多角度指导女性由内而外提升自己的气质，以真实生动的案例帮助女性认识自我、完善人格、提升魅力，掌握诸多打造气质的方法，以睿智风趣的笔触，教会女性如何打造优雅之美、气韵之美、成熟之美、情调之美，帮助女性脱胎换骨，做气质女人！在这本书里，女性朋友既可以明白自身的问题所在，又能找到许多具体的行为准则和做事指导。本书的观点和思想是深刻的，同时也是实用的。无论是未婚的年轻女性，还是已婚的中年女性，都能在本书中找到切实可行的人生指导和精神启迪。希望各位女性朋友能够在这本书的带领下，从现在开始，精心雕琢你的内在与外表，修炼足以倾倒众生的气质，自在从容地释放属于自己的独特风采！

目 录

上篇　才女之慧：由内而外的气质魅力

第一章　才情，历久"迷"香的气质魅力 / 2

女人不要忽视修炼知性美 / 2

内涵是女人魅力之本 / 5

光鲜的外表无法掩饰空虚的内在 / 8

优雅展现才华，用实力说话 / 11

做一个快乐的知识女性 / 14

容貌可以复制，才气不能粘贴 / 16

第二章　智慧，演绎气质女人的七彩风情 / 18

用你的智慧策划你的幸福 / 18

智慧女性是牵手成功的强者 / 22

职场丽人晋升智慧法 / 26

生活有智慧，愉悦自然得 / 31

聪明的女人懂得知足常乐 / 32

逃出虚荣心的束缚，做洒脱的女人 / 35

第三章　彰显个性，做个本色真女人 / 38

秉持个性，每个女人都是独一无二的 / 38

迷人个性最具吸引力 / 40

认识自己，寻找自己 / 42

只要你想，你就能让自己变得美丽 / 45

以优势和兴趣为基，舞出最美的人生 / 46

保持自己的个性 / 49

第四章　独立自尊，才能气质不俗 / 51

独立，魅力女人的必备要素 / 51

记住，你不是廉价的保姆 / 53

事业是女人人生中最华丽的背景 / 55

不做女强人，要做强女人 / 57

失去什么也不能失去自尊 / 59

摆脱依赖的性格 / 60

想要什么，就要自己去争取 / 62

外表要温顺，内心要强大 / 64

第五章　言谈举止，尽显女人高雅气质 / 67

举手投足尽显风雅 / 67

做一个有格调的女人 / 71

魅力女人不可不知的社交礼仪 / 73

仪态美——女性社交魅力的最好体现 / 90

中篇 美女之貌：美丽女人闪耀天下

第一章 女人就是要美丽 / 98

生命如花，女人就是要美丽 / 98

让美丽成为你一生的事业 / 100

聪明的女人让漂亮更持久 / 103

像巴黎女人一样精致 / 104

穿出你的别样风情 / 107

女人，要让你的青春永驻 / 110

第二章 妆容，千娇百媚的气质女人精"妆"术 / 113

为悦己者容 / 113

气质女人化妆术 / 116

珍爱你的"面子" / 123

掌握化妆品的使用诀窍 / 130

呵护女性肌肤的妙方 / 132

第三章 优雅得体的服饰，穿出你的高贵气质 / 143

穿出你的气质来 / 143

搭配衣服 / 149

恰当的衣着和化妆 / 152

配饰是点缀女人美丽的精灵 / 157

穿出自己的风格和品位 / 161

第四章 性感，永不褪色的魅力气质 / 163

性感是一种气质 / 163

性感让你风情万种 / 165

把你的风情"露"出来 / 167

做"媚"力女人又何妨 / 168

性感，是一个妻子的责任 / 171

第五章　健美，要美貌也要美体 / 173

美胸让你丰满自信 / 173

美腰法则 / 178

快速消除小肚腩 / 181

美腿凸显修长身材 / 185

臀部：圆润健美的方法 / 189

美足令双足柔软、白皙、精致 / 191

时尚与健康同行 / 198

下篇　淑女之品：淡定的女人最优雅

第一章　品位，气质相生相伴的姐妹花 / 202

让女人味成为你的品牌 / 202

别丢了"矜持"两个字 / 205

像经营商品一样经营自己 / 206

女人的品位与她的博学成正比 / 208

比漂亮女人聪明，比聪明女人漂亮 / 211

品位，时间打不败的美丽 / 212

第二章　良好修养，锻造内在气质风景线 / 214

培养良好气质的8个步骤 / 214

快乐永远属于自找快乐的女人 / 217

发脾气无法让你变得安宁 / 218

让自己成为"无毒美人" / 220

把烦恼轻轻放下 / 222

用感恩之心体味生活 / 224

懂礼貌，有教养 / 226

平静、理智、克制 / 228

第三章　好性格，人见人爱的气质吸引力 / 233

具有弹性的性格 / 233

温柔是温暖的港湾，人人都愿意停靠 / 235

快乐让美丽女人更有魅力 / 238

善良娴静，诠释出无言的脱俗 / 242

女人的宽容会让浪子回头 / 243

适当的幽默为女人锦上添花 / 245

别让嫉妒成为习惯 / 248

做洒脱的小女人 / 250

鼓励是男人的动力 / 252

做一个会爱的女人 / 256

善解人意，体贴他人 / 258

做一个"柔道"高手 / 261

用柔情结网 / 263

第四章　自信，从容淡定的气质之美 / 267

自信的女人最具吸引力 / 267

把自信当外套，做优雅的自己 / 270

多说"我可以"，少说"我不能" / 273

自动自发地去与命运抗衡 / 274

相信自己比什么都来得重要 / 276

把自卑扔出天空外 / 278

第五章　自爱：先做自己的掌上明珠 / 281

善待自己，为自己活着 / 281

接受真实的自己 / 283

给自己创造一个有情调的家 / 285

为梦想而努力 / 289

增强意志力，关注生活细节 / 291

明智申诉，维护自己的利益 / 292

才女之慧:

由内而外的气质魅力

第一章

才情，历久"迷"香的气质魅力

女人可以不美丽，但是不能没有才情，因为，才情可以重塑美丽，可以让美丽长驻，可以使美丽拥有气质的内涵。引人注目的容颜和赏心悦目的身材，只是年轻时候的资本；聪明机智的头脑和学而不倦的热情，才是女人真正的无价之宝。美貌会随着时光的流逝而渐渐消逝，而女人内在的才情却能够与时俱进，历久弥香。

～ 女人不要忽视修炼知性美 ～

【气质女人修炼锦囊】

魅力是一种复合的美，是通过后天的努力与修炼达成的美，它不仅不会随年岁的改变而消失，相反它会在岁月的打磨之中日臻香醇久远，散发出与生命同在的永恒气息。

生活中，我们经常会看到一些女人，周身堆满名牌，满身挂金戴银，但怎么都没有魅力的味道。魅力需要内外兼修，形神兼具。外所谓形，内所谓神，神气之足，外形自具，而外在之修饰臻于完美，也促使内在气质的完善。素养和气质主导着你的魅力。

根据哈佛大学对于女人吸引男人特点的研究，那些耐人品味的女人，言行举止优雅的女人，往往并不仅仅是因为貌美惊人的吸引力，而是因为有着良好的气质修养。

　　提到"知性美女"，很多女人都会想到徐静蕾，从当初的清纯玉女蜕变为优秀女导演以及靠一支笔搏出位的"天下第一博"，这顶"知性"的帽子，老徐想不戴都不行。徐静蕾这朵正优雅盛开的菊花，与各种才艺的修炼是分不开的。

　　在徐静蕾小时候，徐爸爸没有想让她成为什么"家"，只是希望她做一个知书达理的姑娘，说得最多的就是：腹有诗书气自华。在这种家庭教育的背景下，她却被父亲"逼着"在市少年宫书法班学习，而现在写得一手好字。凭借书法的特长，徐静蕾被保送进当时北京朝阳区最好的中学80中。

　　有一次，徐静蕾和家人去别人家做客，一进家就看到人家正在画画，她觉得画画真好，可以把自己心中的想法用画笔画出来，这比写字更含蓄。于是，她又喜欢上了画画，17岁的她骑着自行车穿梭于偌大的北京城，走很远的路去学画，一学就是一年。当时，她一心想要考中戏的舞美系和工艺美院，结果却名落孙山。

　　那天在中戏看了考试结果，徐静蕾郁郁寡欢地走出校门，就在这时，一个导演竟然把她误认为是表演系的学生。她突发奇想，我为什么不能去北京电影学院试试。在北京电影学院表演系的考试中，让她意外的是，竟然连过三关一考即中。

　　然而，激情退却之后却是惨淡的现实，入学之后，小徐发现北电表演系的漂亮姑娘那真的是很多的，朴素瘦弱的她如何也自信不起来。课堂上，她不愿也不敢上台去表演和排练，害怕在人前表现自己，总是躲在后边，能躲一节课算一节课。那段时间在北电的校园中，你会发现这样一个女孩儿，她穿着背带裤不施脂粉，总是低着头独来独往于校园之中。

　　身为表演系的学生，徐静蕾知道自己这样是不行的。于是，她开始突破自己，试着去融入同学，与大家一起排演各种小品。课余之际观看大量的电影，边看边揣摩角色。慢慢地，时间长了，表演多了，她才习惯在镜头前表现自己。

清新淡雅的外形让她在全班同学中脱颖而出，第一个接到演戏的工作，又正是这份与众不同的知性使她成为荧屏上崭新的一抹新绿。徐静蕾在演艺事业上攀上了一个高峰，凭借《我爱你》徐静蕾获得了华表奖最佳新人奖，《开往春天的地铁》让她获得百花奖最佳女主角奖，而《我的美丽乡愁》带给她金鸡奖最佳女配角奖。

这个时候的徐静蕾已经被冠以"才女"的名声，然而她却并不以为然，她深知自己的才华绝不仅仅是写字可以写得那么好，其他的事情也可以做得很优秀。这时，她就在心中暗暗种下了拍电影的愿望。

身为演员的徐静蕾知道，演员必须服从于整部戏。有时候，她必须要和很多其他演员竞争一个岗位，做演员必须要等待被挑选。如果遇到一部烂剧本、烂导演，注定了的烂戏，演员的演技再好也是拯救不了的。"被动"对于徐静蕾来说，无疑是一种限制，厌倦了命运掌握在别人手中的她，要做一回导演，将自己和整部戏的命运掌握在自己的手中。

没有丝毫导演经验的徐静蕾，开始面对一部戏时简直是"不懂装懂"。她一度在走廊里来来回回无数趟，在脑海中不停反问自己："我到底聚了几十个人在这里干什么？"她有时候甚至想："不做了，回家睡觉。"

但为了不辜负这些前来支援的演员，他们大多是自己的朋友。徐静蕾咬牙坚持着，熬过了那段想要逃跑的日子，战胜了想要放弃的念头，徐静蕾留下来了，正是如此她才成为今天名扬天下的老徐。

生活中的徐静蕾，对衣着的要求很低，只要穿着舒服，不怕脏就好。她喜欢穿单色的、款式简单的衣服，平日里都穿舒适的长外套、T恤和运动裤，夏天会选择质地舒适的吊带连衣裙和人字拖，再搭配一条长项链足矣。简单的着装并不影响她身上所散发出来的知性气味。

徐静蕾自成名以来，那种举手投足间淡然流露出的优雅，那清丽的形象使她成为许多人心目中的偶像。有一点梦幻，有一点倔强，有一点恬淡……有人说，徐静蕾清淡如菊；也有人说她芳雅似兰；还有人说她是绿茶，嗅之芳香扑鼻，入口清凉回味长久……这些个性，即使是那些错过追星年龄的人或者不屑于追星的人，都会深深喜欢她。

淡定女人优雅而灵性、有内涵，有主张。她有灵性，她可以无视岁月对容貌的侵蚀，但绝不束手就擒。她可以与魔鬼身材、轻盈体态相差甚远，但她懂得用智慧的头脑把自己装点得精致而有品位。做这样的女人其实并不难，如果我们保持充电，增加学识，修炼魅力，一定可以成为这样的知性女人。

内涵是女人魅力之本

【气质女人修炼锦囊】

女人可以不美丽，但不能没有内涵，唯有内涵能赋予美丽以灵魂，能使魅力长驻，能使美丽得到质的升华。

女人如花，花如女人。如花的女人需要的是内涵，上天赐予女人美丽的容貌，妖娆的体态，但决定女人魅力的关键是文化思想和内涵品质。

美丽的女人人见人爱，但用外貌编织的魅力往往只是肥皂泡，轻轻地一触就会无声地消失在空气当中。真正令人神魂颠倒的，往往是具有魅力的女人——这种女人永远是优雅的女性，充满了智慧和灵性，是令人羡慕的知性、自信的女性。外貌固然是不可或缺的，但内在也是非常必要的。因为，她不可能永远地停留在给别人的第一眼感觉上，女人应该用心去寻找魅力的内涵，为自己贴上魅力的永久性标签。

《简·爱》为我们塑造了一个拥有丰富内涵的知性女子形象，她的自尊和对光明、美好的追求，打动了成千上万的读者。

简·爱生存在一个父母双亡、寄人篱下的环境中，从小就没能享受到亲人的关爱，反而不得不承受不公平的待遇，姨妈的嫌弃、表姐的蔑视、表哥的

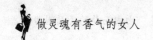

侮辱和毒打……这是对一个孩子尊严的无情践踏，但也许正因为如此，造就了简·爱无限的信心、坚强不屈的精神和不可战胜的内在人格力量。

在罗切斯特面前，她从不因为自己是一个地位低贱的家庭教师而感到自卑，而认为他们是平等的，不应该因为她是仆人而不能受到别人的尊重。她的正直、高尚、纯洁，心灵没有受到世俗的污染，使罗切斯特为之震撼，并把她看作可以和自己在精神上平等交谈的人，深深地爱上了她。

而当他们结婚的那一天，简·爱知道罗切斯特已有妻子时，她觉得自己必须要离开。在这样一种非常强大的爱情力量包围之下，她拒绝了刚刚体验到的美好爱情和富裕的生活，依然要坚持自己作为人的尊严，这是简·爱最具精神魅力的地方。

简·爱的形象影响了一代又一代人，她那纤弱的身躯竟然蕴藏着如此巨大的能量。她出身卑微但内心却如此高贵，她用一颗充满魅力的女人心表现出强大的生命力和高尚的人格，纵使时光流转，魅力也永不减退。

内涵是女人最好的化妆品，是女人的魅力之本。真正有涵养的女人，之所以赏心悦目是因为她有一种知识带来的气质，她不追求潮流，却能匠心独具穿出个人品位，她能传达出内在的成熟与丰富，像一杯醇香的美酒令人陶醉。

香港小姐朱玲玲曾说："我觉得人的美要看两方面，一个是外在的美，一个是内心的美。外在的包装可以通过化妆、穿着等来改善。但是心里的美就只能靠自己来培养，比如气质、性格、素质以及一颗年轻的心。内在的美并不像外在的美那样容易得到，需要时间和环境的缓慢沉淀，但在自身的美中确实非常重要。所以我认为内外两方面的美加起来才是真正的美。"

根据哈佛大学的一项调查显示，倘若一位女子度量狭隘，谈吐庸俗，纵使有闭月羞花之貌，也会使她的美大打折扣。与之相反的是，一个拥有无穷内在魅力的女人，善良、温柔、优雅、大方……纵使外表平凡如常人，却总会令人刮目相看。这个女人也会因之变得可爱，变得迷人。在他人的眼中，有内涵的女人美得更脱俗，更恒久。

思思从小就被人叫"小黑妮"。长大后，她越来越不喜欢这个称呼，为此她也曾多次偷偷用过妈妈的化妆品。有一次，妈妈发现了这个秘密，并没有骂她，而是语重心长地对她说："再美丽的化妆品都只能掩饰外表，你如果想要改变自己，就努力学习，努力读书，做一个有内涵的女孩。"

　　思思听了妈妈的话，虽然并不太懂，她相信妈妈说的一定有道理，所以就更加努力学习。几年后，思思以优异的成绩考入了国内一个名牌大学，亲朋好友都来祝贺，都称赞她是个懂事的好孩子，再也没有叫思思不喜欢的那个绰号了。

　　上了大学，思思发现学校里有很多比自己漂亮的女孩，她们穿着打扮都很时尚，而自己就像个丑小鸭式的灰姑娘。为了找回自信，思思决定不与她们比外表，而是暗自努力学习专业知识和她们拼实力。

　　当别的女孩周末去逛街购物、消遣时，思思却坐在教室里看书；当别的女孩每天在起床之后为自己化一个美丽的妆容时，思思已经在校园的林荫道上开始了一天的晨读。整个大学期间，思思的功课门门都是优秀，是老师眼中最喜欢的学生。

　　四年之后，招聘会上，思思凭借过硬的专业知识赢得了用人单位的肯定，好几个公司争着与思思签约。思思经过慎重选择，与北京的一个知名企业签约了，一毕业就留在了北京。

　　当同学们都还在为工作而奔波时，思思已经坐在了环境舒适、空间宽大的办公室里。此时，她脸上露出了自信的微笑。工作后的思思并没有放松自己，依旧坚持看书学习，业务知识很快得到提升，在工作中得心应手。两个月后就转正了，半年之后又得到了晋升。

　　由于思思有着丰富的知识素养，她的举手投足中透露着优雅，职业的顺利让她越来越自信，这一路走来，思思深深体会到内涵才是一个女人的魅力之本。

　　有内涵的女人，犹如一行行文字朴素而高贵，和表面的那种视觉之美有着本质的区别。只要细细地阅读，就会感到她的优秀和可爱。不论岁月怎样流

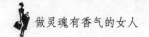

逝，不论纸张怎样古旧，都不会削弱她内在的魅力，它们来自她的生命内部，源源不断，绵延不绝。

内涵是女人魅力之本，保有真诚善良的心，比孜孜不倦追求外表艳丽动人更有价值。与外表美相比，内在美更深刻，更真实。外表美的女人往往容貌光彩照人，却缺乏内涵。当她们的秀色随着内容的陈旧而黯淡憔悴下去之后，就会让人渐渐感到单调和厌倦。

当然，内涵养成不是一朝一夕的事，需要长期培养。行动起来吧，让你的业余生活更丰富，试着抓住其中每一点滴的启迪，让自己更多地感悟人生、感受生活，做一个内外兼修、优雅知性的女人。

∾ 光鲜的外表无法掩饰空虚的内在 ∾

【气质女人修炼锦囊】

女人，生命短暂，青春易逝。当物质丰富到我们可以尽情享受的时候，我们往往会发现我们的精神一下子空虚了很多。

多数女性朋友都有这样的体会：当我们看到一个女人穿着最新潮的裙子在自己面前走过时，也会想去买；看到限量版的名牌包包，也会有想法；某天发现同事新换的发型很有个性、新潮，也会想要尝试一下；朋友穿了一双漂亮的鞋子，就会去打听她在哪个店买的，自己也赶紧去看看有没有更好看的……

多数女人都向往富足的生活，以满足自己的虚荣心。其实，如果我们太过于追求光鲜的外表、感官的刺激，结果反而造成内心越来越空虚。

要知道，现实生活中充满了太多的诱惑，汽车、洋房、时尚衣饰、可口美食……数不胜数，永远有比你家境好、相貌比你漂亮的女人。有的人看到心仪的人或物而不能占为己有，再好的心情也会变得无比沮丧，忌妒与渴望周而复始折磨着自己的身心，整天郁郁寡欢，愁眉不展。

有一位大企业的女总裁，年薪几百万，开着豪车，住着别墅，出入高档娱乐场合，穿着名牌服装，生活可谓光鲜、滋润。可她却整日愁眉深锁。因为她给自己定的目标是年薪超过千万，但是她已经拼尽全力了，只能挣到几百万元。

　　为了实现自己的目标，她整天守在公司里，顾不上家庭和孩子，老公一气之下和她离婚了，并带走了孩子。心情郁闷的她不停督促下属工作，有时火气上来，甚至严厉呵斥。下属对她也是敬而远之。工作的不如意和婚姻的失败同时压抑着这位外表光鲜的女总裁，她找不到一个知心的人诉说心中的苦闷，每天除了工作，她的生活没有任何乐趣而言，心中感觉不到丝毫的充实，只得整日在公司板着脸，根本没有快乐可言。

　　只有一颗知足的心才能拥有快乐，而贪婪的心永远不知道快乐是何种滋味。内心的幸福和快乐并不是取决于钱财多少，也不是只看穿着是否光鲜，关键的是一个人的内心感受是否充实。穷困潦倒也好，财源丰厚也罢，没有内涵的修养，空有一副光鲜的皮囊，不过图有虚表。

　　美丽的女人是一种风景，令人赏心悦目，流连忘返。但美貌毕竟是外在的东西，花容月貌的女子倘若举止粗俗，倘若尖酸刻薄，倘若狭隘无知，便只会令其光鲜的外表黯然失色，再美的外表没有深厚的内涵做依托，也只会是"金玉其外，败絮其中"，令人遗憾。

　　有的女人总是浅显地认为，财富、权势是幸福的决定性因素，其实当你得到这些后，依然无法满足。而你得到的越多，快乐反而会离你越来越远。当你最终想要得到快乐时，你便又要为了寻找快乐的欲望而深陷苦恼。

　　艾琳仗着自己天生一副漂亮的脸蛋和完美的身材，高中没有毕业就去做了一名模特。由于职业的原因，加上艾琳本身就是一个物质的女孩，做模特赚来的钱全部用来装饰自己的外表，而不去充电学习，提高自己的内在。

　　几年过去了，艾琳由于年龄的原因不能再从事模特这个职业了，而她手中却没有多少积蓄。这时，她又想靠自己的姿色嫁得一个富足的男人，来满足自

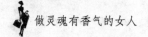

己下半生对虚荣的追求。

幸运的是，艾琳确实遇到了一个事业有成的男人，并很快结婚了。婚后的生活，艾琳还像以前那样毫无顾忌地花钱。这个男人倒是给了她足够的生活费，唯一的要求就是她要像个妻子那样在家相夫教子，洗衣做饭。

艾琳开始也试图照男人的要求去做，可是她发现自己根本无法安静地在家待着，不去逛街，不买时装，她都不知道自己要做什么，内心充满了空虚和无助。因为她不喜欢看书，没有任何爱好和兴趣，老公又经常不在家，时间一长，艾琳发现，自己就算是外出购物获得的兴奋也只是暂时的，之后是无尽的空虚折磨着内心。

光鲜的外表无法掩饰空虚的内在，外表再漂亮的女人，言行举止却会出卖她刻意的掩饰。来自情感的需求是外在的物质无法替代的。豪宅、首饰、跑车再华丽也会变得陈旧，再耀眼也无法给你温暖。那一切都是浮云，生不带来，死不带去。

现实中，当我们看到一个女人戴着华丽的首饰走过面前的时候，不妨看一看她的眼睛，她的眼睛里有多少谦逊与温柔？当我们看到一个女人开着百万的跑车从身旁呼啸而过时，不妨看一看她是不是会因珍惜别人的生命而放慢自己的速度？

金钱、名利这些外在的东西随时都会化为飞灰，外在的美纵使再缤纷绚烂，总有掉落枯黄的一日。金钱的确能够让你衣食无忧但没有幸福可言，即便再华丽的外表也无法掩饰内心的空虚，即使富有到可以把钱当纸烧，你烧的也只能是你的孤独和寂寞。

聪明的女人不会计较外表是否光鲜，她们会努力提升自身的内在，这是填充无尽空虚的良策。就算她目前会为了生计而发愁，但是她始终相信，通过自己不懈的努力，生活总会越来越好。但光鲜的外表注定无法提升内在修养，永远也不能成为获取幸福生活的手段。

∾ 优雅展现才华，用实力说话 ∾

【气质女人修炼锦囊】

这是一个开放的社会，每个人都要在这个开放的大舞台上靠实力说话，而不是在一个封闭的角落里独自吟思，孤芳自赏。只有学会在工作中优雅地展现自己，我们才能被赏识，才能真正得到自己所该得到的最好待遇，发挥出自己更大的专长，最终实现自己的人生梦想。

在生活中，有许多人才华横溢，但因为不会表现、推销自己，而不被众人所知，没有找到发挥才华的舞台，他们只得哀叹无人赏识，怀才不遇。事实上，我们要在社会的舞台上与众人竞技，而不是在封闭的角落里独自吟思，孤芳自赏。

这个社会，有些男人不太可靠，女人与其把希望寄托在某个男人身上，不如好好工作，赚钱爱自己。这样才能体现出个人的才华和知性的美丽。

在朱莉还没有结婚的时候，她就渴望嫁给一个自己喜欢的人，做一个全职太太，享受着安逸幸福的生活。

结婚后，收入颇丰的老公给了她一个安逸的家庭，同时让她过上了全职太太的生活。朱莉对这样的生活也十分满意，无忧无虑，不用为生活担心。她整日在家里收拾家务，照看孩子，每天做满满一桌子菜等丈夫回家，全身心为自己的小家服务。

由于婚后一直蜗居在家里，朱莉很少跟外界接触，繁忙的家务活也让她有些跟不上时代的变化。朱莉偶尔也会陪丈夫参加一些社交活动，每每这时，她都会产生一种强烈的自卑感。她既插不上丈夫与同事之间的经济话题，更不了解那些太太们口中所聊到的时尚杂志、名牌包包，她整晚只能一个人在那儿傻坐着。这种尴尬经历多了，老公也开始指责起她，经常说她的"精神世界一片空白"之类的话，心酸的朱莉默默流泪。

30岁那年，丈夫离开了她，只给了她三年的赡养费。当时，她哭着说："我哪知道现在外面的世界变成这样？我一无是处，又有哪个地方会要我呢？"痛定思痛后，朱莉决定自己站起来，不再依赖任何人。

朱莉先是报名参加了一个短期培训班，学习了一些日常工作的技能。然后去做了一个公司的小职员。她明白自己要想真正独立起来，就必须通过工作体现出自己的价值。于是，她边工作边学习，拾起丢弃了多年的专业书，重新学习。

朱莉的进步很快，进入公司三个月后就得到晋升。当然她不满足于现状，更加努力，拼命地工作。三年之后，她成为公司的副总经理。做到这一步的朱莉，不仅生活独立，精神世界更是自由。她经过思考，放弃了高职位，而选择了自己开创事业。

如今，36岁的朱莉有了自己的事业，工作中的她是优雅的，生活中的她更是淡定自若，再也不担心某个男人抛弃她了。

经历了离婚的朱莉才意识到自己必须独立思考，必须自力更生，独立生活。好在她及时醒悟，并实现了自己的人生价值。由此可见，女人要独立，当然不仅仅是指经济上的独立，更重要的是获得精神上的满足。

丘吉尔说过："一个人最大的幸福就是在他最热爱的工作上充分施展自己的才华。"优雅的女人，总会在适当的位置上努力打理工作。她们忠实、勤奋，即使只是一份普通的工作，她们也会用对待事业的热忱去经营。

在适当的位置上勤奋工作，能使女人保持一种旺盛的精力。劳累一天能为我们带来愉快的睡眠，勤劳的生命会带来愉快的享受。勤劳的生命是长久的，像富有韧性的常青藤。我们每天都在为一项有意义的事业而思考、而行动，因而也会获得忙碌的快意和收获的喜悦。点点滴滴的付出在一天天开花、结果，这种幸福感是绵延不绝的。

身为女人，我们要记着，工作中没有性别之分，这是一个靠实力说话的时代，而不是靠性别就可以取得优势的。有了实力，你才会被重视，工作中，你的意见和建议才会引起上级的关注。如果你没有任何本事，即使你有好的建议，也不会受到重视。所以，只有让自己有了实力，才会被重视。

在职场中，老板看重的是业绩和能力，而非性别。据哈佛大学一项职场调查显示：有78%的经理人认可"职场中性"。这说明工作中，没有人因为你是"娇娇女"，会使用"泪弹"，就降低对你的要求，给你大开方便之门。职场中是没有性别可言的，一切都靠自身的实力说话。

几年前，张灵大学毕业，找了一份业务员的工作，但是她始终没有摆脱自身上学期间娇气的脾气，吃不了苦头。她总认为自己刚刚步入社会，社会上的同事和客户应该体谅、宽容她，不会刁难自己。就算工作出了差错，领导也不能指责于她。

于是，她总是认为工作没什么难的，实在完不成任务对自己的主管使个小性子，哭诉一下就行了。可是，张灵错了。由于她的工作不积极主动，她负责的区域业绩直线下滑。主管找她谈话，非但没有原谅她，还让她去重新实习。后来，她才明白，工作中没有人把她当女人看。因此，她努力积累自己的工作经验，练就一身过硬的本事，靠自己的实力来说话。

在职场中，无须也不宜过多地考虑自己的性别，过分地强调自己的性别特征只会对个人发展不利。在经济上、精神上完全依附男人的做法万万不可取，女人只有好好工作，才能保障幸福。爱情需要物质基础作为支撑，用自己的薪水养活自己，一来可以减轻男人的负担，二来可以保障幸福，而且工作可以赋予女人魅力——这是一举多得的事情，女人又何乐而不为？

女人，应该虚心学习，甚至是从头学起。如果你想要在IT行业崭露头角，你就应该提高自己的编程能力和组织架构能力。如果你想在金融行业稳稳立足，你就要补充充足的金融信息。如果你想在旅游行业成为佼佼者，你就要掌握充足的景点知识和旅游法律知识……

工作中有了实力，我们可以时常体味工作的乐趣，以及自己创作的价值，

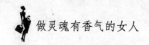

最关键的是可以获得很大的财富。有了才华，你就有了"通行证"，走到哪你都能找到满意的工作，是你挑工作，而不再是工作挑你。

❧ 做一个快乐的知识女性 ❧

【气质女人修炼锦囊】

快乐才是生活的真谛，快乐比知识更重要。

知识女性处于女性生活的上层，她们所享受的生活机遇比一般女性更多，如受教育的机遇、婚姻机遇、就业机遇、晋升机遇、获取高薪的机遇等，因此，很多人都认为知识女性应该是最快乐的女性。事实上，并非人人如此。哈佛大学的研究表明，主要有两点原因：

（1）知识女性大多是职业女性或事业女性，即使是最好的职位与最成功的事业也免不了给人带来烦恼和困惑，因为处于这个位置的女性，责任更重，挑战性更强。现代社会，科学技术日新月异，思想观念不断解放和发展，这些无疑为知识女性提供了体现自身价值的更为广阔的天地，但在知识女性的职业生涯中，有许多无形的障碍：因为你是女性，应聘时可能败给一个素质、能力比你差的男性；因为你是女性，你的工作能力和业绩可能屡受怀疑。女性常常顶着压力加倍努力，付出比别人更多的时间和精力。对于知识女性，职业与事业的压力是挑战也是一种社会病，社会病正是快乐的敌人。

（2）知识女性由于具备较高的知识水平，而被人们认为应该追求高尚的事业并取得成功。因此，知识女性作为普通女性应该享受到的快乐被剥夺了。日常生活中，人人都有心理上、情绪上的低潮和波动，这不仅与个人性格、生理周期、内分泌状态等自身因素有关，而且还非常容易受工作压力、事业坎坷、爱情挫折和家庭不和等外界因素的影响，因此，在现代社会里，知识女性承受着压力的社会病更是屡见不鲜。有人说，做女人难。其实，做一个快乐的知识女性更难。

那么，怎样才能成为一个快乐的知识女性呢？

首先，要转换角色观念和行为模式，营造良好的心境是知识女性的必修课。心理学家有一个形象的说法："心境是被拉长了的情绪。"它使人的其他一切体验和活动都留下明显的烙印。"人逢喜事精神爽"，良好的心境使人有一种"万事如意"的感觉，让人遇事也能冷静对待，使问题迎刃而解；消极的心境则使人消沉、厌烦，甚至思维迟钝。知识女性因为有知识，最能成为快乐心境的主人。而要培养和掌握自己的心境，保持快乐，必须谨记十六字箴言："振奋精神，自得其乐，广泛爱好，乐于交往。"如果你感到不快乐，那么你要找到快乐的方法，那就是振奋精神；常为自己所有而高兴，不为自己所无而忧虑，就是自得其乐的最好方法；培养多种业务爱好，以陶冶情操、增加乐趣；广泛交友更是保持快乐心境必不可少的环节。

其次，只有健康女性才会拥有持久的快乐人生。关于健康女性，目前还没有一个统一和明确的标准。如按心理学分析，可从心理统计、心理症状和内心体验三方面去认识；按社会学解释，则可以把解决生活中所面临的实际问题的能力作为标准。但是，凡是能正确理解自己的社会角色、正确理解自己所处的社会环境、有能力解决自己所面临的问题、有一定目标并为之努力的知识女性，就一定是健康女性。

新世纪的知识女性遇上了前所未有的发展机遇。面临新的发展机遇，知识女性的责任更重，压力更大，健康内涵也更丰富。

泰戈尔曾说，当上帝创造男人的时候，他只是一位教师，在他的提包里只有理论课本和讲义；在创造女人的时候，他却变成了一位艺术家，在他的皮包里装着画笔和调色盒。有知识的女性不一定是健康的女性，也不一定有快乐的人生。健康女性应该成为知识女性的标准，快乐人生应该成为知识女性追求的人生目标。有了标准，有了目标，只要努力，一定成功。

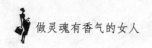

容貌可以复制，才气不能粘贴

【气质女人修炼锦囊】

在现代社会里，比美貌更动人的是美德与才气。美丽可以大量复制，才华不能克隆。

有位著名节目主持人曾说过，从没有人说她长得漂亮，她自认为长得很一般，但她从未因为没有"花容月貌"而难过，反而觉得长相一般的女孩容易在其他方面努力。因为知道自己不管如何打扮都不可能光芒四射，那只好多看几本书，多做些别的事了。她说：

我想"漂亮"一般光是指外貌，女性美的表现在于一种母性，不管她是不是做妈妈。另外，我觉得女人的美丽更主要的是在思想方面。我曾经问过许多大导演："你们整天生活在美女堆里，是不是老要动感情？"他们就说："没有，许多女人只有漂亮的脸蛋，根本没法触动我们。"所以，一个女人的思想很重要，如果跟不上时代，总以为搽脂抹粉就可以留住男人的心，我觉得那是一种妄想。只有在思想上不断挑战他，才会给男人一种新鲜感和刺激感，这非常重要。

优秀的女人还应当是矜持的女人。她从来没有接触影视剧的打算，尽管有很多导演都找过她。她的矜持让她无法接受这个行当。"我没法接受是因为很难有一部戏不让女主角与别人拥抱或接吻。"严肃而深刻的思想使得她与那些人无法亲密接触。

优秀的女人还应当是追求完美人生的女人。她认为，事业很重要，但完整的人生更重要。"所以我会选择在适当的时候结婚、生孩子。人生对我是全方位的，不是只有事业这一方面。"

对于被称为美女，她这样分析：

我觉得漂亮这个事绝对是一个很相对的、很个人化的观点，这好像是命运在开玩笑一样，就是这么一种很普通的感觉。人的长相是父母给的，还是要自己喜欢自己。但是有一个说法，我觉得挺喜欢的，它说，女人30岁以前的相貌是父母给的，30岁以后的相貌是自己给的。我觉得这个话要这么理解，就是说你所积累的你的个性、你的气质、你所受的教育背景可能会在你的青春高峰过了以后，越来越显现出来。也有一个说法，你如果要去看一个女人美不美，应该看她在50岁的时候是什么样子。那个时候，是她一辈子修行的结果。那我希望我到50岁的时候是一个漂亮的老太太。

　　当今社会美女如云，女人不管是天生丽质还是经过"再加工"，似乎拥有一张漂亮的脸蛋已经不是什么难事，但是人们在对各种各样的美女司空见惯之后，突然之间会觉得有些缺憾，而更倾向于和那些令自己心情愉快的人在一起。

　　外表可以美一时，却不能美一生。美貌可以博得别人的好感，却经不住时间的考验。一个没有内涵的人最终是得不到别人的认可的，一个拥有智慧的女人才会永远美丽。

·第二章·

智慧，演绎气质女人的七彩风情

智慧女人之所以智慧，表现在生活的方方面面。她们清楚地知道自己需要什么和不需要什么，需要的如何得到，不需要的如何拒绝；她们在得失之间善于权衡，进退之机把握得宜；她们充满自信却不自大，谦和却不自卑，性格独立却不霸道；她们一心追求美丽前程却没有忘记丈夫和家庭。

∽ 用你的智慧策划你的幸福 ∽

【气质女人修炼锦囊】

女人是要自己找幸福的，也就是要成为自己的爱情编导，而不仅仅是被设计成爱情中的一件道具或主演。

都说女人的一生就是为自己的幸福而不断地追求、奋斗，女人也因渴求幸福而更加亮丽动人。是的，女人渴求的是幸福，简单而又实在。但是不同的女人对幸福的理解和追求手段不尽相同，而且，随着年龄和环境的变化，女人对幸福的渴求也会跟着变化。那么，女人怎样才能获得自己渴求的，并准备用一生去追求、奋斗的幸福呢？哲人常说："命运由自己掌握，幸福由自己策划。"也就是说，女人所渴求的幸福，需要女人用自己的智慧来精心策划。

女人的价值体现在工作上，幸福则体现在爱情上。

女人一定要聪明一点、从容一点、智慧一点，主动出击，找到爱你、你又爱的男人。

策划中，你要注意在 6 个方面下功夫：

（1）人海茫茫，我是谁的，谁是我的？

（2）漂亮、聪明、温柔、冷艳，什么才是他心中所喜好的？

（3）如何让那个男人牵住我的手？

（4）男女都想在爱情中追求理想的投入产出比，我该付出多少？我又该得到多少？

（5）爱情的品牌忠诚度在降低，我怎么保证自己这个品牌地位？

（6）极少数人在低价倾销爱情，扰乱了爱情市场的秩序，我怎么让自己的"爱情之舟"不翻船？

策划如果还顺利的话，你还要把握好以下 3 方面：

（1）给自己定位准备——我就这么"高"，要找的人只能适合我。

（2）对爱情目标心理分析准确——知道你需要什么，他爱你什么。

（3）策略得力，实施得体——从相识到相知，看似自然，其实却是周密的计划，一步步扎实的实施。

当你按照自己策划的步骤，一步步地寻找到自己的爱情后，接下来还要继续运用你的智慧，让你的丈夫围着你转，让你们的婚姻生活幸福永久。哈佛大学的一位婚姻专家对此曾做了如下总结：

1. 创造一个他向往的家

作为男人，不管他的工作性质如何，也不管这项工作对他来讲有多大的诱惑力，或者使他多么着迷，总会给他带来某种程度上的紧张感。在他回家以后，如果有个轻松、舒适、整洁、有序的环境和愉快、安详的家庭气氛，使这些紧张与疲惫得以消除，那么他的心理、身体和情感就能得到平衡，他就有更加充沛的精力去迎接更加繁忙的第二天。

要使家庭幽雅、舒适，主要责任在于妻子，作为妻子必须清楚的是，你对

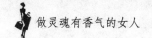

家庭的装饰与布置，不要完全从个人的嗜好出发，否则你的一番辛苦会白费。

为男人创造一个他向往的家，让他在家里感到放松、舒适，才是留住男人心的最好方法。

2. 努力增加生活色彩

久居在家，生活难免单调，如果想方设法搞一些户外活动，可以增加不少生活情趣。比如打打网球，去游泳，去郊外踏青、野炊等。在这些活动中，夫妻双方都会有新的表现，比如体力上和生活经验上的表现，新的情感流露，等等，都可以给对方心理上带来新鲜感。另外，夫妻一起参加某些社会活动，由于两人在为人处世、待人接物方面，各自也有不同的经验，双方良好的表现和配合，都可以加强夫妻感情的联系。

3. "妻管严"要松紧适度

奉行"妻管严"，认为对丈夫应严加监管、以防变故。无疑，很多家庭破裂、爱情变化是源于女性的疏忽，高估了男人的责任心和自制能力，在毫无约束之下，男人一遇到诱惑，便跌进婚外情中，所以不少妻子觉得应对丈夫严加监管，做个"妻管严"，让丈夫没有起码的自由度及搭的士的余钱。但监管过分，会使男人喘不过气来，觉得家庭如同公司般充满压力。情绪好时或许觉得严妻关怀无微不至，情绪坏时就会觉得受束缚无处发泄，顿生反感，甚至向外以求慰藉。故妻子做"妻管严"，应适可而止，看风使舵，必要时放他一马，让他自由自在一番，之后再采取紧缩政策，如此一张一弛，刚柔相济，他就会永远在你的掌握之中。

4. 培养丈夫的嗜好

在婚姻关系中，让丈夫有一些完全属于自己的特殊嗜好和兴趣，也是很重要的，如集邮，或是其他任何喜爱的事情，养成一些工作以外的嗜好，不仅能使男人得到好处，通常妻子也可以因此获益。如果作为妻子的你能够帮助、鼓励丈夫培养一种有趣的嗜好，就不必担心他对生活感到厌倦了。

5. 分享丈夫的嗜好

适当与自己所爱的人分享特别嗜好和偏爱，这是夫妻获得美满幸福婚姻的重要因素。

如果因整天工作缠身而没娱乐，会使婚姻变得索然无味。如果妻子不顾丈夫的嗜好，或者在家里欣赏言情小说，或者在女人堆里消磨时光，时间一久，你肯定会感到寂寞与孤独，丈夫也因此对你感情淡化，甚至发生感情转移。因此，妻子应当学会分享一些丈夫喜爱的消遣，以增加夫唱妇随的家庭意识。

一些妻子时常抱怨自己的丈夫将大部分周末的时光花在球场及其他娱乐项目上，而没有在家陪着妻子。其实，你与其抱怨，使自己心情不畅，不如与他一道享受共同的嗜好。妻子一旦学会了在丈夫的休闲娱乐中得到乐趣，就不会被丈夫撇下不管了。

6. 拥有自己个别的兴趣

男女之间拥有共同的兴趣，固然有它的好处，但是过多的共同点会使家庭生活显得呆板。个别的兴趣能够带来不同的经验，这种经验正是产生新鲜与刺激的源头。谁都希望对方能欣赏、喜欢自己的特点，如果能有些新的体验，那将是极令人兴奋的。培养自己的嗜好，拥有自己个别的兴趣，可以让丈夫更多地了解你。

7. 必须与丈夫同进步

现实生活中，经常会出现这类事例，妻子鼓励丈夫在事业上取得进步，为此一人挑起生活重担，付出巨大代价，但当丈夫事业有成时，常常是悲多于喜，含辛茹苦的妻子最后成了牺牲品，究其原因，未必全是男人的错。男人也知道要感激妻子，但丈夫各方面都有了很大进步，而妻子却原地踏步，没有同步前进，隔膜、距离也就产生了。因此，做妻子的在督促丈夫进步时，自己也必须同步前进，否则后果堪忧。

用你的智慧精心策划你的爱情、你的婚姻并能一步步地扎实有效地实施，你就会成为一个令男人爱恋、令女人羡慕的幸福女人。

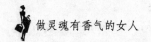

智慧女性是牵手成功的强者

【气质女人修炼锦囊】

21世纪的女性，比以往任何时代的女性都充满了自信、勇气和挑战。她们敢于选择自己的生活，有新型的价值观念、家庭道德观念及行为方式；她们渴望成功，挑战成功，直至牵手成功，因为她们是充满智慧的新女性。

智慧——现代女性的财富

智慧，通常被看作是男人的形象和气质，因为男人为社会而生存，他们天生就是理性的；而女人为家庭而生存，她们更多是感性的。然而今天，智慧越来越成为知识女性、职业女性的闪光点。在知识经济的时代到来之际，女性因为具有智慧而产生了惊人的生命力和创造力。

智慧是现代女性最优秀的素质，是女人用之不竭的文化资本。智慧的女人会打扮、会生活，她们总是能在生活、事业、心理的挑战中富有创造力和适应力，她们总能在生命的每一阶段保持自己的学习能力。她们不是仅靠容貌和丈夫的财富生活的女人。

时代的发展，使女人越来越会打扮，越来越漂亮，女人用的化妆品也越来越贵，而化妆品的说明书却越来越让人看不懂。商家的经营之道对女性心理世界的迎合不断开发着庞大的女性消费的潜在市场。女人的性格也在商业浪潮的熏陶下发生了很大变化，她们越来越重视生活的细节，重视自己的身体语言，重视容貌的社会价值。服装、化妆品、手提包、钱夹、围巾、皮鞋的品位和档次都成了体现女人品位和档次的细节。商业时代的浪潮搅乱了女性安静的内心，也赋予她们新的激情。

社会的发展，使得女性在生活与心理上面对的挑战越来越多，因此女性需要更多的知识与智慧来不断找到在现代生活中的感觉，这些知识和智慧不是从天而降的，只有良好的教育才能赋予现代女性最富有的财富——智慧。

智慧女性开启心智的方法

成功的女性不仅需要有良好的教育，以保证自己的知识量，同时，她还应采取一些特殊的方法，来激发自己的创造力，并由此获得成功。哈佛大学的女性研究专家们认为可以从以下方面来开启自己的心智。

1. 捕捉灵感

灵感稍纵即逝，如果你不能很快抓住，可能一去不复返。那些善于发掘创造力的女性，都已学会如何捕捉和保留那可遇而不可求的灵光一现。

就像画家的速写本从不离身，发明家、作家习惯于携带便笺或手提电脑一样，他们为的是可以随时记下他们的灵感。

闭上眼睛，让你的思维自由几分钟；身体放松，让思想自由驰骋。只要别想你周围的人或事，你的思绪常常就会豁然开朗，思维仿佛到了一个你从未到过的世界，一些奇妙的想象也往往随之而来。

2. 置身挑战

使灵感快速出现的有效办法之一，就是把自己放在可能失败的困难环境中。只要你处理得当，失败就是成功之母。

其实，创造力并不神秘，它就衍生于你已知的事物。

3. 拓展知识

知识越广博，你潜在的创造力就越丰富。成功就是源于创造者在不同的领域都拥有丰富的知识和经验。所以，你应该满足你一无所知的领域，进而丰富和强化你的创造力。

拓展知识的意义还在于，越来越多的新兴科学产生于两种学科的交叉处，多领域的视野使你更容易触类旁通。

4. 制造刺激

在你周围放些可以激发大脑的东西，并经常更换这些刺激源，以此激发

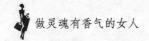

创造力。例如，在你的办公桌上放上一顶米老鼠帽，或是重新布置一下你的房间。周围环境不断变化，有利于你思维的发展。

另外，与周围的人相互影响也是制造刺激的一种方法。"说者无意，听者有心"，也许，正是某人随口说出的一句话，刺激了你大脑中的那根弦，灵感也就在瞬间闪现。

智慧储备是现代女性事业成功的前提

作为新时代的女性，要想在事业上获得成功、有所建树，就必须首先具备三大素质：一是要具备丰富的专业知识，相信自己有能力胜任；二是要学会合理支配时间，提高工作效率；三是要学会控制自己的情绪，不能因为工作紧张而有沉重的心理压力。

其次，还必须具备7种能力，以此作为女性职业生涯的必要基石，它们依次是：

1. 健康的身体

俗话说"身体是革命的本钱"。再有能力、再聪慧的头脑也不能保证你的职业地位长久稳固。无论你是多么优秀的高级白领，不堪重压的身体状况会令上司和同事对你产生不信任感，由此使得上司不愿对你委以重任。

2. 明确的工作目的

我为什么要工作？把你工作的目的弄清楚，并且肯定它会有助于你在遇到不如意的工作安排、难缠的同事或其他工作低潮时，能够迅速抓住问题的关键并确定自己应采取的立场，是应该积极行动，还是冷静地等待时机，抑或干脆置之不理。有了明确的工作目标才能在情绪低潮中迅速恢复理智，获得行动的动力。

3. 良好的人际关系

在公司内外都应注意与人多接触，增长见识，开阔视野，而且不同工作、学习背景的朋友会带给你不同领域的新知识、新思想的刺激，使你的头脑跟得上时代的发展。另外，对公司中的前辈要多多请教，真诚友好的态度会赢得同事与客户的友谊。但要注意，不要加入办公室内部的小团伙，以避免没有意义的纷争和矛盾，这也是老板最不愿看到的。

4. 具备电脑工作能力

这不仅仅是指打字一类的简单工作，而是指你要努力掌握最新的办公软件，做同一件工作你要比男同事干得更快、更好。需要做部分改动时，能够迅速完成。这样才能使老板承认你具有和男同事一样的电脑工作能力，打破一般人心目中女性大多具有技术恐惧症的不良印象，从而获得晋升加薪的机会。

5. 外语能力

商务全球化是大势所趋。目前的翻译软件还不太完善，所以快速准确地翻译外文专业资料成了不少办公室女性在参加办公会议前的必修功课。虽然参加会议的人都是自己的同胞，但未经翻译的原件也会令那些外文基础不强的人不知同事们所云何物。就算你不打算角逐派驻海外的机会，你也不想被人从会议桌前请走吧，所以，要提高自己的外语翻译能力。

6. 舒解精神压力的能力

工作中总是充满了压力和挑战，只有学会舒解工作中积累的精神压力才能保持长期的良好精神状态。无论是同事还是老板，都不愿看到你眉头紧锁或过分敏感、易于激动的样子。这种状态就像在告诉别人："这该死的工作，快让我发疯了。"即使你最终完成了工作，老板也会想：她不太适合担当重要工作，她太情绪化了，工作会让她精神崩溃的。这样看来，年终晋升加薪的机会并非是被别人抢走，也不是老板对你的工作成绩视而不见，他们只是不愿看到你紧张兮兮的样子，因为这也会令他们感到紧张不适。

7. 善用金钱的能力

用金钱买时间、买效率、买机会是职业女性应具备的金钱观念。自己亲自用午休时间急匆匆地出去采购、下班铃一响就冲出门去接小孩都是非职业化的表现。其实，你完全不必如此，花钱请一位小时工或保姆代劳就可买回更多的时间和自由，投入工作。另外，有时为了工作，也要舍得自己掏掏腰包，不必太过计较。

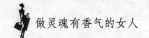

例如，需要争得一个商务机会时，客户急需一份资料时不妨自己出钱在家打打长途电话，自己出钱请速递公司代送文件。这些小花费虽然不一定符合公司的报销原则，但若等上司批了再办就有可能损失掉一些宝贵的商业机会。舍不得芝麻却丢了西瓜，老板怎会不抱怨你"脑筋笨，办事能力差"。

职场丽人晋升智慧法

【气质女人修炼锦囊】

职场女性要想顺利晋升，就要发挥自己智慧的力量。

女性进入职场后，很快就会发现，女性在职场里晋升是如此艰难。在小公司还好些，但一旦进入一些中型企业或者大型企业，工作一段时间后，渴望晋升的你像被迎头泼了一盆冷水，那些公司里的前辈们，正努力排好队，等着晋升。也就是说，如果你自己也加入到他们排队的行列中去，那样即使你排个十年八载，也不一定有晋升的指望。

那么，职场中的女性要怎样做才能迅速得到晋升的机会呢？对此，哈佛大学总结了以下几点。

1. 要具备升职的能力

如果你想升迁，现有的能力永远是不够的，假设你是一个普通职员，想升迁到主管位置上，那么，你现在的专业技能显然不够用，你需要具备相应的管理能力，以便管理下属；还需要熟悉相关部门的知识，以便跟他们合作；等等。如果这些能力还不具备，就应该尽快学习，"等爬上去再学习"的想法是不现实的，哪个上司愿意将某个职位交给一个暂时还不能胜任的人呢？只有那些任人唯亲的人才会如此。

能力是一把梯子，决定你能爬多高。当然，能力并不是个简单的观念，主要由以下4个部分组成。

（1）知识：具备相关的、已经组织好的信息，而且能够运用自如。

（2）技巧：能将困难或复杂的技术简单化。

（3）信念：对自己完美的表现有信心。

（4）态度：表现出高水准的积极情绪倾向和意愿。

但是，并非所有的能力都有助于你事业的发展，也没有一种能力可以适用于各种职业。所以，寻求新的发展，就意味着所获取的新能力要服从事业发展的需要。

2. 要掌握职场晋升之道

（1）找准职场晋升点。在职场竞争中，女性很容易迷失自己，当她们发现晋升之路越来越渺茫时，往往就对自己失去了信心。但是，女性要在职场晋升，首先就要对自己有自信。当然，职场里，获得领导的赏识和信任是件不容易的事情。但是，不管你的经验如何，都不需要感觉沮丧，只要你下决心认真地做好工作，任何事情还是有转机的。

从某种程度上来说，年轻人的晋升是依靠公司前辈的让步和信任所获得的，而不是年轻人努力的结果。这就是为什么很多人很努力，却始终没有晋升机会的原因，为何会出现这种情况，简单点说，就是努力方向出了错。

职业女性如果能获得公司前辈的让步和信任，她的努力就会有结果，不管是素养、能力，还是升职、加薪等，都会得到快速的成长，到那时就能真正要风得风，要雨得雨，跟现在的你完全是天壤之别。

（2）学会和上司唱双簧。当你找到一份工作，自然就会有一个直接上司，这个直接上司，在很大程度上决定着你在公司里的职业发展。所以，不管在什么时候，都要对你的直接上司负责。

①对上司让步。有求于人先予人。每个人都有自身的弱点，不管上司多么优秀，还是知识渊博，也会或多或少地存在一些缺陷。当上司在做自己的工作时，这些缺陷还能够因为刻意遮盖而隐藏掉，但当上司实行管理时，缺点往往就会暴露出来，在这样的情况下，当部分员工对上司出现怀疑情绪时，你应该坚决站在上司这一方。但并不需要特意表现出来，你只要设法在工作中，努力

把上司的管理漏洞弥补掉，那么你就做到位了，或者说，你明里暗里在跟上司唱双簧，时间长了，上司自然会明白。

②对上司信任。获得上司信任的人才有机会得到重用。一个连对上司都不信任的人，是不太可能获得提拔和培养的。

尽管有时候，你认为你的上司不值得信任，但公司高层不可能不知道，唯一的原因就是，你没有找到上司的优点。

人无完人，只有对上司表现出足够的信任，你才能够宽容地对待上司表现出来的缺点，并在工作中努力修正，以实现或达到部门的绩效，简单点就是，你还是应该跟你的上司"唱双簧"。

若你能够充分把自己的优点与上司的优点很好地结合起来，那么公司的初衷就能够实现，只有在公司发展的情况下，你的晋升空间才会加大。

③向上司借力。你在跟上司唱双簧共同建设部门时，公司的高层是肯定知道的。从公司角度出发，一个知道团队配合、宽容和信任的员工，才是公司的好员工，在你努力做这些事情的时候，公司方面也在关注你。

当公司出现职位空缺时，你会有更多的机会获得这样的岗位，而这个机会实际上就是来自于你上司的推荐。

不要认为你努力工作就能得到晋升，这种想法是很不切实际的。不管你的工作有多努力，如果没有人向上面推荐，那么，你所有的努力只有你的上司和你自己明白而已，在其他部门出现职位空缺时，没有人会想到你。向上司借力，主要是希望获得上司的推荐，不管是部门内部还是部门外部，上司对你有最直接的发言权。从人的本性方面来说，谁都愿意把机会让给一些值得信赖的朋友，而不是一些能力高的员工。

渴望晋升，无可厚非，没有人不希望获得满意的职场生涯。获得公司前辈的让步和信任，学会跟上司唱双簧，以获得上司的支持与提名，是最快也最行之有效的职场晋升之道，如何去把握，那就是你自己的事情了。

3. 熟知影响职场晋升的 5 个认识误区

（1）上司应该知道我想升迁。如果你想进步，上司的支持通常是必不可少的。花一些时间构思改进工作的计划，找机会跟上司会面，陈述你的目标。在得到上司的支持之前，不要结束会面。"您愿意帮助我吗？"这是在这种会面必须问及的关键性问题。

（2）如果与别的经理接触过密，你的上司将会感到威胁。如果你的上司没有干好工作，他（或她）会感到有威胁。如果你很希望在某个部门工作，那么就尽全力在那个部门内建立关系。对于那个部门正在进行的工作要感兴趣，让人们知道你愿意学习更多的东西；在那个部门需要帮助时尽量帮忙——前提是不要干扰你自己的工作，否则你的上司感到的就不是威胁而是愤怒了。如果你坚持这样做，当那个部门有新职位时，人们自然就会想到你。

（3）同事是我最好的朋友，他（或她）不会和我竞争新职位。同事之间很少存在真正的友谊，如果新职位的报酬比目前提高了10%～20%，人们通常就会去竞争它。记住，办公室可不是咖啡馆，公事总是排在友谊之前。尽管很喜欢同事，你也要专注于工作，不要因为无价值的闲聊而分散了精力，别人可能会在你漫不经心当中抓住机会。

（4）人们应当知道我是名勤奋工作的员工。做一名勤奋工作的员工，并不意味着你就一定可以获得应有的回报，你还得时不时为自己吹吹喇叭。

（5）获知新职位的唯一途径是看人事公告。通过办公室的小道消息，你能够知道几乎所有的事情。如果你不加留意，就有可能错过重要的信息。你可以借出入其他部门办公室的机会与人寒暄："嗨，周末郊游玩得怎么样？"用这样的问话开头，可以很容易地与别人沟通。但要记住：不要逗留过长的时间。那样别人会误解你不努力工作，是一个四处游荡的"包打听"。

职场中的行动底线是要做一个参与者而不是旁观者。为了你自己的职场前途，不要只是观望着别人进步，应当马上采取积极行动。

4. 了解外企女性快速晋升的6大要素

（1）有中外教育背景。外企不断对中国本土人才委以重任，与他们对本土人才发展的肯定和认同有关。据调查，在外企的本土高层管理人才中，大部分有着高学历，有留学和出国培训经历的占了90%，外籍华人也有不少。

（2）有出色的特长。做外企员工，你要有价值，人力资源部门选择你，就是因为你有价值，有专长，他们会依你所长，把你安排在合适的职位，在这个职位上，你应该能完全胜任工作，如果连本职工作都胜任不了的人，那他肯定是没有什么前途的，等待他的只有被公司淘汰。

（3）有较强的应变能力。优秀的员工通常不满足于现有的成绩和现有的工作方式，而愿意尝试新的方法。未雨绸缪，化被动为主动，才有能力迎接新的挑战。外企是外国公司在中国的分支机构或办事机构，公司管理层的调整和变化、人事变动等都是正常的，是公司为了适应市场竞争的需要，这些变化或多或少会影响你的工作和你的位置，如何保持正常的心态迎接变化、适应变化，是想进外企工作的人要有的最起码的准备，随着你的工作责任增加，适应变化就变得更重要。

（4）有强烈的责任心。完成本职工作是员工的责任，当工作在 8 小时内未完成时，加班更是分内的事。你要热爱自己的工作、自己的职业，也只有这样，公司才会给予你相应的报答。在外企，主动要求给予提升是受鼓励的，因为外企认为，你要求担当一定职务，就意味着你愿意承担更大的责任，体现了你有信心和有向上追求的勇气。

（5）有学习能力。外企认为，一个优秀的员工会利用一切机会学习、吸收新的思想和方法，善于从错误中吸取教训、从错误中学习，不再犯相同的错误。一个不爱学习的人在当今社会是没有前途的，因为，大学所学的知识在工作中只能占 20%，80% 的知识需要在工作中学习，一个人不善于学习，接受不了新的知识、新的技能，也就没有什么潜力可挖，更无发展可言。

（6）有团队协作精神。外企深知个人的力量是有限的，只有发挥整个团队的作用，才能克服更大困难，获得更大的成功。管理的精要在于沟通，管理出现问题，一般是沟通出现问题。上级要与下级沟通，下级也应主动与上级沟通，部门之间也要沟通，不沟通就会产生隔阂，再一走了之就更不是好办法，善于沟通的员工易于被大家了解和接受，也会被公司认可。

✄ 生活有智慧，愉悦自然得 ✄

【气质女人修炼锦囊】

　　智慧生活的女人，总能淡定、从容地面对生活中的每一天，并能够以积极的生活态度发现人生的真、善、美，每一天都会被快乐包围。

　　现实生活中，越来越多的女人像男人那样去拼事业，整天忙着工作而忽略了家庭；忙着追逐名利而忽略了自己的内心声音，忙着去做整容挽留年轻的容颜却忽视了精神的需要。

　　一切的事情都很忙，因为忙，连休息都顾不上，因为忙，忽视了父母和朋友，因为忙，失去了生活的乐趣。但多半的人，往往不知道为何这么紧张，为何如此忙碌？因此，忙碌的人们更需要智慧的生活，并从忙碌的现代社会中得到解脱。

　　内心淡定是智慧的、安定的、清净的。智慧是不被环境所困扰，安定是不被环境所扰乱，清净则是内心不随外境杂乱而杂乱，不随外境的污染而污染。所以，智慧生活的人，方能在忙碌、紧张、疏离、物质、焦虑的现实生活中寻到自己的心灵净土，从而能够更好地掌控自己的生活。现代人之所以焦虑、苦恼，很多时候就是因为想要的太多，以至于无法放下，自然就会因为得不到而痛苦，然而大多数人都是"需要的很少，想要的太多"，却忘记了知足常乐这样一个简单的道理。

　　跨入现代社会，每个人的生活都发生着巨大的变化，物质水平得到了提高，精神世界更加丰富，但与此同时，现代人也面临着越来越多的外界干扰。高度紧张的生活让所有人都像是一个陀螺，身不由己地高速运转，责任或者欲望像是一根鞭子，不断地抽打在每个人身上，剥夺了稍作休息的机会。

　　生活中，每个人其实都拥有了让自己获得幸福的法宝，只是兜兜转转忙忙

31

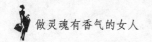

碌碌的生活让人无法静下心来审视自己已有的财富，人们更多时候仍是像上了发条的机器盲目地追求着自己也不确定的目标。

原来幸福距离每个人都是这么近，急于向更远处寻找幸福的人，何时才能悟到这个道理呢？

淡定的女人能够将智慧融入生活，就能在生活中实现自我的超越。生活中的美好原本就是存在的，只是我们没有及时发现。生活中处处需要智慧，无处不呈现着禅的生命。现实生活虽日益繁乱，但是如果我们从生活中发现智慧的活法，让智慧与生活融为一体，便能享受到如诗如画、恬适安详的生活了。

淡定的女人如果将智慧融入现实生活之中，我们的人生就会呈现愉悦而幸福的一面。那时候，"采菊东篱下，悠然见南山"的恬淡心境就不仅存在于陶渊明的千古绝唱中，而"溪声尽是广长舌，山色无非清净身"的得禅苑清音也将在每个智慧女性的身边唱响。

❧ 聪明的女人懂得知足常乐 ❧

【气质女人修炼锦囊】

女人要学会知足，因为知足的女人总是会笑口常开，并怀有感恩与赞美之心。知足的女人，胸怀宽广，不会追求虚无飘渺的生活。女人，学会知足，美丽就会常在！

常常听到女性朋友在闲聊时会说这样的话："你瞧，她穿得多好呀，经常逛街买衣服；她女儿学习可好了，今年又得奖了；她老公特别能干，家里有房有车，看人家多幸福。"说这话的女人就不懂得知足常乐的道理。

老子在《道德经》中说："祸莫大于不知足。"意思是说，知足者才能常乐。孟子说："养心莫善于寡欲；其为人也寡欲，虽有不存焉者，寡矣；其为人也多欲，虽有存焉者，寡矣。"说的也是知足常乐的道理。

知足常乐的道理人人都懂得，但真正能付诸实践的却不多。许多人不可谓不聪明，但却由于不知足，贪心过重，为外物所役使，终日奔波于名利场中，每日抑郁沉闷，不知人生之乐。当我们用一颗知足的心去面对这个世界，你会发现这个世界其实很美好。

梁凤仪，作家、商人、家庭主妇。她是香港最会赚钱、最富有的女人之一，她在商界运筹帷幄、叱咤风云。她的经历充满传奇，她以积极的人生态度与广博的胸怀，把自己锤炼成可以从容应对各种磨难的商人。尽管时光流逝、岁月磨蚀，但是那个在我们青春年少时勾画梦想的女作家却留在了记忆深处。

从 1989 年推出第一部小说《尽在不言中》后，她成为风靡一时的畅销作家，发表了小说、散文一百余部。她才思敏捷，任由意念在文字中跃动，意念动处，文随之舞。

商场沉浮，成与败，总是交替出现，没人能操控坎坷与机缘的轮回。而她，始终保持敏锐和警觉，从未曾松懈。看得见的名利背后，是看不见的淡定、达观和永不言弃。她用勤奋和智慧铸就了梁凤仪传奇。

从 1989 年，推出第一部小说起，梁凤仪就以畅销书作家的形象为外人熟知，而她是个出色的商人却鲜为人知。1979 年，她开始在商界奋斗，创办过香港首间菲佣介绍所，从事过证券金融广告等行业，是商界知名的女强人。1986 年开始她以业余身份为香港报章撰写专栏，1989 年起开始写作言情小说，并创办"勤＋缘"出版社，以商业的方式将自己的作品大规模推广至全中国，乃至加拿大、东南亚等国家和地区。

目前，梁凤仪已封笔，专心经商。作为 20 世纪风靡华语阅读圈的香港女作家激流勇退，她还是一个知足常乐的人，认为对自己的期望已经超额完成。梁凤仪说："如非要我选择，我想我最愿意做的还是家庭主妇，其次是商人，最后才是作家。"她曾经对女性朋友讲，女人不管在外面在自己的公司里有多强势，可是在家庭中，还是要以先生为主。

在梁凤仪看来，女人不要把自己的理想放得很高，甚至高过你本身的条件，当你如何努力都无法达成目标的时候，你肯定无法幸福。有一句话叫知足常乐，每个人都希望当艺术家当大作家，希望付出简单的劳动就能够得到丰厚的回报，怎么可能呢？每个人应该根据自己的条件设定自己的追求，从而达到的目标就是获得幸福的标准。任何人都应该诚实地面对自己的先天条件，在面对现实的基础上加上后天的努力而获得的生活水平就是幸福了，这是你一定可以达到的幸福。

梁凤仪说："女人获得幸福的关键因素在于，女人要了解自己的愿望和理想是什么，我的理想跟我的先天条件结合起来后，我有没有机会实现，这个衡量的标准你从小就要有，要知道自己的能力和条件，然后拟定自己的理想，这样会使你更容易达到目标。"

女人学会了知足，无论风云怎样变幻莫测，都能泰然处之。聪明的女人懂得知足常乐，她们能够以一颗平常心去对待现在的处境，而用一颗进取心去开创美好的未来。因为知足，便没有了患得患失，没有了负担，轻装上阵自然如鱼得水。所以，今天已有知足不是放弃努力和追求，相反，是对自己过去努力的肯定，为下一次的付出提供一个良好的心态。

人是一种欲望动物，而且不同的人，其所拥有的欲望也不尽相同。有人贪图名利，有人留恋肉欲，还有人则希望得到丰富的物质世界……当你的目光转向一个目标时，每当目标实现时你是快乐的。但同时你的欲望会悄悄作祟，让你从这次的快乐中产生更大的欲望。很快快乐消失，忧虑、不满、抱怨、愤怒随之而来，愈演愈烈。

在实际生活中，很多女人经常因为欲望偏执，总是患得患失，一叶障目。在得失之间，让心灵蒙尘，久而久之就会积重难返。贪欲膨胀会搅扰我们的内心，我们无法再淡然面对诱惑，内心一旦慌乱，就会迷失方向。

汤玛斯·富勒说："满足不在于多加燃料，而在于减少火苗；不在于累积财富，而在于减少欲念。"智慧的女人懂得控制欲望，让自己知足常乐，否则再大的胃口都无法填满，贪多的结果只会带来无穷尽的烦恼和麻烦。控制我们的欲望，使我们从欲念的无底深渊中得到释放与自由，是快乐的始发站。

∾ 逃出虚荣心的束缚，做洒脱的女人 ∾

【气质女人修炼锦囊】

　　现代女性要树立正确的人生观、价值观和荣辱观，淡泊名利，净化心志，保持平常心。当出现虚荣心心理时，提醒自己要加以克制。并且做一个内心强大，禁得住诱惑的，洒脱的新时期女性，不盲目攀比，不嫉妒别人，过自己的日子，享受自己的生活。

　　每个人都有爱美之心和强烈的荣誉感，但超过了一定的度，就变成了虚荣心。女性同男性相比，内心更加感性些，更加看重表象化的东西，所以虚荣心几乎成了女性的"专利"，很多女性都有虚荣心，这直接影响到了女性的生活幸福和工作成就。

　　虚荣心表现在行为上，主要是爱慕虚荣，盲目攀比，好大喜功，过分看重别人的评价，自我表现欲太强，有强烈的嫉妒心。有一些虚荣的女人为了得到金钱名利而出卖自己的人格尊严；为了得到美貌而不惜花重金，伤害自己的健康去整形美容。不管最终目的能否实现，虚荣的女人往往是悲哀的。

　　虚荣的女人喜欢盲目地攀比，渴望得到别人的认可奉承。为了满足自己的虚荣心，有的女人往往刻意制造出虚假现象和语言，让心中飘渺的幸福感在别人的眼里"真实"起来。她们通过夸大或捏造事实来虏获他人的肯定与赞赏，用嫉妒等心理来消除内心的缺失。可事实上，虚荣通常会让女人失去更多。

　　大学刚毕业的露丝，在父亲的帮助下，顺利地成为公司的一个部门主管。因为露丝的父亲与公司老总的私交关系不错。刚工作的露丝工作经验不足，却也不虚心请教工作中的问题，总是喜欢以一副高高在上的架势面对下属，下属

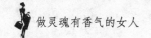

当然也是看她不顺眼。

上司让露丝负责一些简单的事务，先锻炼一下她。也许是为了尽快取得上司的信任，露丝总是在上司面前夸夸其谈，说自己大学时是学生会秘书长，组织过许多文艺晚会；曾参加过大学生辩论赛，被评为"最佳辩手"；在大学生形象设计赛中荣登冠军宝座等。这种话说得多了，上司也就信以为真了。

有一次，公司要组织一次客户答谢晚会，上司就向老总建议交给露丝去组织。结果当然是一团糟。全公司的人员都在嘲笑她，颜面尽失的露丝相当不服气。老总也责备她："听说你组织晚会很有经验吗？这次是怎么回事？"

露丝找理由说是下属的不配合，老总大发雷霆："我以为你只会夸夸其谈，原来推卸起责任来脸不改色心不跳。即便真的是下属没配合好，这更证明你缺乏领导能力和人格魅力。"老总很生气，只得把露丝的主管职位取消了，让她从一名普通的员工做起。

虚荣心强的女性，在追求事业的发展时，不是把精力放在刻苦学习提高能力素质和踏踏实实干出成绩上，而是放在做表面文章、弄虚作假、哗众取宠以赢得领导的表扬上，结果事与愿违，坑了自己，害了事业。

虚荣心往往使女性失去清醒的头脑，迷失方向，在恋爱和选择配偶时，它使女性更加看重容貌、物质条件等外在的条件，虽然风光一时，满足了自己的虚荣心，但由于对方的人品、修养、才华、脾气性格等方面的欠缺，共同生活之后，才发现丈夫自私自利、缺乏责任心、修养较差、脾气暴躁等，如此一来，痛苦的只能是女人自己，只好叹息、后悔不已！

著名小说家莫泊桑在他的短篇名作《项链》中写了一个因为贪慕虚荣而招祸的典型。

漂亮迷人的女子玛蒂尔德由于出身低微而嫁给了一个小职员，十分难得的一个机会使她有幸参加了上流社会的一次舞会。为了展示自己的漂亮迷人，她借了女友的一串钻石项链，从而在舞会上获得了惊人的成功。她的漂亮迷人令舞会上的所有男子注目而超过了所有在场的贵妇人。

但不幸的是她在回家途中丢失了那条项链，于是只好借债购买同样的项链赔偿女友。夫妻二人节衣缩食苦挣了十年才还清欠债。当她的青春被生活的风霜剥蚀殆尽变得十分苍老时，碰到借给她项链的女友，女友依然那么年轻漂亮。在交谈中女友告诉她，借给她的钻石项链原本是一串仿制的赝品。

　　玛蒂尔德为了满足一时的虚荣借了别人的项链而弄丢了，为此她把青春都提前消耗掉了，后来却过着一种可悲的生活，"她变成了贫穷家庭里的敢作敢当的妇人，又坚强，又粗暴。头发从来不梳光，裙子歪系着，两手通红，高嗓门说话，大盆水洗地板"。虚荣让她付出了极大的代价。

　　现实生活中不乏虚荣心强的女性，她们看到别人买了新衣服，就盲目地"跟进"，不管自己需要不需要，适合不适合自己，都要急于买套新衣服，并且还要买比别人更贵的；看到别的女性去做美容，也不考虑自己的实际情况，就跟着去做美容；看到别人给孩子买了钢琴，也不管自家的孩子是否需要，就盲目地买来钢琴，哪怕是闲置不用，心理也就平衡了；等等。凡事都想与别的女人争个"面子"，结果不但"面子"争不回来，而且还浪费了大量钱财，影响了自己的生活。

　　女人生来喜欢美丽的东西，面对美丽的东西恋恋不舍。如果虚荣心超出了自己的经济范围就会带来反作用，虚荣心之过盛，危害着女人及其家庭。有的女性为了买件漂亮的裙子，为了脖子上能挂上亮光光的链子，甘愿空着肚子。为了拥有高档楼房，为了拥有时髦的小车，为了不让同学小看，把老公逼得腰都直不起来！

·第三章·

彰显个性，做个本色真女人

女人没有个性，就如同一杯白开水无滋无味；女人失去了个性，也就失去了造物主赋予女人的魂灵；女人失去了个性，人生苍白无力，世界千篇一律。有个性的女人，懂得人生的趣味，看透人世的变数；有个性的女人，享受多姿多彩，尽显万种风情；有个性的女人，要爱就执着深情，要恨就疾恶如仇。女人是多姿多彩的，也应当是个性鲜明、活力四射的。

∾ 秉持个性，每个女人都是独一无二的 ∾

【气质女人修炼锦囊】

伟大剧作家莎士比亚曾说过："你是独一无二的，这是最大的赞美。"这是一个不为我们所习惯的说法，却符合事实。

事实上，有很多女人盲目从众，她们认为流行的一定是正确的，所以就放弃了自己本来的风格和个性，这种情况已严重影响部分女人在当今社会立足。殊不知每个女人的独特性同自己的生活质量是紧密相连的。在当今社会，竞争不仅是才能的竞争，更是个性的竞争。一个女人不清楚自己的独到之处，不了解自己潜在的优势，就很难凭真本事去竞争，就很难在优胜劣汰的环境中显出优势，那么她们的愿望也很难实现。要想展现自我，要想不被别人牵着走，女人只有认真地剖析自我、确认自我，勇敢地挑战自我，尽力开发自我价值，才能真正地实现自我。

丽莎从小就特别敏感而腼腆，她的体型一直很胖，而她的那张脸使她看起来比实际还胖得多。丽莎有一个很古板的母亲，她认为穿漂亮衣服是一件很愚蠢的事情。她总是对丽莎说："宽衣好穿，窄衣易破。"而母亲总照这句话来给丽莎穿衣服。所以，丽莎从来不和其他孩子一起做室外活动，甚至不上体育课。她非常害羞，觉得自己和其他的孩子不一样，完全不讨人喜欢。

长大之后，丽莎嫁给一个比她大好几岁的男人，可是她并没有改变。她丈夫一家人都很好，每个人都充满了自信。丽莎尽最大的努力要向他们看齐，可是她做不到。他们为了使丽莎开朗而做的每一件事情，都只会令她更退缩到她的壳里去。丽莎变得更加紧张不安，躲开了所有的朋友，情形坏到她甚至怕听到门铃响。丽莎知道自己是一个失败者，又怕她的丈夫会发现这一点，所以每次他们出现在公共场合的时候，她都会刻意去模仿某个看似优雅的人的服饰、动作或表情，她会假装很开心，结果常常显得太做作。事后，丽莎会为这个难过好几天，以至于她觉得再活下去也没有什么意思了。

后来，是什么改变了这个不快乐的女人的生活呢？原来，只是一句随口说出的话。随口说的一句话，改变了丽莎的整个生活，使她完全变成了另外一个人。

一天，丽莎的婆婆正在谈她怎么教育她的几个孩子，她说："不管事情怎么样，我总会要求他们保持本色。"

"保持本色！"就是这句话！在一刹那，丽莎才发现自己之所以那么苦恼，是因为她一直在试着让自己适应一个并不适合自己的模式。

丽莎后来回忆道："在一夜之间我整个改变了。我开始保持本色，不再去模仿任何人。我试着研究我自己的个性、自己的优点，尽我所能去学有关色彩和服饰的知识，尽量以适合我的方式去穿衣服。主动地去交朋友，我参加了一个社团组织——起先是一个很小的社团——他们让我参加活动，我吓坏了。可

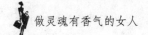

是我每一次发言，都会增加一点勇气。今天我所有的快乐，是我从来没有想到可能会得到的。在教育我自己的孩子时，我也总是把我从痛苦的经验中所学到的教给他们：'不管事情怎么样，保持本色。'"

丽莎的转变告诉我们，模仿他人，结果只能以失去自我作为代价。在古代，"东施效颦""邯郸学步"等故事，就警示人们不必去模仿别人。每个人生来就是独一无二的，模仿别人，便是扼杀自己。

一个女人，只要坚守自己的个性，在世界这座百花园中，你同样是一朵奇葩。世界上所有的东西都是不可替代的，是绝无仅有的。作为女性大家族中的一员，你也是这个世界上独一无二的。

世界上没有两片完全相同的叶子，即使是双胞胎，他们在言谈举止等方面有诸多的相似之处，但在其他人眼中，他们依然具有自己的个性，是人世间任何一个"他"都无法比拟和取代的。

有一句老话叫"尺有所短，寸有所长"。别人有别人的优势，你有你的长处，没有必要拿自己和别人去比较，更没有必要因为这种无意义的对比而给自己造成不必要的心理压力。每个女人都有自己独特的能力和才干，别人是块金子能闪闪发光、灿烂夺目，就算你是块煤炭也能熊熊燃烧，温暖你的世界。

个性就是特点，特点就是优势，优势就是力量，力量就是成大事必备的特质。所以，每个女人都应该秉持个性，做一个独一无二的自己。

❧ 迷人个性最具吸引力 ❧

【气质女人修炼锦囊】

花容月貌的女人很吸引人，然而性格独特的美人更容易吸引人，她们开朗、自由，坚持用自己的方式过自己的生活。也许正是这种对生活的自信，才使她们产生了更多的浪漫柔情，才让她们充满了独特的个性。

一位容貌姣好的美女，若是毫无个性，就不能算是具有魅力的女性。瞬间的表情、谈吐时的措辞，或是化妆及服饰，再加上她个人的风格，将会使人眼前一亮，被她抢眼的个性吸引住。

俗话说："人如其面，各有不同。"生活中，每一位女性都有其独特的个性特点，比如有的人性情温柔，有的人脾气火爆，有的人常常谈笑风生，有的人往往沉默寡言。这些特征在一个人身上的表现是比较稳定或经常出现的，这样我们才能把人们区分开来。

人的个性还有一定的可塑性，它可以随着现实环境的多样和改变而或多或少地发生变化，这其中自我调节起着非常重要的作用。因此我们可以打造自己迷人的个性。

所谓迷人的个性，说白了，就是能吸引人的个性。

女人要关心其他人的生活、工作。每个人都认为自己是个特别的个体，每个人都希望受人重视，我们要注意这一点，承认每个人的独特价值。如果你对他人表示了足够的关心，那别人必定会对你有所回报，他们会说你"这个人真好，特热情，特能关心体贴人"，并到处向人夸奖你的优点。

健康、充满活力和具有丰富的想象力也会使你显得迷人可爱。大家都喜欢富有朝气、活力四射的人，而没有人会喜欢无精打采、暮气沉沉的人。轻松活泼的你可以给周围的人带来一股清新之气，周围的人和氛围也会因你的感染而发生改变，相信人人都会因此喜欢你的。

女人要有容人的气量，这是你塑造自己迷人个性的重要一条。一个能容纳自己丈夫的人，必定会得到丈夫的加倍怜爱。相反，如果丈夫回家后，妻子只会唠叨、抱怨不停，他的自信心、自尊心会大受打击而变得低落，甚至对妻子失去耐心，相互挑毛病而感情低落，这样的结局就不太美妙了。难怪有位大企业家透露他的用人秘诀是："在想提升某人之前，先去调查他的妻子，这里并不是调查她长得漂亮不漂亮、会不会做饭，而是调查她是否能让她的先生充满自信。"

不仅对于丈夫，对于朋友和同事，女人同样也需要有气量，每个人都希望

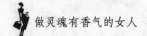

自己能被人接纳，希望能够轻轻松松地与人相处。那些吹毛求疵的女人，一定不会受人欢迎的，女人要以宽容、大度的心态面对朋友和同事的缺点或不足，这样人与人之间的相处才会更融洽。

"你就是你，不随潮流摆动，不媚世俗，始终保持自己的清醒和独立，时时刻刻都敢于表露自我，同时面对一切束缚和不喜欢敢于说'不'。相信没有多少人可以如此，但是 e 时代的我们就是要创造新潮流的神话，永远随着心情绽放自己的风格，永远随心所欲地穿我们想穿的衣服！"

这种宣言并不理解"个性"的真正意味。个性的保持并不是脱离某种东西，而是真正拥有自己的特点在里面，相对于以上宣言的内容，我们更愿意将其理解为"一个人的性格特征"。

魅力往往来源于一个人个性中最自然、最有神采的那部分，是你与别人不同的那部分。你用你自身的光照亮了自己，并且让别人看见。有一位朋友爱上了一个人，谈起爱人的特点时他只说了一句："她很丑，但是让人觉得很舒服。""丑得舒服"这需要多少内心的力量来理解，它同时也告诉女人，个性的魅力如何使爱成为可能。

❧ 认识自己，寻找自己 ❧

【气质女人修炼锦囊】

认识自己，是一种能力，更是一种智慧。

在光怪陆离的物质世界，人们追逐名利，流连于声色犬马，在物欲的横流中沉浮。人们开始晕眩，开始迷失自己。人们往往忘记自己的存在，忘记对自己的关爱，从不去问"我从哪里来，要到哪里去"之类的问题，偶尔想起，也不过茫茫然一片空白。

虽然一个人自身的存在和价值唯有通过具体的"身外之物"才能得以证

明，但是如果把证明的手段当作了目的，而全然忘了要证明的恰恰是"你自己"，就会变成没有目的的证明，就会迷失自己。更有甚者，往往为了虚名、浮华出卖"自我"，也许偶尔能够达到目的，但他们又怎么明白，他们失去的乃是最珍贵的东西。

"你自己"才是你要证明和追求的出发点和目的。当然，要证明和追求"你自己"，首先必须认识"你自己"。

自我认识是个艰难的过程。一位著名作家曾经这样说过："我必须认识我自己，洞察自己那秘密的心灵，这样我便能抛弃一切恐惧和不安，从我物质的人中找出自信，从我血与肉的具体存在中找到我抽象的实质，这就是生活赋予我的至高无上的神圣使命。"

完成这一神圣使命，其意义是非凡的。从自身的角度来说，只有认识自己，才能扬长避短；从他人、从社会角度来说，了解自己要以别人为标准，反过来，认识别人也常常要以自我为参照。如果不认识自我，缺乏"将心比心"的能力，便很难理解和取悦他人。作为女人的你，应首先认识自我，找到属于自己的那种信心。

在拥有漫长历史的男性主流社会中，女性在很大程度上仍处于从属地位，被动地接受男性对女性的认定。男人和女人之间存在的差异其实仅限于自然差异，即所谓的性征。但是，如果因为男女之间的这种差异，继而产生女人在智慧上不如男人，在能力上比不上男人的荒谬看法则是不对的。即使是在开放的社会、先进的时代，这种落后观点还是不乏支持者。有研究认为，从大脑半球的构造看，女性更善于运用形象思维，语言能力优于男性，只在抽象思维和逻辑思维方面逊于男性。不过，国内外有大量社会学调查和心理学测验表明：女性与男性具有相同的总体智慧能力，在综合平衡方面，男女并驾齐驱。

然而，在现实生活中，女性在有限的社会资源（诸如教育之类）占有中处于劣势，在社会的政治行政体系、科学研究体系中占着极少的比重。社会文化有意无意地把一种传统的女性观，诸如把家庭主妇之类的观念，作为对女人的期望；而对于国家大事之类，她们并未被期望。

女性为什么要甘于接受男性社会的认定呢？每一个女性都有自己潜在的力量，失去自我，就会陷入由他人看法和观点组成的囚笼里。

事实上，每个人都是独一无二的美妙存在。尽管受到社会分类和认同的压力，但每个人在内心深处，还是想与他人不同的。我们要怎样才能充分感受到自己的与众不同？怎样才能找到比较成熟的自我呢？

首先，不要做自贬的女人，动不动便廉价地出售自我。我们的传统教育让女人要谦逊、谦虚、忍让，但谦虚过度就会变成消极的自贬。你要做的是看清你自己所有的长处和短处，所有的优点和缺点，不要总用"我不行""我做不到"来暗示自己，否则，久而久之，你会觉得自己毫无价值。如果你自己都用怀疑的目光打量自己，还怎么指望能获得他人的承认和重视呢？

其次，做自尊、自强、自爱的女人，尽可能地发挥自己的优势。你有什么优点？你能准确地描述自己的长处吗？不要以为说出自己的优点，就是炫耀，在任何应该表现自我的地方都一定要与谦虚说再见。

"我的英语会话很流畅，可以胜任接待外宾的工作。""我曾获得演讲比赛冠军，请让我负责这次的招商演讲。"说这些话的时候，你应该是自信满怀、话语坚定的。你能够做到，就不要藏身人后，白白失去表现自我的机会。

即使只是菜烧得好、歌唱得好，会讲一两个笑话，也是可以利用的优点。只要你用欣赏的眼光看自己，仔细地观察自己，就能发现自己具有的优良特质，你的自尊自爱会成为助你成功的力量。

再次，你应坚信"天生我材必有用"这句话。每个人都必须接受命运的安排，天赋固然可以通过教育、练习与专注来强化，但先天心理与心理上的限制却不容忽视，否则会很危险。其实强化天赋只是事情成功的一半而已，而且是较容易履行的一半。要确定某个人的才能在何处，其实是很困难的。

大多数人很少有特别突出的才能，多半是同时具有多方面的能力，却没有一样技压群雄。不论决定从事哪一行，如果你本身令人失望，或个人表现欠佳（对这一点请诚实面对自己），那么就要勇敢地放弃这一切，重新再来。不要担心命运之门从此对你关闭，你总能找到适合自己生存的地方。

❧ 只要你想，你就能让自己变得美丽 ❧

【气质女人修炼锦囊】

　　每个女人都应该学会发现自己的美丽，不要让属于你的这粒生命种子永远埋在土里。

　　如果把我们的生命比作一片沃土，那么，发现自己的眼睛就是一粒生命的种子，它深藏在每个人心里，随时都可能发芽并开出绚烂夺目的花朵。

　　有一个叫爱丽莎的美丽女孩，总是觉得自己没有人喜欢，总是担心自己嫁不出去。她认为自己的理想永远实现不了，她的理想也是每一位妙龄女郎的理想：和一位潇洒的白马王子结婚、白头偕老。爱丽莎总以为别人都有这种幸福，自己却永远被幸福拒于千里之外。

　　一个周末的上午，这位痛苦的姑娘去找一位有名的心理学家，因为据说他能解除所有人的痛苦。她被请进了心理学家的办公室，握手的时候，她冰凉的手让心理学家的心都颤抖了。他打量着这个忧郁的女孩，她的眼神呆滞而绝望，声音仿佛来自墓地，她的整个身心都好像在对心理学家哭泣着："我已经没有指望了！我是世界上最不幸的女人！"

　　心理学家请爱丽莎坐下，跟她谈话，心里渐渐有了底。最后他对爱丽莎说："爱丽莎，我会有办法的，但你得按我说的去做。"他要爱丽莎去买一套新衣服，再去修整一下自己的头发，他要爱丽莎打扮得漂漂亮亮的，告诉她星期一他家有个晚会，他邀请她来参加。爱丽莎还是一脸闷闷不乐，对心理学家说："就是参加晚会我也不会快乐。谁需要我？我能做什么呢？"心理学家告诉她："你要做的事很简单，你的任务就是帮助我照顾客人，代表我欢迎他们，向他们致以最亲切的问候。"

星期一这天，爱丽莎衣衫合适、发式得体地来到晚会上。她按照心理学家的吩咐尽职尽责，一会儿和客人打招呼，一会儿帮客人端饮料，她在客人间穿梭不停，来回奔走，始终在帮助别人，完全忘记了自己。她眼神活泼，笑容可掬，成了晚会上的一道风景，晚会结束后，有3位男士自告奋勇要送她回家。

在随后的日子里，这3位男士热烈地追求着爱丽莎，她终于选中了其中的一位，让他给自己戴上了订婚戒指。不久，在婚礼上，有人对这位心理学家说："你创造了奇迹。""不，"心理学家说，"是她自己创造了奇迹。所有的女人都能拥有这个奇迹，只要你想，你就能让自己变得美丽。"

人应当用一只眼睛观察世界，一只眼睛发现自己。学会发现自己的优点，这是每个女人都必须学会的。事实上，爱丽莎对自身产生怀疑，归根结底是因为她没有发掘出自己的闪光点，她看到了别人的精彩，却错失了自己的光彩。其实，每个女人都是优秀的，接受自己，你并不是一无是处。

以优势和兴趣为基，舞出最美的人生

【气质女人修炼锦囊】

女人要想充分展现自己的才华，做出一番成就，就应该找到自己的优势与兴趣所在，找准自己的位置，给自己一个正确的定位，并以此为基础努力经营自己的人生。

女人在准备施展拳脚之前，应该充分了解自己的长处和短处，对自己有个正确的认识，然后再根据自己的特长进行定位，找准自己的最佳出发点，这样，才能在适合自己的舞台上跳出最美的舞姿。

如果一开始就对自己认识错误，那么即使她敢于"秀"出自己，并且在某种程度上取得了一些成效，但她最后的结果也只能是"竹篮打水一场空"。

中国台湾作家三毛自幼对艺术的感受力极强，五年级上课时偷偷地读《红楼梦》，读到宝玉出走时，竟进入空灵忘我状态，连老师叫她都不知道。她自己很快意识到文学就是自己的追求目标，此后她专心于写作，成了人们喜爱的作家。

现代人才学发现，人至少有146种类型的才能，而现在的考试制度只能发现41种，人的大部分才能并未被很好地开发和利用。人的潜能如同地下的石油，只有发现它，并把它开采出来，它才能发光发热。

即使是那些看起来很笨的人，也可能在某些特定的方面具有杰出的才能。比如，柯南道尔作为医生并不著名，写小说却名扬天下。每个女性都有自己的特长，都有自己特有的天赋与素质。认识自己并发现自己特长和潜能的过程，就如同从树根变成根雕的过程。树根千姿百态，艺术家要善于用树根的天然形状顺势雕刻成各种栩栩如生的形象。女人也与树根一样千差万别，只有准确地给自己定位，才能在人生的十字路口做出一个正确的选择。

我们经常看到，有相当一部分女性抱怨工作不尽如人意，不遂心愿，太累，没有成就感，这是因为她们对自己的工作没有兴趣。将精力浪费在自己不喜欢而枯燥的工作上是一件很可悲的事情。可你要是问起她们喜欢干什么工作，有很多女性却不能明确地给你答案。这正是她们人生失败的地方。"兴趣是最好的老师"这句被人们无数次说起的话，永远都闪耀着智慧的光芒。荣膺"世界十大知名美容女士""国际美容教母"称号的香港蒙妮坦集团董事长郑明明就是一个在兴趣的引导下走向成功的女性典范。

在印度尼西亚的华人里，郑明明的外交官父亲很有名望。郑明明读小学时，有一天父亲特地将香港作家依达的小说《蒙妮坦日记》推荐给她。这是依达的成名作品，描写了一个叫蒙妮坦的女孩子经过了爱情、事业的挫折之后，最终实现自己梦想的故事。按照父亲的设想和愿望，女儿以后应该也是个"高级知识分子"。然而，从小就喜欢把自己打扮得漂漂亮亮的郑明明对美的事物更感兴趣。当她在街上看到印尼传统服装——纱笼布上那精美的手绘图案时，她被艺术的无穷魔力深深吸引住了，被那些给生活带来美丽的手工艺人的精湛技艺触动了，从此她便萌发了从事美丽事业的念头。

郑明明坚持要为自己负责，走自己想走的路。于是她瞒着父亲到了日本，在日本著名的山野爱子学校开始了美容美发的学习。那所学校里都是些富家女，大家每天的生活就是相互攀比，比谁的衣服好看，谁打扮得漂亮等。但郑明明不是这样，因为她留学不是为了和她们攀比，况且她也没有闲钱攀比。由于得不到父亲的支持，来到日本的她，当时身上只有300美元，这些钱在交完学费、住宿费后就所剩无几。冬天的时候，她的同学都穿着各式各样的皮衣，而她只有一件破旧的黑大衣御寒。平时下了课，郑明明还要到美发厅打工，一是为了挣钱，二是为了学习人家的经验。在打工期间，她仔细观察每个师傅的技术、顾客的喜好、店里的管理等，来为自己未来的事业做准备。

从日本的学校毕业以后，郑明明来到了香港，成立了蒙妮坦美发美容学院。万事开头难，创业初期，她一人身兼数职，既是老板，也是工人；既要迎宾，还要洗头。坚信"时间就像海绵，要是挤总会有的"的郑明明每天晚睡早起，至少工作11个小时。而且，忙碌之余，她还有个雷打不动的习惯，就是一到晚上，就把白天顾客留的姓名、特征、发型等资料建成档案，以后经常翻阅，以便于下次和顾客沟通。

虽然经历了很多的磨难，但郑明明终究是成功了。她成立了一家又一家分店，并把战场从香港转向内地。从此，人们知道了蒙妮坦，也知道了郑明明。

如果郑明明按照父亲的意愿走上那条中规中矩的道路，凭借她的资质，说不定现在也会很成功，但是绝对不会比现在更辉煌。因为她选择了自己兴趣所在的道路，所以便甘愿付出更多的努力并一直坚持。

～ 保持自己的个性 ～

【气质女人修炼锦囊】

世界上所有珍贵的东西，都是不可仿制的，是绝无仅有的。女性大家族中的你，也是这个世界上独一无二的。

成功女性往往都具有独特的个性，无论是着装打扮、言谈举止，还是思维方式、处世风格，都与众不同。正是因为有了这许许多多的"不同"，才孕育出了她们不同凡响的成功。因此，每个想要成功的女性，都应该坚守自己的个性，保持自己的本色。

"保持本色的问题，像历史一样的古老，"詹姆斯·高登·季尔基博士说，"也像人生一样的普遍。"不愿意保持本色，即是很多精神和心理问题的潜在原因。安吉罗·帕屈在幼儿教育方面，曾写过 13 本书和数以千计的文章，他说："没有比那些想做其他人和除他自己以外其他东西的人更痛苦的了。"在个人成功的经验之中，保持自我的本色及以自身的创造性去赢得一个新天地，是有意义的。你和我都有这样的能力，所以我们不应再浪费任何一秒钟，去忧虑我们不是其他人这一点。

你是独一无二的，你应该为这一点而庆幸，应该尽量利用大自然所赋予你的一切。归根结底，所有的艺术都带着一些自传色彩，你只能唱你自己的歌，你只能画你自己的画，你只能做一个由你的经验、你的环境和你的家庭所造就的你。不论情况怎样，你都是在创造一个自己的小花园；不论情况怎样，你都得在生命的交响乐中，演奏你自己的小乐器；不论情况怎样，你都要在生命的沙漠上数清自己已走过的脚印。

玛丽·玛格丽特·麦克布蕾刚刚进入广播界的时候，想做一个爱尔兰喜剧演员，结果她失败了。后来她发挥了的自己长处，成为纽约最受欢迎的广播明星。

著名影星索菲亚·罗兰第一次踏入电影圈试镜头时，摄影师抱怨她那异乎寻常的容貌，认为她的颧骨、鼻子太突出，嘴也太大，应当先去整容再试镜头。她却说："我不打算削平颧骨、换个鼻子和嘴巴，尽管你们摄影师不喜欢灯光照在我脸上的样子。要解决这个问题，不是我去整容，而是你们要好好琢磨琢磨应当怎样给我拍照。我认为，如果我看上去与众不同，这是件好事。我的脸长得不漂亮，但长得很有特色。"

这就是自信自爱、特立独行。

在每一个女人的成长过程中，她一定会在某个时候发现，羡慕是无知的。不论好坏，你都必须保持本色。个性是一笔财富，一个可爱的个性，会让你一辈子受益无穷。

你可以把巩俐、张惠妹当作心中的偶像，可以惊叹杨澜、张璨创造的惊人财富，但你千万不可妄自菲薄，轻视了自己，尽管自己存在着这样那样的缺陷。或许你的形象不及巩俐的美丽，或许你的财富和杨澜比起来显得微不足道，但你大可不必自惭形秽，你的勤奋刻苦、你的自强不息，谁又能否认这是你人生的一大亮点呢？

有一句老话叫"尺有所短，寸有所长"，这是很有道理的。她有她的优势，你有你的长处，没有必要拿自己和她去对照，更没有必要通过有意对比给自己造成某种压力。唐代大诗人李白曾说"天生我材必有用"，既然如此，人家是块金子能闪闪发光、灿烂夺目，你是块煤炭也能熊熊燃烧，温暖世界。

·第四章·

独立自尊，才能气质不俗

女人要自强，就要从人格与心理上做到独立自尊。首先自己尊重自己，才会得到他人的尊重。不要只做花瓶，花瓶也只是过眼云烟，随风而逝。更不要一生就围着一个男人转，不要以为离开了男人就没有办法生存，不要以为离开了男人就会陷入深渊。女人更要靠自己丰衣足食，不要依靠男人而生活，只有这样，女人才能气质不俗。

∽ 独立，魅力女人的必备要素 ∽

【气质女人修炼锦囊】

独立的女人虽然没有小鸟依人的可爱，没有楚楚动人、惹人怜爱的双眸，但是她风风火火的行事作风、敢作敢为的勇气，同样让人眼前一亮。

哈佛大学的女性研究表明，独立是魅力女人的必备要素，人格独立才算得上魅力女人。魅力女人在事业上有主见，不受他人摆布；在生活上有自己的圈子，不会因脱离男人而感到孤独。独立是一种很高的境界，它需要高素质的心态和全新的价值观。

女人的独立既包括物质上的独立，也包括精神上的独立。这种独立不是世

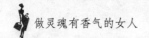

俗意义上那种"女强人"的不可一世的特立独行，而是拥有自己的生活空间、内心感受和表达方式。

有工作的女人在物质上有独立感，这种感觉能使她们的精神独立有相对坚实的地基。但不少女人在经济上很依赖男人，不少男人也为此自傲，把女人视为自己的私有财产，甚至轻视女人。很多女人会认为，尽管没有社会工作，但持家也是一种职业。如果男人在外面打拼能有工资，那女人持家也应有报酬。

以往男人总把给家庭的生活费视为对女人的报酬，这是不对的。生活费只是一种家庭必需的成本，它没有在经济上体现持家女人的价值。关心和尊重女人不是一句空话，男人应主动量化女人持家的价值，并愉快地付给这笔象征着对女人价值尊重的工资。千万不要小看这个程序，这是女人走向物质独立的关键。女人有这种独立感才会有尊严感，男人在有尊严的女人面前才会被重视。女人如果缺少这种独立感，那么男人对这种女人就不会有长久的好感，迟早都会背叛。所以，女人首先一定要在物质上、经济上保持独立，那样才会有持久的魅力。

相对于物质独立来说，女人的精神独立更为重要，因为男人活在物质中，而女人却活在精神里。女人精神的独立是对自己的肯定。当女人的精神世界被别人支配时，这样的女人就会十分悲哀。女人可以在自己的精神世界里建起一个美好的王国，当她自豪地感觉到自己就是这个王国的女王时，就会在现实生活中找到自信。女人的精神独立还体现在她的思想是受自己支配的，而不会为别人盲目改变自己。

有个年轻的姑娘爱上了一个她认为极好的男人，由于感觉太好，她想让其他女性朋友分享她的感觉，于是她去征求她们的意见。朋友都认为，这么好的男人一定会有很多女人追，将来很难说他是否能挡得住诱惑。分析得出的结论是：这种男人不能带来安全感，不值得交往。于是她和这个男人分手了，但又因为分手而长期痛苦。后来听说她认识的一个女人和他结婚了，她只能独自懊悔。

女人精神的动摇是一种不独立的表现。还有很多女人都像得了"预支恐惧症"一样，一接触男人就想将来可不可靠。越想越不对，明明有很好的感觉，一下就开始产生恐惧了。其实生命的意义就在此时此刻，如果你对一个人的感觉好，就应该跟他去共同营造更好的感觉。

有些女人总认为恋爱就必定会结婚，假如中途分手就觉得丢人，多几次分手更是坐立不安，怕别人议论，这是一种很不成熟的想法。你分不分手是你个人的事，完全不必担忧别人的反应。所以，女人一定要学会在精神上独立。精神独立的女人才能真正地坚强和自信起来，即使面对变幻无常的社会，也不会丢掉自己的微笑。

说到底，女人独立自主的意识，最终决定了女人的独立。

❧ 记住，你不是廉价的保姆 ❧

【气质女人修炼锦囊】

一个成熟的女人永远要以自己的意志为主，不要总是效仿别人，必须懂得坚持自我，按自己的方式生活。

在大多数人看来，女人做家务是天经地义的事情，不做家务的女人称不上是好女人，甚至有很多女性自己也是这样认为的。做饭、洗衣服、收拾家务……就像韩国电视剧《人鱼小姐》中的女主角雅丽英一样，每天都有繁重家务，不仅要伺候好自己的老公，还要担起家务重担。

王太太和丈夫结婚7年，夫妻间的感情也算得上和睦，虽无太多的激情，却也无较大的矛盾。

然而，不久前，王太太和王先生却办理了离婚手续。王太太很无辜地认为自己没有什么错，王先生也承认王太太对这个家庭付出很多，但却表示没有办法继续一起生活下去。王先生的职业是律师，平时工作很忙，基本上照顾不了家里，于是他提出请保姆。而王太太觉得，一方面请保姆浪费钱，还要担心她是否能将家里收拾好，另一方面自己的工作比较清闲，没有必要请保姆。

于是，王太太自己就承担起了做家务的重担，每天特别忙碌。王先生每天回到家，都看到太太特别忙，既要给家人做饭，又要照顾小孩，还要洗衣、清扫。基本上只有在睡觉前，王太太才能停止她的忙碌。

有时，王先生喊王太太过来休息一下，甚至温柔地从身后搂住王太太的腰，耳语"老婆，你辛苦了"，王太太却抛出一句"放开，正忙呢"。这样，夫妻之间的沟通就越来越少。

本来王先生想与妻子聊聊一天的工作状况，有时又想两个人一起看看电视，甚至很想早一点和老婆进行床第之事，可太太给他的理由永远都是"家务还没有忙完"。上床以后，王太太又会喋喋不休地与王先生讲起家务有多么繁忙、儿子在幼儿园有多么调皮的琐事。没过多久，王先生兴趣全无，只好简单地安慰太太"早点睡吧，你累了"。

就这样，家务让王太太有了太多的抱怨，与王先生之间产生了很大的隔阂，夫妻之间没有处理好家务与生活乐趣的关系，最终以离婚收场。

女人对家庭拥有一颗责任心是没错的，把家务劳动看作是热爱家庭、热爱丈夫的表现，这也没什么错。但要懂得适可而止，否则就会出现王太太那样的悲剧。

封建社会中的女人没有经济来源和独立地位，受到家庭和社会的欺压，这是迫于无奈的结果。但现在我们和男人一样，有自己的工作和事业，所以就不应该再在头脑里保留那些"封建遗毒"，把自己当廉价的保姆！

把自己当回事，别人才能把你当回事。女人应该学会爱自己，懂得让老公跟自己一起来承担家务。

事业是女人人生中最华丽的背景

【气质女人修炼锦囊】

　　"我必须是你近旁的一株木棉，作为树的形象和你站在一起"，女人应该知道，当一个女人以一棵树而不是一株藤的形象站立在男人身边的时候，就连男人也不由得为她折服。

　　以前人们常用"小鸟依人"来描摹一个女性含羞带怯、温柔可人的形象，这样的女人依附在男人身旁，将男人视作自己最大的靠山。但这样缺乏独立性的姿态并没有将女性的深层魅力体现出来，而这种依赖于人的生活态度也会让女性自己感觉到不安定，可能一生悲苦。

　　日本著名电影《被嫌弃的松子的一生》中的女主角松子，就是这样一个把自己的希望寄托在别人身上的人。松子是学校教师，天性善良的她为自己的学生顶替偷窃的罪名而被学校开除。因为总觉得父亲偏爱妹妹，她离家出走。之后松子与一个有暴力倾向的作家同居，受尽折磨却始终不愿意离开他。作家自杀后，松子与有妇之夫冈野发生不伦之恋，她又把希望寄托在情人身上，结果对方妻子发现后，情人立即和她翻脸了。

　　此后松子又经历了好几次恋爱，每一次她都对男人付出自己的真心，希望和对方白头偕老，结果却屡遭抛弃，甚至还给她带来了牢狱之灾。到了50岁，松子依然是孑然一身，过着单身隐居的封闭生活。她在牢中认识的朋友希望给她一份工作，但她慌乱地拒绝了，因为她对自己毫无信心。而当她意识到自己还没有忘记曾经的理发手艺时，她的人生似乎出现了转机。可是命运却不给她机会，她在寻找朋友的过程中遭到一群地痞的殴打，死在了枯竭的河川旁。

　　松子是一个渴望得到爱的女人，她追寻爱的勇气和决心让人感动，但是她总是把自己的人生完全寄托在一个可以依靠的男人身上，这样就太可悲了。她曾经也当过理发师，手艺不错，完全可以凭借它拥有属于自己的平静、幸福的生活，可惜她却为了男朋友执拗地放弃了。我们痛惜松子的一生，并且希望这样的经历不要在其他的女性身上重演。

在"她"世纪里，女性就要独立。精神上的独立是一方面，物质上的独立也不能忽视。女人，从现在开始，你就应该树立这样的思想：不把男人当作经济支柱，而要把事业作为自己最华丽的背景。这样的女性才最能展现出"她世纪"女性的风采。

海伦·凯普兰是一个美丽的职场女性。她小巧玲珑，利落明快，像是可以应付任何事的女人——事实也是如此。她出生于维也纳，在塞拉库斯大学读艺术专业。和很多女孩一样，她接受了母亲的老观念："女人一定要嫁个金龟婿。"她21岁结婚，后来离婚。她说："我母亲——她代表有同样想法的亿万人——认为我嫁给一位成功的男人，情况将会好得多，我自己事业成功则不然。在母亲的眼中，如果我嫁给一个金龟婿，才算幸福，这才是成功。我从小接受的教育是嫁一个成功的男人——而非自己追求成功。我是位分析家，但直到最近我才明白自己轻率地接受了很多母亲的价值观。"

后来，她开始拥有自己的事业，成为一名心理学家。她说："年轻时，我想做一位心理医生，但我觉得自己不够聪明，没资格进医学院。大学时我与心理学家约会，嫁给了其中的一位。之后我才发现，我要做一位心理医生，而不是嫁给心理学家。"她的工作涉及很多女性羞于提及的"性"，她甚至成为性爱治疗上的先驱工作者，她的著作《新的性爱疗法》让大众重新了解了"性"，专家也对她推崇备至。她说："我在专业上有所成就，工作愉快，我希望能成为一名演说家，有好朋友、乖孩子和一幢舒适的公寓，和世界上任何人都相处融洽。"

大多数成功的女性热爱她们的家庭，但是她们也醉心于工作。她们认为工作开拓了她们的视野，给予了她们成就感，挖掘出了她们的潜力，赋予了她们身份，使她们得以完善自身。一位作家用略带夸张的语调说道："如果她们停止工作，她们明白，大多数人就什么也不是了，就像空气中的洞一样，如此而已。"这些充满信念的女人甚至把她们的职业看成是她们的救星。

　　工作不仅让女人经济独立，而且可以让女人从根本上脱离男人的控制。工作也能赋予女人非同寻常的魅力。工作，让女人走出了狭小的家庭生活空间，让女人的视界开阔，使女人的心也随之澄明起来；工作，让女人发现了更能凸显自己个性价值的方式；工作，也最能让女人找到自己的尊严。面对一个自尊、自爱、自立、自强的女人，相信每一个人都会由衷赞叹她的美丽。

⌇ 不做女强人，要做强女人 ⌇

【气质女人修炼锦囊】

　　很多女人都想成为人群里最受欢迎的女人，所以她们一直在努力成为一个女强人。其实，这样的想法是错误的。要想真正成为一个受人欢迎的女人，不一定要成为一个女强人，但是一定要成为一个强女人。

　　女强人有铁人一般的工作作风，有令男人胆寒的处事手腕，有巾帼不让须眉的胆识和谋略。而强女人则有明确的生活态度，有坚强不屈的精神，有遇到困难不服输的品质。一个受欢迎的女人，不一定非要有傲人的成就，但是一定要有坚强不屈的精神，有面对生活勇敢向前的态度。女强人希望全世界以她为荣，而强女人自强却不争强，她所做的，尽管也可能会取得一番成绩，但是她的努力并不是为了荣耀，而是为了证明自己。

　　她从小就"与众不同"。因为小儿麻痹症，不要说像其他孩子那样欢快地跳跃、奔跑，她就连平常走路都做不到。寸步难行的她非常悲观和忧郁，当医生说想教她做一点运动，说这可能对她恢复健康有益时，她全然不理会。随着年龄的增长，她的忧郁感和自卑感越来越重。甚至，她拒绝所有人的靠近。但也有个例外，那就是邻居家那个只有一只胳膊的老人却成了她的好伙伴。老人是在一场战争中失去一只胳膊的，老人非常乐观，她非常喜欢听老人讲故事。

这天，她被老人用轮椅推着去了附近的一所幼儿园。操场上孩子们动听的歌声吸引了他们的注意。当一首歌唱完，老人说道："我们为他们鼓掌吧！"她吃惊地看着老人，问道："你只有一只胳膊，怎么鼓掌啊？"老人对她笑了笑，随后解开衬衣扣子，露出胸膛，用手掌拍起了胸膛……

那是初春时分，风中还有几分寒意，但她却突然感觉自己心里涌起一股暖流。老人对她笑了笑，说："只要努力，我一个巴掌一样可以鼓掌，你一样能站起来的！"

那天晚上，她让父亲写了一张纸条，贴到墙上，上面是这样的一行字："一个巴掌也能拍响。"从那之后，她开始配合医生做运动。无论多么艰难和痛苦，她都咬牙坚持着。有一点进步了，她又以更坚定的决心去准备接受更大的痛苦，以求更大的进步。甚至在父母不在身边时，她自己扔开支架，试着走路。蜕变的痛苦是来自全身的。她坚持着，她相信自己能够像其他孩子一样行走、奔跑。她要行走，她要奔跑……

11岁时，她终于可以扔掉支架行走了，她又向另一个更高的目标努力着，开始锻炼打篮球和参加田径运动。

1960年，罗马奥运会女子100米跑决赛，当她以11秒18的成绩第一个撞线后，掌声雷动，人们都站起来为她喝彩，齐声欢呼着这个美国黑人的名字：威尔玛·鲁道夫。

那一届奥运会上，威尔玛·鲁道夫成为当时世界上跑得最快的女人，她共摘取了3枚金牌，也是第一个黑人奥运女子百米冠军。

从"一个巴掌也能拍响"的老人那里，威尔玛·鲁道夫得到了顽强生活的启示。尽管后来的成功给她的生命增添了许多荣耀，但是这些荣耀的背后，是她顽强对待生活的体现。也许，她的这份荣耀与那些事业有成的女强人相比，还不够耀眼，但是，作为一个认真生活的强女人，威尔玛·鲁道夫将会成为每一个聪明女人的学习楷模。因为她用自己的经历提醒了每一个女人：只有坚强的人，才能克服生活中的一切困难；只有认真生活的人，才能不被生活中的磨难吓倒。

与女强人相比，强女人的光彩是暗淡的。可是女强人不是谁都能成为的，而强女人，却是人人都能够做的。只要女人有一颗足够坚强的心，那么做一个强女人，并不是什么困难的事。

失去什么也不能失去自尊

【气质女人修炼锦囊】

一旦一个女人失去自尊，她便会轻视自己。连自己都不尊重的女人，又怎么能够获得尊严，活出高贵呢？品格是立身之本，丧失品格的人，将丧失别人对她的敬佩与肯定。

女人失去什么也不能失去自尊。伟大的思想巨匠卢梭，在他的一篇著名演讲词中，曾声色高昂地诠释自尊的力量。他说："自尊是一件宝贵的工具，是驱动一个人不断向上发展的原动力。它将全然地激励一个人体面地去追求赞美、声誉，创造成就，把他带向他人生的最高点。"

乔治·萧伯纳是20世纪著名的戏剧作家，他写过许多享有世界声誉的作品，深受各国人民的喜爱。

一次，萧伯纳代表英国去苏联参加一个活动。当他在大街上散步时，见到一位可爱的俄罗斯小姑娘，胖乎乎的脸蛋、长长的辫子，俏皮极了。他忍不住停下脚步，把自己当成一个孩子一样，和小姑娘玩了起来。小姑娘也很喜欢这个和蔼可亲的外国人，和他高兴地玩了起来。

玩了很长时间，萧伯纳该走了。分别的时候，萧伯纳俯下身，一只大手放在小姑娘的脑袋上，说："你回去可以告诉你妈妈，就说今天陪你玩的，是世界上有名的剧作家萧伯纳。"

他原以为小姑娘听完以后会高兴地跳起来，没想到，小姑娘听到后却十分平静，她拉着萧伯纳的手，抬起头天真地说："哦，我不像你那么出名，我只是一个和别人一样的小姑娘而已，不过，你回去时可以告诉别人，就说今天陪你玩的，是苏联的一位小姑娘。"

萧伯纳听了，愣了一下，他意识到自己有些太自以为是了，同时也深深地佩服这位小姑娘的自信。

从那以后，每当说起此事，萧伯纳还会说，这位俄罗斯小姑娘是他的老师，他一辈子都忘不了她。

一位小姑娘尚且能不卑不亢，女人更应该如此。自尊自爱是一个独立自主的人所必备的品格。一个自尊自爱的人才能够赢得别人的尊重，相反，一个不懂得尊重自己的人，势必也无法赢得别人的尊重。

自尊是对自己的一种敬意，它教会了一个女人要有尊严，要爱自己的肉体和灵魂，要肯定自己，要将自立放在重要位置，而不是依靠他人，接受他人的施舍。自尊的女人非常尊重自己，珍视自己。正是因为尊重自己，所以她也尊重他人，由此她也博得了他人的尊重。

摆脱依赖的性格

【气质女人修炼锦囊】

摆脱依赖的个性是为了让女人更独立、更有自信、更主动，这样的女人才更吸引人，这样的人生才更美好。

有很多女人还没有摆脱依赖的性格，她们常常怀疑自己可能被拒绝，在很多方面都很少表现出积极性，显得缺乏对生活的信心。由于缺乏应付生活的基本能力，所以她们一般很难适应新的环境和生活，需要逐步引向独立。

依赖型人格一般发源于幼年时期。幼年时期儿童离开母亲就不能生存，在儿童的印象中，保护他、养育他、满足他一切需要的母亲是万能的，他们必须依赖她，总是怕失去这个保护神。这时如果父母溺爱其子女，就可能造成子女对父母的依赖，使他们没有自立的机会。

这样久而久之，在子女的心目中就会逐渐产生对父母或权威的依赖心理，成年以后依然不能自己做主，而总是依靠他人来做决定，缺乏自信心，不能负担起责任，养成依赖型人格。

具有依赖型人格的女人一般十分温顺、听话，她的依赖最初受人欢迎，可能会引起人们的好感。但不久，这种黏着性的依赖就令人厌烦，因此她们很难处理好人际关系。具有依赖型人格的人常缺乏自信，显得悲观、被动、消极，在人际关系中总处在被动位置。

从心理学角度看，依赖是一种习以为常的生活选择。当一个人选择依赖时，他就会失去独立的人格，变得脆弱、无主见，成为被别人主宰的可怜虫。

但是，依赖心理并非是一种顽症，是可以逐步克服的。树立独立的人格，培养独立的生存能力，是克服依赖心理的首选方法。

树立独立的人格，培养自主的行为习惯，一切自己动手，自然就与依赖无缘了。对于已经养成依赖心理的人来说，就要用坚强的意志来约束自己，无论做什么事都有意识地不依赖父母或其他的人，同时自己要开动脑筋，把要做的事的得失利弊考虑清楚，心里就有了处理事情的"底"，也就敢于独立处理事情了。

树立人格要有使命感和责任感。一些没有使命感和责任感的人，生活懒散，消极被动，常常跌入依赖的泥坑。而具有使命感和责任感的人，都有一种实现抱负的雄心壮志。他们对自己要求严格，做事认真，不敷衍了事、马虎草率，具有一种主人翁精神。这种精神是与依赖心理相悖逆的。选择了这种精

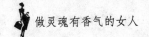

神，就选择了自我的主体意识，就会因依赖他人而感到羞耻。

为了锻炼独立处世的能力，要有意识地自己单独办一件事，完全不依赖别人，无论办成或办不成，对你都是一种人格的锻炼。要注意抑制自己的依赖心理，促使自己选择自力更生，这样有利于培养自己独立的人生品格。哈佛大学总结出，"乖乖女"要克服依赖心理，可从以下几个方面出招：

1. 要充分认识到依赖心理的危害
要纠正平时养成的习惯，提高自己的动手能力，多向独立性强的人学习，不要什么事情都指望别人，遇到问题要做出属于自己的选择和判断，加强自主性和创造性，学会独立地思考问题。独立的人格要求独立的思维能力。

2. 要在生活中树立行动的勇气，恢复自信心
自己能做的事一定要自己做，自己没做过的事要去锻炼。

3. 丰富自己的生活内容，培养独立的生活能力
在学校中主动要求担任一些班级工作，以增强主人翁的意识，使自己有机会去面对问题，能够独立地拿主意、想办法，增强自己独立的信心。

4. 多向独立性强的人学习
多与独立性较强的人交往，观察他们是如何独立处理自己的问题的，向他们学习。同伴良好的榜样作用可以激发我们的独立意识，改掉依赖这一不良习惯。

想要什么，就要自己去争取

【气质女人修炼锦囊】

聪明的女人，想要什么就大胆地喊出来，并且努力实现自己的目标。只有这样，我们才能达成自己的心愿，过上自己想要的生活。

许多女人习惯于压抑自己的个性，她们将内心的需要藏得很深，明明很

62

想要，或者很在意，却总是装作一副无所谓的样子，致使自己错过了很多的机会。可以说，这样的性格不是一朝一夕养成的，但是习惯于以这种方式生存的女人，常常会错过自己的幸福。

　　罗马纳·巴纽埃洛斯是一位年轻的墨西哥姑娘，16 岁就结婚了。在两年当中她生了两个儿子，之后丈夫离家出走，罗马纳只好独自支撑家庭。但是，她决心谋求一种令她自己及两个儿子感到体面和自豪的生活。

　　她用一块普通披巾包起全部财产，跨过里奥兰德河，在得克萨斯州的埃尔帕索安顿下来。她在一家洗衣店工作，一天仅赚 1 美元，但她从没忘记自己的梦想，她要摆脱贫困过上受人尊敬的生活。于是，口袋里只有 7 美元的她，带着两个儿子乘公共汽车来到洛杉矶寻求更好的发展。

　　她开始做洗碗的工作，后来找到什么活就做什么。拼命攒钱直到存了400 美元后，她便和她的姨母共同买下一家拥有一台烙饼机及一台烙小玉米饼机的店。

　　她与姨母共同制作的玉米饼非常成功，后来还开了几家分店。直到最后，姨母感觉到工作太辛苦了，便把股份卖给她。

　　不久，她经营的小玉米饼店成为美国最大的墨西哥食品批发商，拥有员工300 多人。在她和两个儿子经济上有了保障之后，这位勇敢的年轻妇女便将精力转移到提高美籍墨西哥同胞的地位上。

　　"我们需要自己的银行。"她想。后来她便和许多朋友在东洛杉矶创建了"泛美国民银行"。这家银行主要是为美籍墨西哥人所居住的社区服务。后来，银行资产已增长到 2200 多万美元，这位年轻妇女的成功确实来之不易。

　　起初，抱有消极思想的专家们告诉她："不要做这种事。"他们说："美籍墨西哥人不能创办自己的银行，你们没有资格创办一家银行，同时永远不会成功。"

　　"我行，而且一定要成功。"她平静地回答。结果她梦想成真了。

　　她与伙伴们在一个小拖车里创办起他们的银行。可是，到社区销售股票时却遇到另外一个麻烦，因为人们对他们毫无信心，她向人们兜售股票时遭

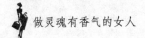

到拒绝。

他们问道："你怎么可能办得起银行呢？我们已经努力了十几年，总是失败，你知道吗？墨西哥人不是银行家呀！"

但是，她始终不愿放弃自己的梦想，坚持不懈。如今，这家银行取得伟大成功的故事在东洛杉矶已经传为佳话。后来她的签名出现在无数的美国货币上，她由此成为美国第三十四任财政部长。

通过上面这个故事，我们可以看出，在女人成就梦想的路上，总是会遇到很多的困难，也经常会有人提出异议。可是，只要我们勇敢地喊出自己的目标，并且拿出勇气应对一切困难和挫折，那么我们就能克服一切困难，实现自己的目标。

当然，社会的发展还没能让我们摆脱"淑女"的枷锁，女人像男人一样在社会上打拼，也常常会受到身边人的误解。但是，周围的一切不过是社会给予女人的"精神监牢"，只有勇敢地打破它，女人才能获得自由和快乐。

⌘ 外表要温顺，内心要强大 ⌘

【气质女人修炼锦囊】

不管你的外表多么温顺，多么小鸟依人，有一颗坚强的内心，女人才能活得更加精彩。

美国前总统老布什的妻子芭芭拉是一位很坚强的女性，面对家庭诸事，她总能沉着应对。她患有甲状腺炎，布什也有心脏病，女儿多罗蒂离婚，儿子尼尔职位被解除，1953 年女儿罗宾死于白血病，但这一切都没有压倒布什夫人，她总是竭尽全力保护家人。有一次，布什出席一个宴会时突然晕倒，在场人员不知所措，芭芭拉却当机立断，打电话叫急救车，亲自送丈夫去医院。

坚强，是每一个成功人士必备的品质之一。《易经》曰："天行健，君子以自强不息。"也许有时候，我们无奈于生命的长度，但是坚强能够让我们选择生命的宽度与厚度。在这个世界上，我们会遇到赏罚不公，会遇到就业压力，会遇到竞争，会遇到病魔，会遇到……但是，女人可以运用自己手中坚强的画笔，为自己在逆境中描绘一片属于自己的蓝天，为自己绘出红花绿草，清风习习。

　　2004 年 3 月 8 日晚上，中央电视台《半边天》节目对 6 位女性做了访谈。

　　第一位是一个阿姨辈的女人——王自萍，54 岁。但是她的状态，也可以说是心态，丝毫不亚于年轻人，甚至强过年轻人。她的乐观、自信、热情，瞬时感染了现场及电视机前的观众，也让人们惊叹不已。她是退休后，以不惑之年闯北京的，在这之前，她坚决地结束了一段不幸的婚姻。到了北京，种种努力自不必说，她终于做上了一家会计事务所的经理，通过了 3 项非常困难的资格认证考试。工作之余，她有着同样精彩的业余生活，她的幸福是每个人都可以感受到的，我们从她风趣的话语中知道了幸福的来源——坚强。

　　还有一个残疾姑娘，她身上所拥有的自信同样让她光彩照人。她来自石家庄，尽管残疾，但她偏偏是个不服输的人。为了做一名职业歌手，她坐着轮椅跑到了北京，要实现自己的梦想。

　　设想一个四肢健全的人假若要到北京生活，都有那么多的艰难，何况她一个残疾人。她有 1000 个不会成功的理由，但第 1001 个成功的理由给予了她成功。她现在是一名签约歌手。这第 1001 个理由便是永不放弃、坚强。主持人问："上天为什么要给你一个这样的命运？"她说命运只是要她活得更艰难一点。她在地铁站中的歌声嘹亮而高亢，远远地听去，就像是对命运的宣战。坚强是她的武器，任何困难都不能逃过她的冲击。

　　她是云南昆明一家饭店的老板，手下有 200 余名员工，有 2000 多平方米的大楼。主持人关于她身家的渲染并没有引来多少人的美慕，大家的注意力很快被她的叙述所吸引。她有一个不幸的童年，险些被母亲以 400 元的价钱送人，从此她与母亲断绝了关系。这之后便是如何努力、如何奋斗，才有今天的成就。在她身上，所凸显的依然是"坚强"二字。

人生不可能一帆风顺，所以自从你有自我意识的那一刻起，你就要有一个明确的认识，那就是人的一辈子必定有风有浪，绝对不可能日日是好日、年年是好年。当你遇到挫折时，不要觉得惊讶和沮丧，反而应该视为当然，然后冷静地看待它、解决它。

很多女人遭遇生命的变故时，总会不停埋怨老天："为什么是我？""为什么我就这么倒霉？"……即使哭哑了嗓子，事情也不会无缘无故地好转，所以要坚强地面对。碰到令人伤心的事情发生时，你第一个念头应该是："它来了！这是必经的过程，只有自己能帮助自己，所以我要勇敢面对，现在就想办法处理！"不断用心灵的力量来为自己打气，然后要比平时更精神百倍，才能让自己走过生命的黑暗期，拥抱灿烂的明天。遇到困难时，越是坚强的女人，越有一股让人尊敬的魅力。唯有自己表现得更坚强，别人才能帮助你。

坚强也是一把双刃剑，多则盈，少则亏。少了坚强做伴的女人，或是唯唯诺诺，没有自我；或是哀哀怨怨，陷在一件可小可大的事里，在一段越理越乱的感情里不能自拔。只有坚强的女人，为了坚强而追求着坚强，从不停下脚步，坚强于她只是一种习惯。

总而言之，女人要活得自我，活得幸福，坚强是第一要素。因为它就是一把开山的斧，远航的帆。面对挫折或者失败，女人更需要的是从失败中站起来，微笑着面对风霜的袭击，用宽阔的胸怀去拥抱挫折。女人用怀抱守护心灵的沃土，懦弱才不会乘虚而入，灵魂才会在美好的港湾停泊、歇息。

· 第五章 ·

言谈举止，尽显女人高雅气质

言谈举止中的动人气质是拥有优雅气质的女性的一种特质，气质给人的美感是不受年龄、服饰和打扮限制的。同气质比起来，女人的外在美是具体的、轻盈的，而气质却是文化底蕴和素质修养的升华，所以气质让女人厚重起来，让人们在欣赏女人时怀着一种敬、一种畏、一种景仰。

❧ 举手投足尽显风雅 ❧

【气质女人修炼锦囊】

只要你将自己的仪态训练得大方得体，那么你就一定会成为一个风雅女人。

哈佛大学的女性研究专家曾讲过这样一件事：

"我曾经在得克萨斯州举办了一个培训班，主要讲授如何与人相处的课程。一天，我正独自一人坐在办公室思考问题，突然一阵急促的敲门声打断了我的思路。还没等我开口说'请进'，一位女士就风风火火地闯了进来。

"只见这位女士大大咧咧地走到我的面前，顺手拉了一把椅子坐了下来，开口说道：'您是卡耐基先生吗？我有一些事情想请您帮忙？'我点了点头，笑着说：'是的，女士，不知道有什么可以为您效劳的。'女士对我说：'我以前学过文秘，应该说我十分适合做秘书。可我不明白，为什么到现在为止仍然没有人愿意雇用我？'在她和我说话的时候，我仔细观察了一下，发现这位女士在举止上有很多不妥的地方。比如，她靠在椅子上的身体是倾斜的，腿也在不停地抖动着，眼睛四处游离，双手也不知该放什么地方。最让人接受不了的是，这位女士还会偶尔做出挖耳朵的动作来。

"听完女士的诉说后，我问道：'请问女士，您认为一个合格的秘书应该具备哪些素质？'女士有些满不在乎地说：'很简单，有能力、会打字，当然还要漂亮、有气质。'我顺着这位女士的回答说：'那您觉得什么是气质？'女士有些语塞，不过她还是说：'这……总之那是一种让人看起来很舒服的东西。嗨！卡耐基先生，您在做什么？您不觉得这个样子很不得体吗？'

"原来，就在女士说话的时候，我把脚放到了办公桌上，心不在焉地听她讲话，而且还时不时地做出挖鼻孔的动作。那位女士显然到了忍无可忍的地步，大声说：'卡耐基先生，您是一个有身份的人，怎么可以做出这样的事情来？您要知道，您的一些小举动很可能会影响到您在别人心目中的良好印象。'这时，我马上回到了原来的样子，并对她说：'女士，您说得很对，相信没有人愿意要我这样的人做员工，因为我看起来让人生厌。不过女士，我不得不告诉您，我刚才的举动其实是和您学的。'女士听完我的话后没有说什么，因为她知道自己的确是有这方面的问题。她点了点头说：'谢谢您，卡耐基先生，我知道该怎么做了！'

"据说，那位女士后来参加了一个礼仪和形体训练班。如今，她已经如愿以偿地成为一家大公司的秘书，而且做得还非常不错。"

现在是你们思考问题的时候了。为什么以前那位女士总是找不到合适的工作，而在她参加完礼仪和形体训练班之后就找到了呢？是因为她的能力有所提高了？显然不是，因为礼仪和形体训练班上课不会教她如何当好一个秘书。事实上，正是因为她改变了自己不得体的仪态，所以才最终改变了自己的命运。

很多女人都梦想着自己不管走到哪里都能获得所有人的青睐。为了做到这一点，她们不惜花费大量的金钱和精力来塑造自己的外表。化妆品、文胸、丝袜、漂亮的衣服、昂贵的首饰等，这些东西无疑都成为女士们的首选。在她们看来，穿着性感、珠光宝气、浓妆艳抹的女人才是最有魅力的。

其实，这种观念是错误的。当然，这里并不是要否认外表的重要性。事实上，一个漂亮迷人的女人的确要比一个相貌平平的女人更容易获得好感。然而，芝加哥大学心理学院的教授卢克斯·托勒却说：每一个人对美的认识都是不一样的，因此每一个人的审美观念也不尽相同。然而，所有人在对事物进行评判的时候，都会考虑内在和外在两个方面。其实，很多人都有一个错误的观念，那就是把人的内在美和外在美看成是两个互不相关的部分。实际上，内在美与外在美是密切相关的。在很多时候，人们完全可以通过外在的形式来表示自己的内在美，这也就是我们能通过外在的接触来感受对方的内在美。特别是对于女人，如果她们想要让自己充满魅力，外在的表现形式是非常重要的。当然，这不仅仅是通过化妆和穿衣。其实，我说的那种内在美也可以称为气质，而那种外在的表现形式就是平时的一举一动，也可以说是举手投足。

的确，卢克斯教授说的这一点很重要，而且它也往往会被女人们所忽视。实际上，真正能体现女人内在气质的关键，就是在这举手投足之间。英国著名演员卡瑟琳·罗伯茨是平民心目中的女王、贵妇人，因为她塑造的角色都是诸如王公贵妇、豪门千金这一类的角色。应该说这些角色很不好处理，因为她们要求演员必须能够演出那种高贵的气质。卡瑟琳·罗伯茨出生于一个普通的农民家庭，那么她是如何做到这一点的呢？

卡瑟琳回答说："在进入影视业以前，我不过是一个普通人而已。我没接触过上流社会，因此不可能成功地塑造角色。当我第一次接到这类角色的时候，心里害怕极了，因为我不知道自己该怎么演。如果我不能把握那些生活在上流社会的人的'神'的话，那么观众有可能就会认为电影里那个人不过是一

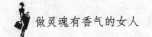

个穿着华丽衣服的乡下姑娘而已。为了让自己演得逼真，我开始留心观察那些贵妇人。

"在最初的时候，我只是留心她们的衣装打扮、语言谈吐，但我发现那些根本帮不了我。因为我虽然已经尽力去模仿了，但在别人眼里我依然是个下层社会的人。后来，我开始更为细致地观察她们，发现那些贵妇人虽然有时候穿的是很普通的衣服，但同样能看得出她们来自上流社会。最后，我终于发现，原来这些人真正的魅力体现在平时的举手投足之间。有时候，仅仅是一个非常细微的动作，却能够体现出无尽的风雅来。于是，我开始学习她们的一举一动，而且还特意参加了一些礼仪课程。现在，我终于能够将那些贵妇人演得活灵活现了。不过坦白说，与其说我是在演贵妇人，还不如说就是在演我自己的生活。"

卡瑟琳真的很聪明，因为她发现一条让自己跻身上流社会的捷径。我们必须承认，贵族并不能单单以财富、金钱和地位来衡量。他们最显著的标志还是其身上特有的气质。一个家族的气质并不是一两代人就能塑造出来的，那是经过几百年的沉淀积累而成。诚然，女人们不可能在短时间内拥有贵族气质，但我们却可以通过训练使自己在举手投足之间显露出风雅来。你现在一定迫不及待地想要知道究竟该怎么做，这里有一些小的意见和方法，也许会对你有帮助。

女士们，要想真正成为众人眼中最耀眼的明星，要想让自己成为最受欢迎的人，那么请你们不要再为自己平庸的外貌感到忧虑。请相信，只要你们使自己拥有了非凡的品位和气质，那么你们就一定会成为世界上最有魅力的女人。

首先你要在心里告诉自己："我想要获得所有人的瞩目，我要成为最风雅的女士，因此我必须训练自己的仪态。"然后，你到街上买一本有关礼仪的书，把它从头到尾读一遍。接着，你要找一面镜子（要那种能照全身的镜子），在镜子面前做各种动作。这时，你就要以书上写的为基本准则，只要发现自己有哪些不妥的地方就马上更正。这不会浪费你很多时间，只需在每天晚上睡觉前做半个小时就够了。

最后还要提醒各位女士，你们一定要在平时多留意自己的一些习惯性动作。有时候，这些小的动作会让你们远离"风雅"，比如挖耳朵。

做一个有格调的女人

【气质女人修炼锦囊】

如果没有格调，那么你们就不可能让生活变得绚丽多彩。人们都说女人天生爱浪漫。可见，一个不懂、不会浪漫的女人是最可悲的。

对于每一个女人来说，美这个东西永远是最令人向往的。的确，对于所有人来说，美都会使他们心旷神怡，而女人也同样会让所有人都心旷神怡。想一想，那些艺术家们无一不津津乐道于用女性的身体和各种形式来表现美。对于一个女人来说，拥有美丽的外表、迷人的姿态固然重要，但是只有拥有了高雅的风姿才会给人留下真正的视觉美感，才会让别人觉得你是最有品位的。

对于女人来说，没有一个人会不渴望自己能够成为众人眼中的"佼佼者"，这是女人的天性。女人们都希望能够得到异性的称赞和同性的羡慕。可是，很多女人却始终认为自己没有这个能力，因为她们的外表很平凡。女士们虽然无法选择自己的外表，因为那是父母给我们的，但却可以通过训练让自己魅力四射。事实上，一个真正迷人的女人并不一定拥有漂亮的脸蛋，但却一定要拥有最迷人的风姿和最高雅的格调。首先要告诉你们的就是，不要太在乎自己的外表。只要你们让自己拥有了迷人的气质、高雅的格调，那么你们就一定会成为最有魅力的女人。

可能有些女人会说，自己不过是一名最底层的小职员或是家庭主妇，因此她们不需要培养什么魅力，也没有什么必要搞什么格调。对于她们来说，每天的生活都十分枯燥乏味，根本没有用到所谓格调的时候。如果你们有这种想法

71

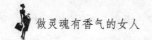

做灵魂有香气的女人

那就犯了一个严重的错误。事实上，只有那些有气质、有魅力、有格调的女人才会受到人们的欢迎，才能取得事业上的成功。

戴维斯先生是美国一家大公司的公关礼仪顾问，他曾经说："我给很多公司培训过公关人员。最初的时候，我发现差不多所有的人都认为拥有漂亮的脸蛋、迷人的身段对于一位公关人员来说是最重要的事，因为所有人都喜欢和一个容貌姣好的人打交道。我不完全否认这种说法，但是我认为，一个公关人员最重要的素质并不是外在的美貌，而是她们内在的气质。如果你遇到一个漂亮但却不懂礼数、说话粗俗、举止轻浮的公关员，那么你绝对不会对她产生好感。相反，如果对方虽然相貌平庸，但却有着非凡的魅力、不俗的谈吐，那么我相信你绝对乐意与她打交道。"

卡洛琳女士是纽约一家保险公司的高级讲师。对于一个只有28岁的年轻姑娘来说，拥有一份年薪10万美元的工作的确令人羡慕。然而，让所有人都很难相信的是，这位卡洛琳居然只有中学学历，而且也没有任何可以炫耀的家庭背景。至于说她的长相，真的不敢恭维。个子不高，皮肤黝黑，脸上长满了雀斑，牙齿也显得有些发黄，鼻子、嘴巴、眼睛和眉毛之间的搭配也并没有任何特殊之处。真难想象，她是怎么用半年时间从一个普通的业务员变成一名高级讲师的。

若你问那家保险公司的一些主管以及听过卡洛琳讲课的一些人她靠什么使他们着迷时，这些人给你的肯定都是一个答案："卡洛琳女士虽然不漂亮，但是她却有着迷人的魅力。坦白说，如果单从她讲课的内容来看，并没有什么地方值得我们如此痴迷。不过，我们总是能从卡洛琳身上体会到一些很奇特的东西。是的，很奇特。她的一举一动，举手投足，都让我们体会到什么叫气质，什么叫美感。事实上，听她讲课并不感觉是在接受什么知识，反而觉得是在和她做一件非常愉快的事情。获得这种感觉的时间很短，仅仅两三分钟而已。也许，正是这种感觉才让我们不再有那种对保险业务的厌恶和警惕之心。"

卡洛琳说："我一直都这么认为，美丽的外表对于一个女人来说不过是一

72

支涂上绚丽色彩的瓶子而已。我承认，初见的时候，它会给人一种美感，也会让人有那种怦然心动的感觉。然而，如果瓶子里装的是污水或秽物的话，那么就会马上让人们有一种大倒胃口的感觉。如果这个瓶子里装的是沁人心脾的美酒的话，就一定会让人陶醉其中。我们的外表是花瓶，而气质就是花瓶中所装的东西。如果我们能够拥有那种温文尔雅的仪态、得体大方的气质，那么一定会让所有的人都产生爱慕之情的，其中也包括同性。此外，这种仪态和气质还会让你获得一种非凡的品位。"

卡洛琳女士说得一点都没错，一个能拥有高雅格调的女人一定能够获得别人好感，取得他人的信任。如果你做不到这一点，让别人把你看成是一个没有内涵的花瓶的话，恐怕想受到别人的欢迎将会是一件很困难的事。

其实每一个女人都是模特。只不过那些专业模特是在 T 台上展示风采，而你们则是在生活的舞台上展示。

魅力女人不可不知的社交礼仪

【气质女人修炼锦囊】

懂礼仪的女人在社交中尽显魅力风采。

礼仪之所以被提倡，之所以受到社会各界的普遍重视，主要是因为它具有多重重要的功能，既有助于个人，又有助于社会。哈佛大学的礼仪课程曾总结了礼仪的意义。

1. 有助于提高人们的自身修养

在人际交往中，礼仪往往是衡量一个人文明程度的准绳。它不仅反映着一个人的交际技巧与应变能力，而且还反映着一个人的气质风度、阅历见识、道德情操、精神风貌。因此，在这个意义上，完全可以说礼仪即教养，有道德才

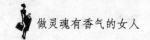

能高尚，有教养才能文明。这也就是说，通过一个人对礼仪运用的程度，可以察知其教养的高低、文明的程度和道德的水准。由此可见，学习礼仪，运用礼仪，有助于提高个人的修养，有助于"用高尚的精神塑造人"，真正提高个人的文明程度。

2.有助于人们美化自身、美化生活

个人形象，是一个人仪容、表情、举止、服饰、谈吐、教养的集合，而礼仪在上述诸方面都有自己详尽的规范。因此，学习礼仪、运用礼仪，无疑将有益于人们更好地、更规范地塑造个人形象、维护个人形象，更好地、更充分地展示个人的良好教养与优雅的风度，这种礼仪美化自身的功能，任何人都难以否定。当个人重视美化自身，大家个个以礼待人时，人际关系将会更和睦，生活将变得更加温馨，这时，美化自身便会发展为美化生活。

3.有助于促进社会交往，改善人际关系

古人认为："世事洞明皆学问，人情练达即文章。"这句话，讲的其实就是交际的重要性。一个人只要同其他人打交道，就不能不讲礼仪。运用礼仪，除了可以使个人在交际活动中充满自信、胸有成竹、处变不惊之外，其最大的好处就在于：它能够帮助人们规范彼此的交际活动，更好地向交往对象表达自己的尊重、敬佩、友好与善意，增进彼此之间的了解与信任。假如人皆如此，长此以往，必将促进社会交往的进一步发展，帮助人们更好地取得交际成功，进而造就和谐、完美的人际关系，使人们取得事业的成功。

经常出入社交场合的女性，应该熟练地掌握一些经常使用的社交礼仪，这样对于你的社交活动会有很大的帮助。

见面礼仪

1.握手礼

握手是一种很常用的礼节，一般在相互见面、离别、祝贺、慰问等情况下使用。纯礼节意义上的握手姿势是：伸出右手，以手指稍用力握住对方的手掌持续1～3秒钟，双目注视对方，面带笑容，上身要略微前倾，头要微低。

2. 拱手礼

拱手礼，又叫作揖礼，是我国民间传统的会面礼。即两手握拳，右手抱左手。行礼时，不分尊卑，拱手齐眉，上下加重摇动几下，重礼可作揖后鞠躬。目前，它主要用于佳节团拜活动、元旦春节等节日的相互祝贺。有时也用在开订货会、产品鉴定会等业务会议上，厂长经理拱手致意。

3. 吻手礼

主要流行于欧洲国家，男子同已婚妇女相见时，如果女方先伸出手做下垂式，男方则可将指尖轻轻提起吻之；但如果女方不伸手表示，则不吻。如女方地位较高，男士要屈一膝做半跪式，再提手吻之。

4. 合十礼

合十礼，即双手十指相合为礼，流行于南亚和东南亚国家。

5. 鞠躬礼

鞠躬意思是弯身行礼，是表示对他人敬重的一种礼节。"三鞠躬"称为最敬礼。行礼时，应脱帽立正，双目凝视受礼者，然后上身弯腰前倾。女士的双手下垂放在腹前。在我国，鞠躬常用于下级对上级、学生对老师、晚辈对长辈，亦常用于服务人员向宾客致意，演员向观众掌声致谢。

6. 接吻礼

多见于西方，是亲人以及亲密的朋友间表示亲昵、慰问、爱抚的一种礼仪，通常是在受礼者脸上或额上吻一下。吻的方式为：父母与子女之间的亲脸，亲额头；兄弟姐妹、平辈亲友是贴面颊；亲人、熟人之间是拥抱，亲脸，贴面颊。在公共场合，关系亲近的妇女之间是亲脸，男女之间是贴面颊，长辈对晚辈一般是亲额头，晚辈吻长辈，应当吻下颌或面颊，只有情人或夫妻之间才吻嘴。

7. 拥抱礼

拥抱礼是流行于欧美的一种礼节，通常与接吻礼同时进行。拥抱礼行礼方法：两人相对而立，右臂向上，左臂向下；右手挟对方左后肩，左手挟对方右后腰。据各自方位，双方头部及上身均向左相互拥抱，然后再向右拥抱，最后

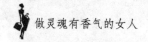

再次向左拥抱，礼毕。

交谈礼仪

在社交场合中，经过介绍之后便进入互相用语言交流的阶段。如果说见面是相互认识的第一步，那么，交谈就是相互认识的第二步了。而且交谈时给别人的印象比初次见面时更为深刻得多，因为"言为心声"，交谈中措辞是否恰当，态度举止如何，是否能给别人一种温文有礼、大方明快的印象，这都可以从交谈中显露出来。

一个善于交谈的女人，她不但在社交场中到处受人欢迎，会获得别人的好感，而且在个人事业上也会获得意想不到的成就。

1. 选择合适的话题

当你遇见一个朋友或熟人的时候，不善于交谈，那实在是一个相当尴尬的局面。为了你的快乐与幸福，谈话的艺术是不可不加以注意的。首先就要选择一个比较适合谈话双方的话题。

话题即谈话的中心。话题的选择反映着谈话者品位的高低。选择一个好的话题，使双方找到共同语言，预示着谈话成功了一半。那么什么样的话题才是好的话题呢？

（1）对方喜闻乐道的事情。在正式场合或非正式场合谈谈有关体育比赛、文艺演出、电影电视、风景名胜之类的话题，往往是比较轻松愉快和普遍能够接受的。孔子曰："仁者爱山，智者爱水。"每个人的志趣爱好不尽相同，对此必须格外注意。

（2）自己闹过的一些无伤大雅的笑话。例如，买东西上当、语言上的误会，或是办事摆了个乌龙，等等，这一类的笑话多数人都爱听。如果把别人闹的笑话拿来讲，固然也可以得到同样的效果，但对于那个闹笑话的人，就未免有点不敬。讲自己闹过的笑话，开开自己的玩笑，除能够博人一笑外，还会使人觉得你为人很随和，很容易相处。

（3）笑话。当然，人人都喜欢笑话，假如你构思了大量各式各样的笑话，而又具有说笑话的经验，那你恐怕是最受人欢迎的人了。

（4）家庭问题。关于每个家庭里需要知道的各方面的知识，例如儿童教育、购物经验、夫妇之间怎样相处、亲友之间的交际应酬、家庭布置等，这一切，也会使多数人产生兴趣，特别是家庭主妇们。

（5）健康与医药。谈谈新发明的药品，介绍著名的医生，对流行病的医疗护理，自己或亲友养病的经验，怎样可以延年益寿，怎样可以减肥等，这一类的话题，不但能吸引人的注意，而且对人还有很大的好处。特别在遇到对方或其家人健康有问题的时候，假如你能向他提供有价值的意见，那他更是会对你非常感激的。

（6）轰动一时的社会新闻。假使你有一些特有的新闻或特殊的意见和看法，那足够把一批听众吸引在你的周围。

（7）惊险故事。特别是自己的或朋友的亲身经历的惊险故事，这最能引起别人的注意。人们的生活常常不是一帆风顺的，可能会遇到各种各样的困难和危险。怎样应付这些不平常的局面，怎样机智地在间不容发的时候死里逃生，都是永远不会被漠视的题材。

（8）运动与娱乐。夏天谈游泳，冬天谈溜冰，其他如足球、羽毛球、篮球、乒乓球都是人们感兴趣的话题。娱乐方面像盆栽、集邮、钓鱼、听唱片、看戏，什么地方可以吃到著名的食品，怎样安排假期的节目等，这些都是一般人很感兴趣的话题，特别是有世界著名的音乐家、足球队前来表演的时候，或是有特别卖座的好戏、好影片上演的时候，这些更是很好的谈资。

2. 交谈时要有好态度

常听见有人这样说："不管他是多么有学问，不管他的话多么有道理，可是他的态度不好，我实在不愿跟他多谈。"

这是一种普遍的情形，一个人要是没有良好的态度，别人就会讨厌他、避开他，不愿和他谈话。对女人来说，交谈时的良好态度尤为重要。

那么，什么才是良好的态度呢？

（1）对别人表示友好。如果你对人表现出不屑的神情，对他们所谈的话表

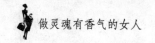

示冷淡或鄙视，那么，对方与你交谈的兴致也就消失了。

无论别人说的话你喜不喜欢听，同意不同意别人的意见，对于他个人还是应该表示友好。不要因为他说了一句不得体、不恰当的话，就否定了他的整个人格。你尊重他，并不妨碍你表示与他有不同的意见。在一种互相尊重的友好气氛中，大家更容易开诚布公地畅所欲言。

（2）对别人的谈话表现得有兴趣。在别人讲话的时候，要很注意地望着他，如果你东瞧西看，或是玩弄着别的小物件，或是翻弄报纸书籍等，别人就会以为你对他的话没有兴趣了。这时，别人口停心恼，交谈就不能继续，而关系也就破坏了。

在人多的时候，你不能只对其中一两个你熟悉的人有兴趣，你要把注意力分配到所有的人身上，除了特别注意正在说话的人以外，也要偶尔注意其他的人。对于那些说话说得很少，或是神情不大自在的人，你更要特别留意，找机会特别关照一下他们，在他们正因为别人没有注意他们而感到不适的时候，你的关心对他们是莫大的安慰，正好把他们从窘境中解救出来。

（3）谦虚有礼。谦虚有礼绝不是一种虚伪的客套，绝不是说一些不着边际的客气话。谦虚有礼，一方面真诚地尊重对方，关心对方的需要，尽力避免伤害对方；另一方面严格地要求自己，能对自己的意见与看法带着一种"可能有错"的保留态度，虚心听取别人的意见。

（4）轻松，快乐，富有幽默感。真诚温暖的微笑，热情专注的目光，舒畅悦耳的声调，就像明媚的阳光一样，可以使谈话进行得顺利，使大家轻松愉快。

但这种微笑，这种快乐，必须具有真实的内容，它出自一个对人充满善意与好感的心灵，它来自一种乐观的朝气蓬勃的气质。至于幽默感，更是需要慢慢培养，它是一种兴致和机智的混合物。富于幽默的人，常常能使人群充满欢声笑语，有时，一个笑话或是一两句妙语，就能驱散愁云，消除敌意，化干戈为玉帛，变凶戾为吉祥。

（5）能够适应别人。人是复杂多样的，各有各的癖好，各有各的脾性，跟自己气味相投的人在一起就舒服惬意，话多得很；一遇见气味不投的人，就感觉到别扭，不想开口。所谓"酒逢知己千杯少，话不投机半句多"就是这种情形的写照，但是，真正投机的人又有多少呢？所以，一般人就有"知己难得"的感叹。

但是善于跟别人交谈的人是很善于适应别人的。只有把话说到对方的心坎上，才能给交际架起绚丽的彩桥。那么，如何才能做到这一点呢？在社会上，不能适应别人的人多，善于适应别人的人少，因此，善于适应别人的人也就特别可贵了。

①根据别人的兴趣、爱好说话。人们因职业、个性、阅历及文化素养等方面的不同，兴趣和爱好也有所不同。你若知道交际对象某方面的兴趣爱好，在你与之交往时如果先谈些与其兴趣有关的话题，对方就容易向你打开话匣子了。

②根据别人的性格特点谈话。在交往中，交际对象的性格各异。有的性格内向，不仅自己说话讲究方式，而且希望别人说话有分寸、讲礼貌。与这样的人交往，说话要注意方式，尽可能地尊重对方。也有的性格急躁、直爽，说话直来直去，不计较说话方式；与这种人交谈，要开门见山，不要兜圈子。

③根据别人的不同身份说话。在生活中与不同身份的人说话，要针对其身份、职业特点，选择不同的话题。

④根据别人的潜在心理需求说话。要把话说到对方的心坎上，就是要注意揣摩交谈对象心里在想什么。如果你说的话与对方的心理需求相吻合，对方必定会乐于与你交谈，反之，则会对你说的话漠不关心，甚至产生排斥心理。

3. 交谈要恰到好处

交谈要恰到好处，就是说既要不亢不卑，又要热情谦虚、富有幽默感，这样的谈吐才能给别人留下深刻的印象。

不亢就是谈话时不盛气凌人，不自以为是。即使你是一个很有学识的人，也不要轻视别人，而要用心倾听别人的意见。更何况"智者千虑，必有一失，愚者千虑，必有一得"，别人的意见不见得完全不可取，而自己的意见也不见得全都可取。如果你总是以高人一等的口吻说话，好像处处要教训别人，这样只会引起别人的反感。

反过来，交谈时有自卑感也是要不得的。一个对自己没有信心的人，是难以得到别人的重视和信任的。比如在谈话时，你处处都表现得畏畏缩缩，说什么都不懂，或者显出一副未经世事、幼稚无知的样子，这也是很糟糕的。

自卑与谦虚，两者是大有分别的。谦虚在谈话中受人欢迎，又不失自己的身份，更不等于幼稚无知。"虚怀若谷""不耻下问"，这就是交谈中的谦虚的态度。碰到自己在交谈中不了解的话题，不妨请对方做简单的解释。这样既可避免误解别人的说话，又可表示对对方的赏识，尊重对方，自然使对方也觉得你很有礼貌了。

交谈时诚恳、亲切，也是很受别人重视的。如果你碰到一个油腔滑调、说话不着边际的人，你一定会觉得非常不舒服，甚至会引起反感。自己的心情如此，别人的心情也是一样，因此，在社交的谈话中也须特别注意。

4.注意说话过程中的礼节

谈话是人们交流感情、增进了解的主要手段，是一门艺术。谈话过程中的一些礼节要特别注意：

（1）谈话超过三人时，不要冷落了某个人。尤其要注意的是，同男士们谈话要礼貌而谨慎，不要在许多人交谈时，只同其中一位男士一见如故，谈个不休。

（2）谈话时要温文尔雅，不要恶语伤人、讽刺谩骂、高声辩论、纠缠不休。不要与人抬杠，也不要打破砂锅问到底。

（3）谈话时要注意自己的气量。当你选择的话题过长或没人感兴趣时，应立即止住；当有人反驳自己时，要心平气和地与之讨论；有人想同自己谈，可主动与之交流；谈话一度冷场，应设法使谈话继续下去；谈话中途急需退场，应说明原因，并致歉。

（4）谈话时目光应保持平视，轻松柔和地注视对方的眼睛，不要直愣愣地盯住别人不放。谈话应集中精力，不要让人感到心不在焉。

（5）谈话中要善于聆听，要让别人把话讲完，不要在人讲得正起劲时打断他。在聆听中积极反馈是必要的，适当地点头、微笑、重复一下对方的要点，会令人感到愉快，适当地赞美对方也是必需的。

5. 交谈中的一些小毛病

交谈时，一般人常犯些小毛病，虽然不很重要，但也可以减低对方与你交谈的兴趣，甚至引起别人的反感，所以还是要小心防范，设法加以纠正才好。

（1）矫揉造作。矫揉造作有多种形式，有人喜欢在交谈中加进几句英文或法文；有人喜欢在谈话中加进几个学术性名词；还有人喜欢引用几句名言，放在并不适当的地方。这会让人觉得你在卖弄学识、故作高深，还不如自然、平实的语言更容易让人接受。

（2）说话有杂音。有些人喜欢在说话的时候加上许多没有意义的杂音，这比喜欢用多余的字句更令人不舒服。例如：一面说着话，鼻子里一面"哼，哼"地响着，或是每说一句话之前，必先清清自己的喉咙，还有的人一句话里面加上几个"呃"字。这些杂音会使人产生一种生理上的不快之感，好像给你的精彩的语言蒙上了一层灰尘。

（3）咬字不清。有的人在讲话时，常常会有些字句含含糊糊，叫人听不清楚，或者让人误解了他的意思。所以，在谈话时，不说则已，一旦开口，就最好把每一个字都清楚准确地说出来。

（4）多余的话。有的人喜欢在自己的话里面加上许多不必要的字眼，例如，三句话里面，就用了两次"自然啦"这个词。又有的人喜欢随意加上"不过"这两个字，等等。在社交场合的谈话中，这些多余的字句，最好要小心地加以避免。

（5）用字笼统。有许多人喜欢用一个字去代替许多字，比如，在所有满意的场合，都用一个"好"字来代替，像"这歌唱得真好"，"这房子很好"，"这个人很好"等。其实，别人很想知道一切究竟是怎样好法，单是一个"好"字，就叫人有点摸不着头脑。喜欢这样说话的人，主要是由于头脑偷懒，不肯

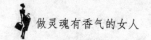

多费一点精神去寻找一个恰如其分的字眼。如果放任这种习惯，其所说的话就容易使人觉得笼统空洞，没有内容，因而也就得不到别人的重视了。

（6）喜欢用夸张的语言去形容一件事，以引起别人的注意。例如"这个意见非常重要！""这一本书写得非常精彩。""这样做法是极端危险的。"这样的话讲得多了，别人也就自然而然地把你所夸大的字眼都大打折扣，这就使你语言的威信大为降低了。

宴会礼仪

在当今这个社交活动频繁的社会，许多的人际交往、生意洽谈、事务交涉等，常通过餐饮聚会来促成。因此，无论你的身份地位如何，都有许多参加宴会的机会。而要去参加宴会，就必须知道一些基本的宴会礼仪。

1. 中式宴会的礼仪

中国人吃中餐，就像拿筷子夹菜一样轻松自如，还有什么不明白的地方？可是，真要上大场面，仔细寻思起来，也还有不少礼节必须再三叮咛。

入座之后，首先将餐巾打开平放在膝上，千万记住，那是用来擦手指或嘴唇的，可别把它挂在颈项之间。席间若奉上毛巾，多半是为了方便你擦去吃螃蟹、炸鸡等食物时手上所留的油渍，千万不能用作他途。

至于餐具的使用，须注意的原则是：能用筷子取的，应以筷子夹取，不方便用筷子的才用汤匙，但应避免用筷子或汤匙直接取菜送入口中，最好先置于自己的碗碟中，然后再慢慢吃。用餐时，通常以右手夹菜盛汤，左手则扶碗、端碗，切忌右手拿筷，左手又持汤匙，更不可一手兼持筷子和汤匙。

在宴会中，主人敬酒时，你也必须回敬一杯。敬酒时，身子要端正，双手举起酒杯，待对方饮时即可跟着饮。如果是大规模的宴会，主人只能依次到各桌去敬酒，每一桌可派出代表到主人桌去向主人回敬。敬酒时，态度要从容大方。

用餐时，切忌狼吞虎咽，呼噜作声；骨头、鱼刺等不可吐在桌布上，应置于盛装骨头的专用碟中；取菜时也不可拨弄盘中食物，或是站起来取用远处的食物。

吃完之后，应该等到大家都放下筷子，以及主人示意可以散席，才可离座。

向主人告辞，你照例得和主人握手，握手要用力一点，以表示诚恳。如果多人轮候与主人握手告别，你只要和主人握手道别便可，不宜耽搁主人的时间。

2. 西式宴会的礼仪

参加西式宴会，首先应该向女主人打招呼，然后才轮到男主人。

西餐宴会中还有一个特点，就是席位的安排与中国的宴会迥然不同。中国人请客一般都用圆桌，西餐是用长桌。男女主人，一般都是在长桌的两端，主宾的位子是在最接近主人的地方，女主宾坐在男主人的左边，而男主宾则坐在女主人的左边。最接近男女主人右边的位子，也是属于主宾的。

宴会中的席位，主人事前大多有安排，在入席前，你要先看你的名卡在哪里，然后入席。如果没有排定座位，而你又不是属于主宾，那你可以坐在远离主人的席位。但是，按照规矩，应该待主人或招待员请你上座方可入席，不可自己闯上去，否则会招人笑话。

上菜的时候，也是女性优先，第一个上菜的是男主人左手边的那位女主宾，其次是男主人右边的那位女主宾，跟着是女宾依次上菜，等到女主人上菜后，才替女主人左边的那位男主宾上菜，顺序轮下去，最后才是男主人上菜。等到女主人招呼吃菜时，客人才可吃，这时，女主人好像是一个司令官。在非正式的场合中，你有时不必等到每个人都上了菜才吃，但必须是你左右两人的菜已经上来，才可以动手吃。这也算是一个小礼貌。

正式的宴会，通常是由服务员用大盘盛着食物托到你的面前，由你自己取食物到碟子里。在这种情况下，通常在你的前面有一张餐单，你可以看餐单内容而考虑你的食量，不要取得太多。按照西方人的习惯，如果你吃不完而把东西剩下来是很不礼貌的，这表示你不喜欢主人的菜式。

在西式宴会中，要是你迟到了，所有宾客都已经就座，在这种场合之下，你要特别小心,不能惊动四座,也不能悄悄地溜入,连对主人也不敢望一眼,这样是很失礼的。你应该走近主人所指定的位置,向主人打招呼,然后坐下来,用点头方式和宾客们打招呼。这个时候,女主人招呼你时,她不必站起来,因为她一站起来所有的男宾客就必须站起来,未免太过惊动全座了。而在你的座位右边的一个男宾客,他就应该站起来,替你拉开椅子,你向他致谢后再坐下。

在宴会进行中,你应该和左右两侧的人轻轻说话,不可以隔着他们和另外的客人大声说笑。口中咀嚼食物时不要说话。如果你需要一些酱料,而它们又不在你的面前,你不能站起来伸手去取,这样也是很不礼貌的,应该请邻座递给你。用完餐后,要等到主人宣布散席才可轻轻地离开座位。更重要的是,餐后必须逗留一段时间才可告辞回家,以示礼貌。

在西式宴会中,有几个细节要特别注意:

(1)凡事由侍者代劳。在西式宴会中,客人除了吃饭以外,诸如倒酒、整理食具、捡起掉在地上的刀叉等事情,都应让侍者去做。在国外,进餐时侍者会来问:"How is everything?"如果没有问题,可用"Good"来表达满意。

(2)聊天切忌大声喧哗。参加西式宴会就要享受美食和社交的乐趣,埋头只管吃,一句话不说就会很失礼,但旁若无人地大声喧哗,也是极失礼的行为。音量要控制到对方能听见的程度最佳,最好不要影响到邻桌。

(3)中途离席时将餐巾放在椅子上。在万不得已要中途离席时,最好在上菜的空当,向同桌的人打声招呼,把餐巾放在椅子上再走,别扰乱了整个进餐的气氛。吃完饭后,只要将餐巾随意放在餐桌上即可,不必特意叠整齐。

3. 吃水果的礼仪

在家中或宴会上,一般都要请客人们吃水果。在非正式场合,怎样吃水果并不重要,然而在正式场合中,吃水果就要同礼节联系在一起了。

请客人们吃水果,通常应预备一种以上,这样使客人们有一个选择的余地。水果应先洗净后装入水果盘内端到桌子上。不要主动为客人剥水果的皮,这样并不卫生。拿着剥好的水果硬逼着人吃,也不太礼貌。

在正式场合，端上水果的同时，应备好水果刀或成套的水果餐具。不论是水果刀还是成套的水果餐具，都要求绝对清洁，不黏不锈。

在社交场合吃水果之前，要先洗净手。不论见到多么稀罕、多么好吃的水果，也不能悄悄地装入口袋拿走。吃水果时不宜一下把嘴塞满，而应当一小口一小口地吃，不要边吃边谈，更不允许把果皮、果核乱吐、乱扔。

请人吃西瓜、哈密瓜、香瓜、菠萝等水果时，先应去皮，切块，装盘，吃时可用叉取食。有时在家吃瓜，直接切块递上未尝不可，不过至少要准备一只水果盘，使客人把切块后的瓜果放在盘中端着食用。擦手的毛巾应提前准备好。

吃葡萄不可整串拿着吃，而应一颗一颗揪下来吃。吃带核的水果要用手遮着嘴吃，以便把果核吐在手中或匙中，然后放到果皮盘内。

吃李子时，可先用手将其掰开，去核后再吃。杏、桃之类的水果以水果刀去皮去核后，应分成适当的小块食用。橘子、荔枝去皮即可吃。

4. 饮酒的礼仪

在宴会上，如果你不会喝酒或不打算喝酒，不要什么都拒绝，可以喝一点汽水之类的。拒绝他人敬酒常有三种方法：一是主动要求一些非酒类的饮料，并说明自己不饮酒的原因。二是让对方在自己面前的杯子里稍许斟一些酒，然后轻轻用手推开酒瓶。按照礼节，杯子里的酒是可以不喝的。三是当敬酒者向自己的酒杯里斟酒时，用手轻轻敲击杯子的边缘，意为不喝致谢。

敬酒要适可而止，不要成心把别人灌醉，更不要偷偷地往人的软饮料里倒烈性酒。

会喝酒的人饮酒前，应有礼貌地品一下酒。可以先欣赏一下酒的色彩，闻一闻酒香。不宜一边饮酒一边吸烟。

鉴于酒后容易失言和失礼，社交场合饮酒的量应控制在自己平日酒量的一半以下。有教养的人还会注意饮酒时不会让他人听到自己的吞咽之声。斟酒只宜八成满。

正式宴会中主人皆有敬酒之举，会饮酒的人应当回敬一杯。敬酒时，上身

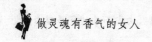

挺直，双腿站稳，以双手举起酒杯，待对方饮酒时，再跟着饮，敬酒态度要热情大方。大的宴会上主人依次到各桌上敬酒，每桌可有一代表回敬一杯。

舞会的礼仪

舞会是社会交际的一种方式，如何更好地利用这个机会，使自己更受欢迎呢？方法只有一个：做舞会礼节的典范。

具体要求有以下几个方面：

1. 良好的个人形象

参加舞会时，必须先进行必要的、合乎舞会要求的个人形象修饰。修饰的重点主要有三方面：

（1）服装。舞会的着装必须干净、整齐、美观、大方。有条件的话，可以穿格调高雅的礼服、时装。若举办者对此有特殊要求的话，则须认真遵循。在舞会上，通常不允许戴帽子、墨镜，或者穿拖鞋、凉鞋、旅游鞋等。在较为正式的民间舞会上，一般不允许穿外套、军装、工作服。穿的服装不宜过露、过透、过短、过紧，这样既不庄重，也不合适。

（2）仪容。参加者均应沐浴，并梳理适当的发型。女士在穿短袖或无袖装时须剃去腋毛。特别需要强调的有两点：一是务必注意个人口腔卫生，清除口臭，并禁食带有刺激性气味的食物；二是身体不适者应自觉地不要参加舞会，否则不仅有可能伤害身体，而且还会影响大家的情绪。

（3）化妆。参加舞会前，要根据个人的情况，进行适度的化妆。女士化妆的重点，主要是美容和美发。舞会大都在晚间举行，舞者肯定难脱灯光的照耀，与家居妆、上班妆相比，舞会妆允许相对化得浓一些。但除非参加化装舞会，否则化舞会妆时仍须讲究美观、自然，切勿搞得怪诞神秘、令人咋舌。

2. 邀舞的礼节

一个注重社交的人，交谊舞是一门不可缺少的"必修课"。参加舞会向别人邀舞时要注意的礼仪主要有以下几点：

（1）男女即使彼此互不相识，但只要参加了舞会，都可以互相邀请。通常由男士主动去邀请女士共舞。

（2）在正常的情况下，两个女性可以同舞，但两个男性却不能同舞。在欧美国家，两个女性同舞，是宣告她们在现场没有男伴；而两个男性同舞，则意味着他们不愿向在场的女伴邀舞，这是对女性的不尊重，也是很不礼貌的。

（3）如果是女方邀请男伴，男伴一般不得拒绝。音乐结束后，男伴应将女伴送回原来的座位，待其落座后，说一声"谢谢，再会！"方可离去，切忌在跳完舞后不予理睬。

（4）邀请者的表情应谦恭自然，不要紧张和做作，以免使人反感。更不能流于粗俗，如叼着香烟去请人跳舞，这将会影响舞会的良好气氛。

3. 拒舞的礼节

拒绝邀舞也能表现出一个人良好的思想修养和高雅的文化素质。应注意的礼仪如下：

（1）一般情况下，你不应拒绝男士的邀请。如万不得已决定谢绝，必须态度和蔼、表情亲切地说："对不起，我累了，想休息一下。"或者说："我不大会跳，真对不起。"对方当然心领神会，不会强邀蛮缠。但在一曲未终时，你应不再同别的男士共舞，否则会被认为是对前一位邀请者的蔑视，这是很不礼貌的表现。

（2）如果你参加舞会时自带舞伴，当你们跳过一场或几场之后，如果有别人前来邀其共舞，你应开朗大方，促其接受。你的舞伴也应有礼貌地接受。

（3）如果有两位男士同时去邀请你共舞，应都礼貌地谢绝。如果同意与其中的一个共舞，对另一个则应表示歉意，应礼貌地说："对不起，只能等下一次了。"

（4）当你拒绝一位男士的邀请后，如果这位男士再次前来邀请，在确无特殊情况的条件下，应答应与之共舞。

（5）如果你已经答应和别人跳这场舞，应当向男士表示歉意说："对不起，已经有人邀我跳了，等下一次吧。"

4. 跳舞的注意事项

（1）如果身体不适，就不要勉强参加舞会，特别是在你有传染病时更不可进舞场。否则，不仅影响自己的休息，不利于早日康复，而且还容易传染疾病。

（2）刚学跳舞的女性，下舞场前最好多学几种舞步，否则会影响别的舞伴跳舞。不要在舞场学舞步，这会影响对方的情绪。

（3）跳舞时如和对方比较熟悉，可以小声地交谈，声音小到不影响其他舞伴为好。对不熟悉的舞伴，不可问长问短，闲聊不止。如果遇到一对密谈的舞伴，就应立即离开。舞伴之间有什么重要事最好在休息时找地方谈，不可在舞场上争论不休、大声喧哗、高谈阔论。

（4）如有事找人，找到后不能在舞场交谈，要到休息室去谈。更不能在音乐进行中就把人从舞池中拉出来，这会使人尴尬。有事需要到舞池的对面，应绕道而行，不可穿越舞场。

（5）跳舞休息时，不能把吃剩的果皮等物随手扔掉，这是一种很不文明的行为。

（6）舞兴要有所控制。不能在舞场上出风头满场飞，捉住舞伴不放，让其他舞伴无可奈何。

（7）要尊重主人为舞会所做的一切安排。不管当面还是背后，都不要对舞会安排进行批评或讽刺。不要随便要求改动舞会的既定程序，或凭个人兴趣和愿望要求临时改换舞曲，或要求延长舞会的时间。

（8）切忌争风吃醋。不要为了在异性面前逞强，或受不良情绪指使，对同性过分尖酸刻薄。不要容不得其他女士长得、穿得比自己漂亮，舞跳得比自己好，被邀请的次数比自己多，而说些有失风度的话，与舞场的氛围格格不入。

（9）异性之间要自重自爱。不要跟刚结识的异性乱开玩笑，说话要注意分寸。不要一厢情愿地要求对方护送自己回家。舞场上撒娇发嗲和浅薄轻浮都是要不得的，稍有不慎，吃亏的还是自己。

5. 舞会上的风采

所谓风采，指一个人由其言谈举止和作风等方面体现出来的美感，是一个人外在美与心灵美有机结合的自然流露。

舞会的风采，主要由人们跳舞时的姿态与表情构成，最佳风采应当是姿态优美端庄，表情明朗温和。

无论是公关性质的舞会，或者是其他社交性质的舞会，令人赏心悦目，并可得到赞许的最佳舞者风度具体表现为：

（1）表情自然，举止文明。舞会的音乐、灯光、气氛都营造着一种温馨浪漫的情调，所以在跳舞时的神情姿态也应轻盈自若，充溢着欢乐感。面部表情也应谦和悦目，面带微笑，目光柔和宁静，整个身心都显得十分自然、轻松和愉悦。

跳舞过程中可与舞伴进行适当交谈，交谈内容以轻松话题为宜，比如舞厅装饰的艺术效果、舞曲的旋律、歌手的演唱，等等。应有意避开工作、经济效益、复杂的人际关系或病丧一类的沉重话题，以免影响舞蹈的情趣和舞会的效果。

交谈应简短并选择舞曲较为轻柔时进行，声音不可过高，更不能旁若无人地大声谈笑。舞曲激昂处要避免交谈，否则便会不自觉地加大音量或者出现因听不清楚而将耳朵贴到对方的嘴边等极不文雅之举。

（2）舞姿端正规范、大方活泼。跳舞时，整个身体要保持平、正、直、稳，无论进退或是左右移动，都要掌握好身体的重心，如果重心不稳就会导致身体摇晃、肩膀高低不一、舞步不和谐，甚至踩了舞伴的脚，这样舞姿就会变形走样，既影响自身形象，同时也会给舞伴造成不快的伤痛。

起舞的正确姿态应是抬头挺胸，双目平视前方，收腹梗颈，使身体重心向下垂直呈平正挺拔状。男女双方相向而立，相距 20 厘米左右，男士向左上方伸出左手，女士向右上方伸出右手，使手臂以弧形向上与肩部呈水平线，男士掌心向上，拇指平展，将女士掌心向下的右手平托住，而不是随便握住或捏紧。男士用右手扶着女士的腰部，女士的左手手指部分只需轻轻落在男士的右

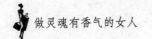

肩头即可，而不应满把贴在男士的后肩或是勾住对方的脖颈。

跳舞时双方的身体应保持一定距离，距离的大小往往由舞步决定。

无论哪种舞步，动作要尽可能舒展协调，和谐默契，以展示舞蹈的美感与魅力。

仪态美——女性社交魅力的最好体现

【气质女人修炼锦囊】

如果一个女人拥有优雅端正的体态、敏捷协调的动作、优美的言语、行之有效而又大方的修饰、甜蜜的微笑和具有本人特色的仪态，即使是容貌平平，也会给人留下美好的印象。

大哲学家培根说："形体之美胜于颜色之美，而优雅的行为之美又胜于形体之美。"

仪态美是指人的仪表、姿态所显示出来的外在美。仪表，主要是指装饰装束；姿态，主要是指行为举止的姿势形态。

所以，女性最珍贵的是内在的美，有学识、有修养。品格高尚有理想的女性，她的言谈举止是非常自然的，不会流露出一点粗俗，女性的内在美，才是永久的美，不会凋谢的美。

哈佛大学的女性课程常告诫，美丽的女性，大自然赐给她好运气，可是她不应该骄傲，因为一个人的青春是有限的。相貌平平的女性，也不必自暴自弃，只要从其他方面努力，善处环境，珍视前途，同样可以创造幸福的生活，拥有精彩的人生。世界上有不少杰出、成功的女性，由于相貌上有了缺憾，于是她们把心志集中于事业上，结果取得很大成就，为世人所尊敬。

女性优雅的仪态从日常生活中表现出来，主要包括食的仪态、立的仪态、坐的仪态、行的仪态、衣的仪态、笑的仪态等。一个受人尊重的女性，并不是最美丽的女性，而是仪态最佳的女性。

食的仪态美

现代社会的职业女性一切求快，而往往忽视了吃东西的"艺术"，这是大错特错的，因为由吃的仪态可看出一个女性的家教修养。

（1）在公共场合吃饭时切忌高谈阔论，影响邻桌的客人，尤其是当你跟你的"另一半"及你们"爱情的结晶"出现在餐馆时，更不可因小孩不听话而动怒打骂，这种情景在日常生活中经常可以见到。如果这样做，不但你的先生没有面子，而且会影响孩子的食欲，当然最主要的就是你失去了一个现代女性的仪态美。

（2）在饭桌上切忌谈论一些不雅的事情，比如"我今天在街上看到了地下污水水管阻塞，脏物四溢……"，这会严重影响大家的食欲的。

（3）切忌吃饭时发出"吧嗒"嘴声，这样会让人觉得没有教养。

（4）要注意拿筷子的样子、喝汤的姿态、嚼饭菜的口型、拿碗的动作等，均应以自然为主，千万不可为了"美"而做作，否则将会适得其反。

立的仪态美

1. 站姿的基本要求

（1）抬头，颈挺直，同脊椎骨成一条直线，双目向前平视，下颌微收，嘴唇微闭，面带笑容，动作平和自然。

（2）双肩放松，气向下压，身体有向上的感觉，自然呼吸。

（3）躯干挺直，直立站好，身体重心应在两腿中间，防止重心偏移，做到挺胸、收腹、立腰。

（4）双臂放松，自然下垂，稍微移向臀部后面，手指自然弯曲。

（5）双腿立直，保持身体正直，双膝和两脚后跟要靠紧。

当腿和手的姿势略有变化时，如站"丁"字步，双手要在体前交叉等，这样仍不失女性的优雅美感。正确优美的站姿会给人们以挺拔俊美、庄重大方、

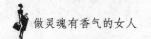

精力充沛、信心十足和积极向上的良好印象。

2. 站姿的方式

（1）正式站姿。这种站姿一般适合于正式场合，肩线、腰线、臀线与水平线平行，全身对称，目光直视，所表达的是一种坦诚的、谦和的、不卑不亢的形象。常以这种姿势站立的女性是职业女性，其训练有素的正式站姿已形成自己的风格而融入平时的生活中去。

（2）随意站姿。这种站姿要求头、颈、躯干和腿保持在一条垂直线上，或两脚平行分开，或左脚向前靠于右脚内侧，或两手相互搭，或将一只手垂于体侧。这种随意站姿有时是一种随性的站姿，有时表达了淑女的含蓄、羞涩、收敛。微微含胸、双手交叉于腹前，手微曲放松，则表达了一种性感女性的曲线之美。倾斜的肩、分开的脚、突出的胯无论从哪个方向来看都具有一种动感。有时又表达了一种健壮的肢体美，让人一种上升的感觉，力量从内向外慢慢渗透出来。

（3）装扮站姿。这是一种具有艺术性和表现欲望的站姿，在表达情感上最为生动，有时甚至会感到夸张。在 T 形舞台上、艺术摄影中常可以见到这种站姿。头斜放，颈部被拉得修长而优美，一手叉在腰上，脚左右分开，重心在直立腿上，向人们展示一种自信的美，一种艺术的美。

3. 优美站姿的练习方法

（1）挺胸练习：这是最基本的动作，要注意胸部的挺直，双肩放松，双臂自然下垂，由 10 分钟增加到 20 分钟，练 1 个小时，这样慢慢就可以改掉驼背的毛病。

（2）收腹练习：不但有助于仪态美，同时更有助于身材的曲线美，使腹部的肌肉紧缩而不会出现过多的脂肪，无论走路、站立、坐着，都要随时随地注意收腹。

（3）丁字形站立：可以对着穿衣镜练习，一条腿在前，一条腿稍后，但前面的腿的膝部最好微弯，以增加腿部线条的优美，将全身的重量放在后面那条腿上，腰部可稍微地扭向一边，但也不可过于扭曲，那样就显得不自然了。如果你手拿皮包的话，不妨将空着的手扶到皮包上，这样会更显出仪态的优雅。

坐的仪态美

在日常生活中，常可看到一些打扮入时的女性，谈话时神采飞扬、风趣幽默，但是再看她们的坐姿，那可真是五花八门，绝对不能用"美"来形容了。

优美的坐姿，要求上身挺直，两眼平视，下巴微收，脖子要直，挺胸收腹，脖子、脊椎骨和臀部成一条直线。另外，一切优美的姿态让腿和脚来完成。

上身随时要保持端正，如为了尊重对方谈话，可以侧身谛听，但头不能偏得太多，双手可以轻搭在沙发扶手上，但不可手心向上。双手可以相交，搁在大腿上，但不可搁得太高，最高不超过手腕 6 厘米。左手掌搭在大腿上，右手掌搭在左手背上，也很雅致。

不论坐何种椅子，何种坐法，切忌两膝盖分开，两脚尖朝内，脚跟向外。跷腿坐时，尤其是一脚着地，一脚悬空时，悬空的一只脚尽量让背伸直，不可脚尖朝天。女孩子最忌两脚呈"八"字伸开而坐。

虽然这些坐姿做起来都很简单，但是要做得习惯自然，就不是一两天的工夫所能做到的，必须要天天练习、时时注意，久而久之，也就习惯成自然了。

有很多职业女性，可能是因为工作的辛劳及身心的疲惫，往往不能将精神集中到坐姿上，当她们伏案提笔时，往往会出现弯曲背部或趴在桌上的一些不雅姿态。

坐办公室的女性，一天 8 小时的工作时间，并非一定要像操练一样死板地挺立，也不需像拍艺术照那样讲究姿态，但是起码应保持身体的自然挺秀。总之，坐姿以让人看了自然舒适为标准。

还有些女职员坐在办公室时，喜欢把鞋子脱下来透透气，这对她个人而言，固然是解脱了，但是却苦了别人。更重要的是，因此而影响了自己优雅的气质和风度，给主管及同事留下一个不好的印象。

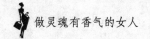

行的仪态美

女性的一举一动永远是男性注意的目标，而女性走路的姿态，更是不可忽视的要点，甚至会成为别人对你仪态评价的依据。

通常，走路最容易犯的毛病就是"内八字"和"外八字"，其次就是弯腰、驼背，或者肩部高低不平、双手摆动幅度过大，或臀部扭动过分，或步子小、频率太快等，这些走路的姿态，都足以影响女性的仪态美。

正确的走路姿态是靠训练而来的。首先就是要纠正站立的姿态：双腿合并，挺胸收腹，下巴向内微收，双手自然下垂，眼睛平视。考核站姿最佳的方法便是把身体贴近墙壁，尽量使后脑、双肩、腰部、臀部及脚后跟靠近墙壁，使身体成为一条直线，切忌弯腰腆肚、仰天俯地。

当你的站立姿态得到正确的训练之后，就可以开始训练行走了。

走路的时候，两只脚平行，轮番前进。也许你会认为两只脚是分别踩在两条平行线上，其实不然，两只脚踩的应是同一条线，臀部、腰部要自然摆动，这才是女性的标准步态，这样才会显出女性婷婷袅袅的仪态美。

走路时要想保持良好姿态，可遵循以下原则：

（1）上半身挺直，下巴微收，两眼平视、挺胸收腹、两腿挺直、双脚平行。

（2）迈步时，应先提起脚跟，再提起脚掌，最后脚尖离地；落地时，应脚尖先落地，然后脚掌落地，最后脚跟落地。

（3）一脚落地时，臀部同时做轻微扭动，但幅度不可太大，当一脚跨出时，肩膀跟着摆动，但要自然轻松。让步伐和呼吸配合成有韵律的节奏。

（4）穿礼服、长裙或旗袍时，切勿跨大步，显得很匆忙。穿长裤时，步幅放大，会显出活泼与生动。但最大的步幅不超过脚长的2倍。

（5）走路时膝盖和脚踝都要富于弹性，否则会失去节奏，显得浑身僵硬，失去美感。

衣的仪态美

爱美是女人的天性，但并不是每个女人都懂得如何打扮自己，有些人花了不少钱买贵重的衣服，但穿在身上却总是缺那么一点完美感；而有的人却能花很少的钱把自己打扮得漂亮又大方，这就是个人审美观的问题了。

一个有穿着品位的女人，绝不会一味地追求昂贵和时髦的衣服。比如一个身材矮胖、腿部粗短的女性，穿流行的窄腿裤或超短裙是肯定不合适的，这样就完全把她的缺点暴露出来了。她应当选择色泽较深、花纹单纯或直条纹的稍宽裤管的长裤或长及小腿以下的长裙，裙摆遮住粗壮的小腿肚为宜，脚下可穿高跟鞋，使裤管遮住鞋跟，这样可使身材看起来修长一些。

此外，衣料的质地也很重要，身材丰满或个性活泼的女性，宜穿质地软的衣服，而质地硬的衣服则比较适宜瘦小的女性穿。

服装的式样对女性的仪态美也有很大影响。短的衣服，适于身材高挑的女性，而身材矮小的女性衣服最好长一些；丰满的女性式样应力求简单，有时不妨带一条长项链，也可起到拉长身材的作用。身材瘦小的女性，式样还可以有些变化，如可在小圆领上加些飘逸的荷叶边，但切忌衣服不合身。

笑的仪态美

笑，是七情中的一种情感，是心理健康的一个标志。对女性来说，笑也很有讲究。在日常生活中，常看到有些女性不注意修饰自己的笑容，而影响了自己的仪态美。笑有很多种，如拉起嘴角一端微笑，使人感到虚伪；吸着鼻子冷笑，使人感到阴沉；捂着嘴笑，给人以不大方的印象。

要想笑，嘴角翘，这是公认的美的笑容。达·芬奇的名画《蒙娜丽莎》中的微笑被誉为永恒的经典微笑。

美丽的笑容，犹如三月桃花，给人以温馨甜美的感觉，发自内心的笑是快乐的，但切忌皮笑肉不笑，或无节制地大笑、狂笑。因为经常大笑易使面部肌肉疲劳，滋生皱纹，狂笑会影响生理功能导致疾病。

愿你讲究笑的艺术，修饰笑的仪容。

现代女性要学会运用美的微笑、美的肢体语言、美的表情、美的仪态来展现你的风采，让你美在容颜上，美在言行举止上，进而美在思想上，美在心灵上，从而让你成为有气质、有修养、有风度、有魅力的新女性，以赢得他人的尊重，获得事业和人生的成功！

美女之貌：

美丽女人闪耀天下

·第一章·

女人就是要美丽

女人要懂得爱护自己，更要懂得打扮自己，使自己的美丽成为别人眼中的感叹号。既然美丽可以让他人悦目、让自己赏心，那么为什么不提升一下自己的美丽指数，使自己更受人青睐呢？美丽无罪，让自己将爱美的天性发挥到极致，将爱美进行到底吧！

∽ 生命如花，女人就是要美丽 ∽

【气质女人修炼锦囊】

不论命运是以悲剧还是喜剧开始，女人的自我塑造才是自己幸福的根源，用爱去塑造，用情去塑造，用一切美好的东西去塑造，就会让自己美丽，让生命美丽。

有网友发帖："身边很多朋友，只要是长相漂亮的都很快找到了工作，我不知道现在的招聘究竟是选美还是选能力。看到那些几科补考的美女都找到很好的工作了，长相平平的我越来越郁闷。听说，现在有很多人为了工作去整容，大家说有这个必要吗？"

当然，帖子不足以说明什么问题，但从适合女性的职业看，样貌好、气质佳的女性还是占优势的，比如最适合女性的 8 大金领职业：公关、人力资源、传播媒介、外企白领、注册会计师、保险经纪人、职业经理人、金融业的职员，哪一个不需要跟别人打交道？只要是需要跟人打交道的职业，就一定会对应聘者的样貌气质有要求，因为样貌气质好的肯定讨人喜欢，毕竟第一印象是不容易改变的。

难怪女人都希望自己是花容月貌，不惜把大把的金钱和时间用在大衫小衫、瓶瓶罐罐上面。

也有女人说，我才不是为了别人而打扮自己，我是为了我自己，我打扮漂亮了，心情就会格外的好。

女人要为自己而美丽。

如果女人有机会做选择题，不要选择"美貌"，因为"美貌"如花，终有一天会凋谢的。女人要选择的应该是"美丽"，从美丽的女孩到美丽的少妇，再到美丽的母亲，最后到美丽的老太太。

林肯说，40 岁，人就应该对自己的相貌负责了。还有人说，人的样貌，30 岁以前由父母的基因决定，30 岁以后就由自己决定。不管是哪种说法，都讲明了一个道理，人的相貌是可变的。"心善则貌美，心恶则貌丑"就是这个道理。

我们身边不乏这样的例子，那些心地阴暗、冰冷、狭隘的女人，越长越刻板、僵冷，少有生气，何来美感？而那些心地善良、心胸宽广的女人，懂得不断提升自己，则会越长越开朗、热情、自信、讨人喜欢，美感自生。

任何女人都有美丽的权利和机会，美丽的内涵不应仅停留在容貌姣好的层面上，在女人身上，美丽更多时候指的是由内而外散发出的气质和魅力。这是所有女人都能靠修炼得来的。

在这个世界上，的确没有不凋零的花，也没有不老的红颜。女人如花，从含苞待放到鲜艳夺目，再到凋零花谢，这是女人的一生，但这并不意味着女人的美丽就是那短暂的一瞬。如果女人总能想着在生命中留下善良、自信、坚忍、独立、有修养、有个性等方面的明显痕迹，那么她的生命就会一直美丽着。

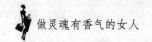

女人生命如花，更要常葆美丽。

❧ 让美丽成为你一生的事业 ❧

【气质女人修炼锦囊】

活得好看，是一种精神，是一种生命的美好姿态。女人要把美丽当成自己一生的事业，必须精致打理生活中的每一个细节，小到衣着的每一枚纽扣、就餐的每一顿饭菜、工作当中的每一个细节……

美丽于女人是一种永恒的诱惑，女人为美而生，因美而生。女人先天地守护着一份洁净和美丽的本性。女人的美需要时间和心力的投入，柔嫩细致的肌肤、容颜的装扮、飘逸的长发、婀娜的曲线、靓丽的衣装以及内在的气质，能将女性的魅力点燃，让女性瞬间变得神秘、浪漫、妩媚、楚楚动人。

所谓"清水出芙蓉，天然去雕饰"，女性的外表之美离不开肌肤的缔造和烘托。它是女人花娇艳的花瓣，是成功女人自信的源泉。最健康、最美丽的当然是一张清新、自然的脸庞。每一个花靥醉人的微笑浮现在肌肤之上，每一个优雅的举止离不开肌肤表面。爱美的女人应该学会如何保持肌肤的靓丽。晶莹剔透的肌肤是每一个女人梦寐以求的。

女人最抵挡不住的就是年龄的增长，年龄增长带来的不只是身体各功能的下降，身体内分泌也会发生很大的转变。肌肤上的皱纹和斑点能直观地反映这一变化。于是，很多女人为了留住美丽的容颜，不得不花巨额的费用做整容手术等。

被誉为"不老传说"的赵雅芝声称保持不老容颜的秘诀是，除了健康的生活习惯，还要保持一颗不老的心，积极的人生态度也尤为重要。她认为，演艺工作之余，艺人们应该努力提升自己，花时间学习一些自己感兴趣的东西。只有这样，才能让自己的美丽更长久。

其实好的肌肤，是由内而外的。通过食补内部调节，再加上外在的护肤保养。古人用沉鱼落雁、闭月羞花来赞扬女性的容貌，然而，五官长相、身材高低都是与生俱来的，受之于父母，无从拒绝也难以改变。因此，女人不应把自己的容貌当成美丽的中心，关键还在于有一个超然的淡定之心。

陈燕是一名业内有名的盲人钢琴调律师，中国音乐家协会钢琴调律学会会员。她游泳考过了深水证，跆拳道晋升到黄带，她会开卡丁车、滑旱冰、骑独轮车，还出了书。经过多年拼搏，陈燕自己开办了调律公司。在第13届残奥会的开幕式上，她还登上了世界的舞台。如今她和盲人丈夫的生活幸福惬意，她的美丽人生让人感动。

有先天性白内障的陈燕出生于河北容城，在北京跟随外婆长大。一手抚养她长大的外婆想出许多办法来开发她的听觉和触觉。由于视力上的残疾，童年的陈燕被许多学校拒之门外。有一天，陈燕问外婆："我以后会不会两眼无光很难看，像那些盲人一样，穿着破衣服，手拿一根破竹竿，摸摸索索地沿街乞讨或在街头卖艺？"

外婆安慰她说："就算眼睛瞎了，一样可以活得好看。"

她又问："我怎样才能活得好看？"

外婆说："哪天你活得不像盲人了，你就好看了。"

她又问："怎样才活得不像盲人？"

外婆告诉她说："明人做事时，手到哪儿眼就跟着到哪儿。"

小陈燕记下了外婆的话，决心要像正常人那样生活。从此以后，她无论切菜还是晾晒衣服，总是手到哪儿，眼睛就跟着望哪儿。上天对每个人都是公平的，陈燕的视力不好，但听力特别敏感。

眼睛瞎不瞎，走几步就会露馅儿。可她不一样，一个人出门，不用牵不用扶，红灯停，绿灯行，过斑马线比正常人都利索。果然，周围的人看她，甚至常常忘记她是一个瞎子。

问她有啥招，她笑："听呗！"

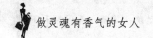

　　为了让自己活得更好看，她不满足，还去学骑自行车，学跆拳道，学通臂拳，学游泳，玩滑板车，滑旱冰，开卡丁车。她不仅让自己在行动上做到独立，还追求经济上能够自立，于是，她又学弹钢琴，学调音律。

　　陈燕的丈夫郭长利也是盲人，两人是北京盲校的同学。据说这段美满的婚姻还是陈燕主动争取来的。这段爱情先是遭到外婆的反对，理由是两个盲人在一起生活谁也不能照顾谁。就连郭长利当时也说："陈燕，我不会给你幸福的！"但陈燕却对男友说："我会让你幸福的。"听完陈燕的话，郭长利沉默了。

　　结婚那天，她在不足9平方米的小屋里对同是盲人的丈夫说："将来我们一定会住上大房子的，很宽敞，在屋子里随便走都不会撞到东西。"

　　后来，陈燕开办了调律公司，规模不大，但生意还不错。经过多年拼搏，她终于筹到按揭的款，买了一套一百多平方米的房子。住进新房子那一天，她对丈夫说："我们去照婚纱照吧。"

　　一对盲人照婚纱照，白费那么多钱给谁看？影楼里的人都觉得奇怪。她甜甜一笑："我是女人啊，我要漂亮给你们看。"陈燕是这么说的，也是这么做的，就是要让自己活得漂亮。

　　每天早晨出门前，她每次都要端坐在梳妆镜前，仔细地勾眉线，画眼影，打底粉，抿口红，然后，牵上丈夫的手，美美地出门。人们每次都能看见，两人的脸上，写满了健康和阳光。

　　陈燕的美丽她自己看不到。她对同样看不到她的美丽的盲人丈夫说："我们是盲人，正常人看我们会不顺眼，所以，哪怕我们自己不能看见，也一定要在正常人的眼里活得好看，不让他们看着别扭，坏了他们的心情，更不让他们瞧不起。"

　　女人真正的美丽并不是一张漂亮的脸蛋和一副曼妙的身姿所能涵盖的。美丽不全在浮华的外表，它是温婉可人的资质，是喧嚣中的晶莹品性，是灵动却不嚣张的才情，是弥久日醇的魅力，是源自健康的蓬勃朝气，是永不褪色的女人风采。

"我的眼前没有光，但我是女人，我要在你的眼睛里活得好看。"这是盲人陈燕的美丽行动，也是她人生精彩的心灵之光。活得好看，是一种心态，是一颗热爱生活的心灵所应有的状态。活得好看，不是因为外界如何，而是我们的内心如何对待生活。

❧ 聪明的女人让漂亮更持久 ❧

【气质女人修炼锦囊】

什么样的女人容易从女人堆里脱颖而出？当然是漂亮的，漂亮的女人就是有更具吸引力的特权。如果大家都很漂亮呢？那就比谁更聪明。是不是女人只有又聪明又漂亮才会有吸引力？倒也不是，你只要比漂亮的聪明，比聪明的漂亮就行了。

其实，容貌本来也不是什么大问题。就目前的科技水平看，再丑的女人通过精心的打扮也可以让自己漂亮起来的：把自己所具备的美女条件适度放大；通过化妆让五官更加精致；通过选择适合自己的发型弥补脸型的不足；用衣服的颜色、款式弥补身材的缺陷；穿上高跟鞋，让娇小的身材显得高挑。

生动的女人拥有独立的自我。她爱自己的男人但并不依赖他，她有很强的自信心，有自己独立的生活，社交能力强，眼光从不局限于家庭琐事。她拥有自己丰富的内心世界，接人待物表现出的豁达与镇定，在不经意间向别人传递了更多的信息，让人心动。

生动的女人拥有良好的品质和心态。一个摄影记者曾这样描述全智贤："见过太多的美女，但没见过这么美的。气质温婉，宠辱不惊，与人谈话时态度非常诚恳。"记者的话道出了女人受欢迎的实质。

生动女人的精神世界是丰富、充实的。高尔基说："学问改变气质。"如果一个女人一天到晚除了装扮外表，就是做家务或打牌、搓麻将、闲聊，她是永

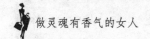

远不可能气质高雅、充满魅力的。

看看林徽因的一生我们就应该知道，女人一定不能让自己淹没在琐屑的家务中，而是要锻炼自己说话、为人处世的能力，加强自身的修养，让自己充满活力、生动起来，成为一个仪态万方的"万人迷"。

20世纪30年代，北京东城北总布胡同有个"太太的客厅"，是"京派"文学和贵族文化的殿堂。"太太的客厅"就设在林徽因的家里。当时林徽因已经身染严重的肺病，但她仍保持着与生俱来的开朗和明丽，说起话来滔滔不绝。费正清的夫人回忆说："梁太太总是聚会的中心人物。当她侃侃而谈的时候，她的那些爱慕者们总是为她那天马行空般的灵感所迸发出来的精辟警语而倾倒。"萧乾回忆说："那绝不是结了婚的妇人的那种闲言碎语，而是有学识、有见地、犀利敏捷的批评。"

单看林徽因的照片，谁都会有些疑惑：她确实美丽，但并不是那种摄人心魄的美。何以风流倜傥的诗人徐志摩、哲学家金岳霖、建筑家梁思成都为她倾倒呢？很简单，她的美丽不仅在于容貌，更在于她的智慧、才华和活力。聪明的女人才有魅力，才会让人感觉永久美丽。

像巴黎女人一样精致

【气质女人修炼锦囊】

精致的女人首先是美丽的女人。相貌与生俱来。你可以不漂亮但你必须学会修饰打扮自己。千万不要信"女人的美不在相貌而在内心。"那仅仅是对长相实在不敢恭维或者实在没什么地方可夸的女人一种善意的安慰。

对女人来说，最美的时刻就是静静坐在梳妆台前，给自己化一个美美的妆。梳妆台这块小天地对女人来说，不仅仅是单纯地用作梳妆打扮，对镜观照，而且让女人充满了自信。优雅女人更要活得精致，活得简约自然大方，不浓妆艳抹也不素面朝天，懂得怎样打扮自己，简约而不简单。

　　我们的生活里，总会有这样那样的不如意，职场的压力、子女的教育、家庭的矛盾、老人的赡养、自身的病痛……这些鸡毛蒜皮就如尘埃，落在我们的心上，让我们愁眉不展，让我们忧心忡忡，我们不可因这些所谓的焦虑和烦躁，忽视了自己的"面子工程"。

　　婷婷和悦悦在一个公司工作，两人年纪相仿，由于她们分别住在公司不同的方向，私下交往并不多。有一次，公司同时派她两个出差。这下，她们可高兴坏了。收拾行李之后，赶紧出发。

　　到了地方，两人又被安排住一个标间。婷婷放下行李就建议先出去随便逛逛，熟悉一下环境。悦悦说："等我收拾一下。"说完，她先去洗漱，然后拉开行李，只见大包套中包，中包套小包，不一会儿，卫生间梳妆台上，就密密麻麻摆满了她的化妆品。

　　只见悦悦用洗面奶洗脸后，先喷点保湿水，然后搽隔离霜，再然后是搽滋养霜……脸部结束了，又开始化妆，从眉毛、眼部、唇部再到脖颈，一个多小时才结束。再看悦悦从头到尾的享受状，婷婷惊呆了，原来化妆可以如此认真、细致。

　　随着悦悦一声"走呀"，婷婷才反应过来。想到自己出来只带洗面乳、润肤霜各一管，真有点受刺激了。"你化个妆花费一个多小时至于吗？"面对婷婷的问题，悦悦微微一笑说："女人应当活得精致，既能悦人又能悦己，为什么不呢？"

　　听到这里，婷婷才感觉到同样是女人，自己活得也太马虎了。"现在你陪我去买化妆用品，我也要做个精致的女人，让人生更精彩。"两个人这才出门去。

　　做精致女人，享受品质生活。追求时尚的巴黎女人不会浓妆艳抹。她们总以似有若无的淡妆，再喷洒些许香水，便能透出她们的高雅气质和迷人韵味。然而即使是这样的淡妆，巴黎女人也毫不含糊，她们对于一切能让自己变得更加完美的事情都热衷而且小心翼翼。她们注重自己身上的每一个细节，完美的

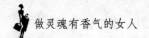

发型、自然的妆容、饰品的搭配等。让我们跟随巴黎女人学习如何做一个精致而简约的女人。

1. 面部

一要用心洗脸。化妆之前先洗脸，洗脸之前，先把双手洗干净。把脸轻轻打湿，挤出适量的洗面乳，在手上揉搓。然后用由内向外打圈的方法清洗全脸。切记一定不要直接把洗面乳涂在脸上再打泡，那样会对皮肤产生过分的刺激。

二要小心擦水。洗完脸后30秒内是擦化妆水的最佳时间，因为这个时候皮肤还很润，所以一定要赶快涂点化妆水。

三要选对乳液。不论是化妆水还是洁面乳，都只能在表层清洁皮肤，而能深入皮肤内部，作用皮脂腺的只有乳液。所以，任何时间，任何肤质都不能省略乳液，差别只在产品的质地及使用量。

四要有保湿精华。无论是干性皮肤还是油性皮肤，都需要深层活化与修护皮肤的供水与锁水功能。要做到这一点，你需要一款保湿精华。

五要备修复面膜。经过一日的风吹日晒，皮肤表面或皮肤底下多少会有些小炎症。当你晚上回到家时，你的修复面膜就该大显身手了。

2. 眼妆

对巴黎女人来说，化妆是很重要的。即使不那么精细地化妆，起码也应该打点粉底、描下眉毛、化好眼妆、抹点口红。即使粉底、眉毛都不顾，那描描眼线打打眼影必须被放在和涂抹口红同等重要的位置上。

如果必须在眼睛和嘴之中放弃一个的话，绝大多数巴黎女人都会选择放弃嘴唇而修饰眼部。可见眼妆在她们心目中有多重要。日常眼妆四大禁忌：

一忌睫毛纠结。睫毛膏能让眼睛更大更明亮，可是如果涂抹不当或者睫毛膏擦得太多，就会使睫毛膏堆积在睫毛上，搞得睫毛像"苍蝇腿"一样。这样纠结在一起的睫毛，会让人无比尴尬。

二忌眼线太粗。画眼线，是为了使自己的双眼更加深邃、神采奕奕，但若是将眼线当眼影，画得太粗，反而会弄巧成拙。

三忌眼线颜色诡异。画眼线的目的就是让眼睛大一点，但注意千万别太夸张。在日常生活中不宜选择红色、紫色等过于鲜艳的颜色，尽量用黑色或白色，因为黑色显得眼睛大，白色会适当提亮眼睛。

四忌眼影魔幻色。如果描画极具魔幻色彩的眼影（如墨绿色），会显得过于夸张、不自然。应该尽量地追求自然和谐，特别是对于亚洲人来说，对比强烈的色彩并不适合大部分亚洲人，相比起艳丽的颜色，大地色系更适合亚洲人的肤色。

3. 唇妆

（1）用唇线笔打底。先用唇线笔打个不脱妆的底，最好是涂满整个嘴唇，给红唇打一个不会脱妆的底。这样，当唇膏脱落的时候，唇色看起来依旧红润饱满，不至于产生很大的落差。

（2）给双唇加点"味道"。涂满唇膏后，用深棕色的唇线笔再次勾勒唇形，填充唇纹。这种增加了些许黑色印记的红唇便立刻有了深沉的味道。

（3）手指是给唇部定妆的关键"工具"。用手指蘸一点透明的散粉轻扑在嘴唇上，可不要小瞧了这一步，它是令你的唇妆长久保持的制胜法宝。

看，经过以上细致的学习，简简单单的三步，完美的淡妆，马上就可以轻松拥有了。当然，女性，在当心自己容颜的同时，千万不能忘记让内心得到照顾和安抚。女人，若是能内外兼修，那么，你的梳妆台里，映出来的永远是你淡定平和的笑颜。

❧ 穿出你的别样风情 ❧

【气质女人修炼锦囊】

一个聪明的女人，在服饰的驾驭能力和审美品位上，会用独特的魅力来展现自我独特的风韵，在人生的 T 台上穿出自己的风采，在百花丛中散发出自己独特的韵味和气质！

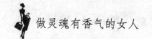

一件和自己气质相配的服饰往往能使自己产生意想不到的魅力，给别人留下深刻印象。据哈佛大学的一项调查，在社交活动成败中，服饰的因素占到了30%～40%。因此，女人首先要做一个着装高手，要懂得通过合适的服饰来展现自己的魅力。

曾做过美国总统的礼仪顾问的威廉·索尔这样说："当你走进某个房间，即使房间里的人并不认识你，但从你的服饰外表他们可以做出以下10个方面的推断：经济状况、受教育程度、可信任程度、社会地位、成熟度、家族经济状况、家族社会地位、家庭教养背景、是否为成功人士以及品行。"威廉·索尔的一段话，深刻地揭示了服饰在人际交往中所起到的巨大作用！毫不夸张地说，服饰是一种艺术，是一个人品位、感情、心态、个性等众多因素的外在体现。

遇见时尚、衣着得体的女子，男人甚至女人都要忍不住要多看两眼，因为靓装让女人更加妩媚动人。女人若"会"穿衣，能有效阻止女性美的自然流失。所以女人们须常常花点心思琢磨穿衣打扮，就能充分展示个性色彩的美。

著名模特凯特·莫斯虽然个儿不高，而且也没有傲人的丰满身材，甚至有点瘦骨嶙峋，但时装大师都非常喜欢用她做时装表演模特。

凯特·莫斯的个人风格曾经影响了当代最重要的时装设计师、画家、设计师、化妆师、造型师，她我行我素，她在任何场合下的着装都无懈可击，带动当时的流行风潮。

在《名利场》杂志推出的"2006年最会穿衣国际名人榜"上，凯特毫无争议地排名第一。

很多人认为，身材不高并且消瘦的人非要穿一些紧身的衣服才能让自己显得高一点、丰满一点。凯特·莫斯可不这么认为，她会毫不在意地穿着宽松的罩衫上街，只不过她搭配了一条腰带和黑色的裤袜，丝毫没有造成显矮的印象。通过自己的智慧将矛盾化为和谐，难怪她总会出现在年度最会穿衣的国际名人榜上。

身材、肤色、职业特点是女人穿衣要考虑的基本要素，其实重要的还有一点，就是在生活中培养对美的敏感度。根据自己的身材选择款式得体的服饰是关键，再根据款式搭配服装颜色，令款式锦上添花，使容颜大放异彩，款式和颜色符合职业特点足够让一个女人自悦、自信。

我们都有先入为主的心理暗示，在接触一个人时，我们最先看到的是她的外表。在我们来不及进一步了解对方的品性和修养时，服饰已经给出了最重要的提示信息。可以说，在社交中起决定作用的是留给他人的第一印象，而在决定第一印象的因素中，服饰无疑占据了最主要的地位。

在欧洲流行一句名言："人们通常总是根据书的封面来判断书的内容。"这句话用在服饰方面也很贴切。所谓秀外慧中，一个女人的内在美，需要别人通过进一步接触才能了解，而假如第一印象不好，那么肯定会失去进一步接触的机会。现实生活中有很多女人，特别是知性女人，她们在潜意识中更注重内在美，对外在美甚至有些敌视，对那些外表漂亮的时尚女人总是一副蔑视态度。因此，我们常常看到不少才华出众、事业有成的女人，她们因为不懂得在容妆和服饰方面修饰自己，所以使得自己的漂亮和魅力大打折扣。我们知道，内在美是需要长时间的积淀才能慢慢培养的，而外在美却不同，只要稍加注意、适当选择，任何一个女人都可以让自己变得更完美。

假如你的公司要招一个前台接待，来应聘的两个女孩条件旗鼓相当，资力也不分伯仲，只是一个衣着得体，典雅而有品位，另一个衣着随意，不注重外在形象，你会选哪个呢？毫无疑问，你肯定会毫不犹豫地选择前一个。由此可见，服饰着装在现实中的作用之大。

因此，能够和谐地搭配服饰，是人们在现代社交中必须具备的一种能力。服饰是一个人思想和个性的形象表达，社会上流行的风格和样式琳琅满目，在这些令人眼花缭乱的风格样式中挑选适合自己的，就是这种能力的具体体现。我们身边那些出众和迷人的女人，除了自身的修养和气质外，更重要的是她们具有对时尚流行的敏感度，以及对服饰修饰的控制力。人们普遍认为，这种独特的驾驭能力似乎是天生的，其实后天培养也非常重要。聪明的女人在选择服饰上不但根据自己的思想和个性去选择符合自我的表达风格，而且懂得扬长避

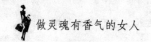

短，在浩瀚的服饰世界中选择出和自己体型、气质相配的服饰和装束。这种能力，需要女人在生活中去领悟和反复实践才能拥有。

就像花儿用香味来展现自己一样，服饰也是女人表达自我独特魅力的无声语言，然而女人的这种语言不是先天生成的，而是女人后天的自我培养。

❧ 女人，要让你的青春永驻 ❧

【气质女人修炼锦囊】

女人最怕的莫过于衰老，但残酷的是，红颜不可能永驻。岁月易逝，青春会老，女人不可能永远年轻，但可以使用方法延缓衰老的进程。

年轻是女人人生的一个短暂阶段。年轻就是一种资本和财富，虽然人人都梦想永远年轻，永远18岁，遗憾的是，谁都无法挽留岁月的脚步。

女性由30岁开始，肌肤衰老的迹象开始逐渐在脸上出现。

你会在一些"脆弱"的地方找到皱纹的痕迹：颈侧、唇边、眼角、前额，等等。皮肤不再像昔日那般柔滑细致，虽不至于粗糙，但你能觉察到脸上的肤色开始不均匀，睡觉时枕袋在脸上所造成的"压痕"或者一些微小的伤口及暗疮印，需要较长时间才能离你而去。不仅如此，你脸上的毛孔开始变得明显、粗大，角质层很易积聚在表皮上，而皮肤专家也发现，30岁女性的肌肤易长暗疮。

还有一点不可不提，在20岁时肌肤所受到的紫外线伤害，有90%会在30岁才出现，所以你会发现，就算很少晒太阳，雀斑也会不断出现及加深。所以要立即采取补救行动，使你依然保持青春的活力：

1. 充足睡眠

正常情况下，理想的睡眠时间是8个小时。因为一般在晚上10点到清晨4点是人体，尤其是肌肤新陈代谢最旺盛的阶段，脑垂体会分泌大量荷尔蒙使皮肤光泽有弹性。如果此时得不到充足的睡眠，很容易在第二天造成皮肤灰暗失色、眼圈发黑、脱水生皱。因此，应当尽量改变熬夜的习惯，保证良好的睡眠。睡前饮杯热牛奶、用热水泡脚或洗个热水澡，舒缓一下身体，可以助你早入梦乡。

2. 多喝水

女人是水做的，人体的主要成分是水，因此一般情况下每天饮用6～8杯水或2～3升水才能维持皮肤含水量的平衡。但喝水是有讲究的，晨起一杯温开水有利于清除肠胃垃圾，促进人体排出污物或毒素；早餐一杯牛奶、豆浆或果汁既补充了机体能量和营养，又补充了身体必需的水分；上班时间多喝水能够缓解疲劳，防止皮肤干涩；晚餐汤粥都含水，营养物质全在内；餐后再吃一些时令水果，有助于消化和养颜。补水过程中应尽量少喝甜饮料，过多的糖分会使皮肤酸化而不利于皮肤的保护。睡前半小时左右不宜再喝水，这样可避免第二天早晨眼部浮肿及眼袋的出现。

3. 常通便

肠道内的"宿便"，是一些寄生虫和细菌良好的"培养基地"，肠道内的100多种细菌在摄取"养分"的同时也会不断发酵、腐败，产生有害的毒素和废物，被肠道吸收进入血液，并通过血液循环，将毒素和废物带到肌肤表层，引起面部色斑、痤疮、皮肤粗糙、皱纹和气色难看等皮肤问题的出现。所以，要多吃含粗纤维的蔬菜和粗粮，加强肠道蠕动，利于排便。

4. 饮食均衡

女性在饮食上要能做到既不戒荤也不拒素，每餐荤素合理搭配。不过多摄取含油、糖、脂肪高的食物，以免身体内热量过多，导致皮下脂肪堆积，引起肥胖、痤疮和脱发以及心血管疾病，而要多摄取一些优质的蛋白类、胶原类和含维生素丰富的食物，如鱼虾、肉皮冻、油菜、金针菇、玉米等。女性为美容和养身的需要，还应经常选配一些具有补气养血的食疗佳品，如银耳枸杞汤、当归红枣炖乌鸡等，以调理身心，达到美颜靓肤的功效。

5. 修身养性

读书可以使人修身养性。"腹有诗书气自华"，丰富的知识一定会让你青春

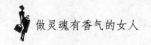

勃发、魅力无穷。读书可以提高你的内在气质，读书可以使你更具魅力！这是潜移默化的，也是充满神奇的！

6. 晨跑

生命在于运动。运动才能使生命充满活力、青春永驻。而最好的运动方式就是跑步了。这种美丽的代价不需要你花很多钱，也不需要你花很多时间。它只要你坚持，一天都不间断。坚持越久你的美丽也就持续越久。跑步，最好是晨跑，因为一天最美丽的时候是清晨，清新的空气会不断地流入你的身体，你的身体就会像清晨的空气一样清新。清新就是青春，就是美丽！

7. 有梦想

梦想代表你年轻，而年轻就代表你充满活力！这也是培养你拥有一种乐观精神和浪漫性格的方法。有了这种精神和性格，你就会永远都年轻，永远都快乐！

8. 保持好心情

"笑一笑，十年少。"笑口常开，才能青春永驻；无忧无虑，才会使身体里的每一个细胞都快乐而不至于衰老。然而现实生活中令人烦恼的事很多，所以就需要自己给自己创造好心情。有时间多看看喜剧和笑话，开心地笑一笑，使自己保持一个好的心态，你的生命就会保持年轻、美丽！

9. 勤洗澡

洗澡可以洗掉沾染你一天的杂质与灰尘，洗掉你一身的烦恼和疲惫。洗澡的过程也是自己做运动的过程。身体的各个关节都在运动，血液循环加速，新陈代谢加快。洗完澡，还可以睡个香甜的觉，一觉醒来，必定神清气爽，容光焕发。

·第二章·

妆容，千娇百媚的气质女人精"妆"术

女人是本书，形象是封面！化妆提升女人气质，好的气质需要外在美来修饰和衬托，很难想象一个蓬头垢面、灰头土脸的女人，能有多少气质美可言。爱化妆，是女人积极生活的需要，会化妆，是女人智慧人生的体现，而完美的妆容是女人用智慧和修养精雕细刻出来的。化个美丽的妆，呵护你的容颜，展现你赏心悦目的气质之美，是女人一辈子值得学习的功课。

为悦己者容

【气质女人修炼锦囊】

为恋人而一丝不苟、竭尽全力地去装扮，是浪多女人都情不自禁会做的事情，当然，为悦己者容也是在丰富完善自己的过程中，悦人悦己。

女士们在赶赴约会之前都会做哪些准备呢？是坐在家中默默等待约会的到来，还是抓紧一切时间精心打扮一下自己？大多数女士肯定会选择后者，因为她们都想让自己喜欢的男人看到自己漂亮的一面。这不是虚荣，更不是虚伪，而是一种正常的心理。事实上，很多女人都以在男人面前"炫耀"魅力为荣。

对于后者，我们暂且不说，先说说那些不愿打扮的女性。这种女性往往独立性和自主心比较强。在她们看来，取悦男人是一件耻辱的事情。特别是一些女权主义者，她们更不会为了男人而去梳妆打扮，用她们的话说："我穿什么衣服，化不化妆，这都是我自己的事。和任何一个男人都没有丝毫关系，即使是我所爱的男人。"

如果女士们有这种想法，那么你们最好早点儿放弃，因为你们还没有做好争取爱的准备。的确，爱是不能以外表来衡量的，虚有其表的爱情不是真爱。然而，女士们不得不承认，男女之间产生爱情的第一步就是感官上的认识，主要是视觉和听觉。试想一下，如果你没有给一位男人留下很好的第一印象的话，那么想要和他继续交往将是件很困难的事。

美国职业婚姻介绍所所长艾瑞克·庞德在一次演讲中说："我们曾经安排过几千对男女约会。根据我的经验，那些双方都很重视约会，并且愿意为约会而精心打扮一番的男女的成功率要远比那些有一方或双方都不愿打扮的男女的成功率高得多。其中，如果女方在约会的时候没有修饰自己的话，那么第一次约会的成功率几乎很小。这并不是说男人都很好色，而是因为如果一个女人不化妆、穿着很随便的衣服去约会的话，那么男人就会觉得她是在轻视自己，从而放弃与她交往的想法。"

男人是一种自尊心很强的动物，特别是当他们与女人交往的时候，他们更希望满足自己的自尊。因此，女士们穿上自己精心挑选的衣服，化上适宜的妆的做法并不是取悦男人，而是满足男人的自尊心。当满足了男人的自尊心以后，女士们实际上就已经把男人征服了一半。其实，男人就是这么简单的动物，他们找妻子有时候就是为了满足自己的自尊心。

因此，女士们，你们要放下自己的"自尊心"，不要把为了男人而打扮看成是一件非常可耻的事情。事实上，你们这样的做法非但不会让男人轻视你们，反而会赢得男人更多的青睐，因为他喜欢你重视他。

无意中曾听到一对青年男女正在争吵，很显然，他们是一对热恋中的情侣。那个男的说："难道你就不能换一个发型吗？我说过了我讨厌这种爆炸式的头型。"女的有些委屈地说："怎么？你为什么不喜欢？你凭什么不喜欢？这可是今年最流行的。"男的有些激动，说道："什么流行不流行，我更喜欢以前长发披肩的你。还有，你再看看你的这身衣服，难道就不能穿得淑女一点吗？干吗把自己打扮得像个舞女一样？"小伙子的话的确有些过分，所以那个女的也生气地回敬道："我像个舞女？那你为什么还和一个舞女待在一起？你这个不知好歹的家伙。你知道吗？为了这次约会，我整整准备了一个星期，就是想给你个惊喜。可你呢？不但不称赞人家一句，反而还要污辱我？"男人也不示弱，说道："惊喜？是够惊喜的。难道你不知道我喜欢淑女类型的吗？你以前不是挺好的吗？干吗要穿成这样？上帝，我怎么会喜欢这样一个女人？"最后，这对恋人的午餐不欢而散。

其实，很多女士都有这样一个错误的观念，那就是她们认为精心打扮是自己的事，只要自己喜欢的，那么对方也一定会喜欢。每个人的审美观念都是不一样的，特别是男人在看待女性的时候，他们往往有一套他们自己的审美观念。如果女士们不顾男士们的想法，执意要根据自己的意愿来梳妆打扮的话，那么结果肯定会让每一次约会都不欢而散。

人际关系方面的专家约翰·查尔顿在《少男少女》杂志上曾经这样写道："青年男女恋爱成功的第一个前提就是让对方有一种愉悦感。这一点对于女士们更为重要。作为女性，你们不妨按照男人的意愿来打扮自己。虽然那会让你们觉得有一点委屈，但却可以让你心中理想的对象更加爱你。从心理学角度来说，男人看到一个女人愿意为了自己而改变，那么他就会认为这个女人十分地爱他。通常情况下，男人在面对这种女人的时候都会紧抓不放，因为他们希望自己有一个懂事的妻子。"

因此，在这里有几个建议送给女士们，在你们决定和一个男士相处之前，请你们牢牢把它记住。

为心爱的男人打扮的原则：

（1）千万不要认为打扮自己是一件浪费时间和金钱的事情；

（2）要站在男人的角度看问题，按照他理想中的形象去打扮；

（3）为男人付出要有一定的底线。

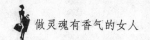

这里要对最后一点进行说明。希望女士们能够为自己的男人打扮，那是因为这样做可以让你们获得男人的爱。不过，这种付出是有底线的，也是有前提的。并不是说女士们为了让男人开心就需要完全按照他的意思去做。有时候，一些不幸的女士会遇到有特殊癖好的人，如果女士不知道拒绝他们的话，那么恐怕婚后的生活也不会有幸福可言。

气质女人化妆术

【气质女人修炼锦囊】

化妆可以说是女人展现自己优雅气质的一种武器。化妆的至高境界是自然，要化出一个看上去很自然的妆容，确实需要女人下一番功夫。

脸部化妆的第一步是打粉底，它决定整个化妆的效果

1. 根据肌肤类型选择适合自己的粉底

（1）油性肌肤。如果你的肌肤是油性的，就应该选择粉质的粉底液。这样你的肌肤看上去就像是擦了乳液一般，不会使本来就油亮的肌肤又多一层黏腻的不适感，化妆的效果也会较为持久。

（2）干性肌肤。如果你的肌肤是干性的，肌肤缺水，就应该选择含水量较高的粉底，或者选择质地较为滋润的粉条。

（3）混合性肌肤。如果你的肌肤是混合性的，那么，两用粉饼是你最方便、最有效的选择。既可以用粉饼盒内附的海绵直接蘸取粉底擦在脸上，也可以沾水使用。在 T 字部位容易出油的地方宜用干擦的方式，而在两颊较为干燥的地方宜以湿抹的方式进行。

2. 根据你的肤色选择粉底

（1）黄皮肤。宜选用黄色粉底，这会让你的黄皮肤看起来更加均匀、明

亮，使肤质宛如搪瓷般细致柔和。但不能用得太多，最好的方法是让黄色和肤色粉底以1：4的比例进行调和。

（2）肤色偏黄、暗沉。宜选用紫色粉底，这会使你的肤色变得晶莹剔透，细腻而有透明感，而且对遮盖黑眼圈也有神奇的效果。如果点在眼下、鼻梁和额头等突出部位，会让你看起来宛如有烛光照着一般，让脸庞立时生出光辉。

（3）肤色苍白。宜选用粉红色粉底，这会让你面色红润健康。另外你还可以用它代替腮红，在双颊使用，更可使你呈现出一种非常自然的白里透红的感觉。

（4）肤色偏红、偏黑。宜选用绿色粉底，不但可以解决你的肤色问题，就连脸上的小雀斑或是痘痘留下的小疤痕都能一并遮隐。

3. 粉底的涂抹顺序

如果你想化出完美的底妆，则需要用三种不同的粉底色彩来创造立体感。顺序为：浅色在先，而后使用中间色，最后用深色修饰。

（1）浅色粉底：用于涂在 T 字部位。

（2）中间色粉底：因为与你肤色最接近，可以作为整个脸部的底色。

（3）深色粉底：用于修饰脸形，如两颊、下巴等处。

4. 用粉底掩饰你的缺点

化妆时，应先用接近肤色的粉底均匀涂抹面部，然后用其他颜色的粉底修饰细节。

（1）下颌骨突出。选用较肤色暗的粉底，涂于颌及颌下，沿下颌弧线上下抹匀，并扩及颈部。

（2）鼻子较宽大的。可使用较两颊粉底稍暗的粉底沿鼻子的两侧轻抹，直至鼻孔。鼻子较低时，应在鼻子中线上涂些淡于肤色的粉底，而在两侧涂深色粉底。鼻子较短的人可用淡色粉底将鼻中线从上到下画得长些，再用深色粉底把鼻子两侧也涂长些。

（3）颧骨较高。用手蘸上较深色的粉底，最好是带些暗红色的粉底在颧骨上点三点，然后依颧骨的外弧，向上轻抹均匀。

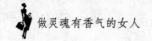

嘴唇描画得当，使人分外迷人

　　唇部一向是化妆的重点，只需一支口红，就足以使一张毫无生气的面孔变得分外动人。

　　1. 用唇膏改变你的唇形

　　（1）小而薄的嘴唇。宜使用明亮色彩的唇膏，浅橘色或粉红色较佳。画唇线时，可用唇线笔将嘴唇轮廓线画成比实际嘴唇稍偏外一些，口角稍向上翘。

　　（2）大而薄的嘴唇。宜使用大红色和咖啡色的唇膏，用唇线笔增加嘴唇的厚度，缩小嘴唇的宽度，在唇线内涂满口红。忌用珠光、银光等膨胀色。

　　（3）小而厚的嘴唇。宜用鲜艳的唇膏，如明亮的红色或粉红色，忌用暗色唇膏，否则会使嘴唇更小。画唇线时，可用唇线笔向外扩 0～1 厘米，唇峰描高，下唇的曲线画平一些。

　　（4）大而厚的嘴唇。宜使用暗红色的唇膏，以使唇形看起来小一些。涂粉底时可将之压在天然唇线上，然后再用唇线笔画出较内收的唇线，在唇部中心处把唇膏涂浓些。

　　（5）上下嘴唇相同的嘴形。宜使用浅咖啡色的唇膏，才会使嘴唇美丽可爱。画唇线时，可用唇线笔描上唇峰，但不要太过于刻意。

　　（6）唇角上翘的嘴唇。画唇线时，应适当将上唇修薄，唇峰呈圆形的曲线形，而将唇角线稍微挑高。口红宜使用明艳的橙色、粉红色系列，那样效果会更好。

　　（7）唇角下垂的嘴唇。画唇线时，可把下唇画得丰满些，近唇角处画得丰厚些；而上唇角处两边修薄些，形成上薄下厚的嘴形；还可在上唇角处用唇线笔涂上一点，使之有上扬的感觉。

　　（8）下厚上薄的嘴唇。画唇线时，下唇轮廓向内缩 0～1 厘米，上唇用唇线笔适当向外扩展。

　　2. 按想要的妆效抹口红

　　（1）透明妆。可选用淡色口红及透明唇膏，这样双唇透明又有光泽，可透出原来的唇色及唇纹。

方法：立起刷子，在双唇上涂一层淡色口红，再用手指轻轻拍打，使口红渗入唇纹，最后涂上一层透明唇膏，使双唇的颜色浅淡透明。

（2）雾光妆。可选择无光泽的哑光口红，涂抹后可持续 6 ~ 8 小时不褪色，为你省去补妆的麻烦。

方法：先用手指蘸取粉底在双唇上打上薄薄的一层，再用与唇膏一致的唇线笔将唇线描画在双唇之外，最后在双唇上涂满雾光口红。

（3）油亮妆。可使用含有金盏草及甘菊精华成分的滋润口红，可让双唇光泽细腻。

方法：先涂上一层唇彩，再用纸巾轻按，擦掉唇上的浮色，最后涂上口红，这样油亮度更高又不易掉色。

3. 几种美唇小技巧

（1）嘴唇要配合面貌。大脸型当然要大嘴唇才能配合，脸型大时，为配合也可把小嘴唇画大些。相反的，小脸型对大嘴是不相称的。

（2）嘴唇的两端要涂得稍微扬起来，垂下就显得很老。

（3）嘴唇不要涂得太突或太尖，曲线要平滑，带有圆形的样子。

（4）注意嘴唇中央的曲线不要突出来，否则就像是在嘲笑人家。

4. 唇妆小窍门

如何让唇妆持久？

（1）哑底的口红比银底的持妆更久。

（2）先用唇笔把唇形勾好，再涂口红。

（3）在涂完口红后加上一层无色唇彩。

（4）喝水前先舔一下杯沿，你的唾液就会在杯口上形成一个光滑的表层。

画眉——尽显女人灵动飘逸之姿

画眉时要根据自己的脸型来确定浓淡粗细，这样才能使女人的妆容具有灵动飘逸的美感。

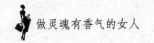
做灵魂有香气的女人

1. 尖脸形

也就是倒三角形的脸，这种脸型以瘦人居多。为了使脸颊看起来丰满些，可将眉头往中间稍加长一些，画法与方形脸正好相反，使重点集中在额头，脸颊自然就可以显得胖些了。

2. 方脸形

方形脸的腮骨较大，为了平衡腮骨的突出，可将眉头稍许往外移一点，眉峰也跟着往后移，腮骨也就可以显得小些。

3. 长脸形

长形脸的眉毛应画成平形，只要稍微弯一点就好，不必画眉峰，眉头与眼头成直线。这样可以缩短脸的长度。

4. 圆脸形

眉头和眼头成直线，逐渐往上挑高，直到眉峰再往下画，眉峰在眼球的正中心。这样使圆形的脸看起来比较长。

5. 椭圆脸形

眉头应与眼头成直线，慢慢高起，至眉峰处往下斜，眉峰应在眼球的外围。眉头较粗，眉尾较细，这是眉毛的标准画法。

另外，画眉时要把握好"三庭五眼"的原则。

所谓"三庭"，就是画眉时，要知道眉毛的起点、角度、高度描画的基本原则，通常眉毛的起始位置与内眼角的位置应是一致的。所谓的"五眼"，便是在两个眉头之间可以放下一只眼睛。如果你不懂得这个原则，使眉头超出了内眼角，两眉之间距离过短，人就会显得压抑、苦闷。

眼妆——点缀迷人双眸

哈佛大学女性气质培训课指出，眼睛是最传神的部位，眼妆需要女人用心去描画。所以，首先要对照镜子设计好化妆的方案，并根据时间、场合、服饰来确定化什么样的眼妆。

1. 描眼线

描眼线时，最好把手肘靠在桌面上，小手指可以轻轻依附脸颊，先画下眼线，一手持镜，一手将眼线笔先从眼线的外眼角由粗而细地缓缓向内眼角移动。画好下眼线，再画上眼线。上眼线可先从中间向外眼角画一条垂线，然后再从中部向内眼画一条细线。上眼线应粗些、深些，而下眼线应细些、浅些。

如果使用眼线液，可用一支细小的刷子，眼睛向下看，用一只手将上眼皮拉紧，另一只手紧贴着睫毛处画一条细线，从内眼角至外眼角，一般无须延长。

不同眼型眼线的画法：

（1）丹凤眼。上眼皮的眼角部分要画得较宽些，下眼皮只画眼尾就可以，且要离上眼线远些。

（2）小眼睛。画眼线时，将上、下眼皮都画上眼线，要画得宽而长，而且两条线不要连到一起，这样小眼睛就会显得大些。

（3）大眼睛。画眼线时，只画眼尾处就可以弥补眼睛大而无神的缺陷。

（4）单眼皮。画眼线时要粗一些，眼线由眼头稍外侧画起，到眼角时眼线向上翘，这样可使眼睛显得大而有神。

（5）双眼皮。画眼线时，在上眼皮的双眼皮褶皱处涂画上灰色或黑色眼线，浓一点，下眼线则细一点、淡一点。

（6）下垂眼。画眼线时，将上眼皮的眼尾画得粗且上翘，下眼皮只画眼角就可以，且要距离上眼线远些。

2. 涂眼影

棕色眼影容易与肤色协调，并且显得大方自然；紫色眼影令人有神秘感，可增添眼睛的妩媚；紫色与黄色眼影令人感到华丽；黄绿与灰色眼影富有青春气息；蓝色与绿色眼影有冷艳感，比较适合于成熟的女性；淡红色眼影可以强调眼睛的明净和可爱；金黄色眼影有甜美感，比较适合于年轻的女孩子。

涂眼影，如用粉末状的眼影粉，可以用海绵刷头涂抹；如用油性的眼影膏，那么可以用自己的指尖、指腹及化妆笔抹上去。在日常生活中，涂眼影要

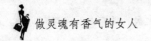

掌握以下基本技巧：

（1）从靠近睫毛处开始刷深色眼影，越向上越淡，可以给人以清爽、自然的感觉。

（2）眼头处眼影颜色较浅，越向眼尾越深，并微微拉出上翘，可以让女人显得神秘成熟。

（3）眼头、眼尾色深，中央搽上较浅的颜色，可以使眼睛看起来较圆，散发出华丽的韵味。

3. 打睫毛膏

睫毛膏大致可分为防水配方、自然色泽配方和纤维配方三种。防水睫毛膏效果最持久，自然睫毛膏颜色柔和，纤维睫毛膏能增加睫毛的粗浓感。

打睫毛膏可根据自己睫毛的特点按步骤进行。

（1）睫毛浓密。对于拥有浓密睫毛的你，只需一些简单的技巧就可以锦上添花了。

可采用如下步骤进行：

①用蜜粉轻轻刷在睫毛上，突出睫毛的浓密；

②从上睫毛刷起，用 Z 字形的刷牙方式将睫毛膏刷在睫毛的根部，再由上往下地将睫毛刷翘；

③用睫毛刷的尖端刷下睫毛，即可使眼睛变大；

④等第一层睫毛膏干了之后，再刷一层就可达到增加睫毛浓密的效果了。

（2）睫毛较稀。如果你的睫毛较为稀少，选择粘贴假睫毛的方法可以使你的睫毛显得浓密一些。

①颜色的选择。最适合亚洲女性的颜色是深棕色和黑色。粘贴这两个色系的假睫毛，可以使假睫毛和自己本身的睫毛糅合在一起时显得很自然。

②改造假睫毛。刚买回来的睫毛虽然很漂亮却极不自然，一定要自己动手"修理"一下。将一条假睫毛剪成两半，贴在自己希望加强的部位，如外眼角、眼睑中央等位置。

③粘贴假睫毛。在假睫毛的边缘处涂上黏合胶，两端因容易脱落，所以黏

合胶要稍多一些。然后沿着自己的睫毛涂上一层睫毛胶。等到黏合胶快干时，用 5 秒钟把假睫毛弯一弯，使之变得柔软。然后沿睫毛根轻轻地按上假睫毛。用手按 10 秒钟，真假睫毛即可完全黏合。

总之，化妆时要把握好正确、准确、精致、和谐四大要素，这样才能成就女人美好的妆容，让女人的优雅气质更好地展现出来。

爱化妆的女人，懂得追求生活的美；会化妆的女人，懂得把握艺术的美。通常美好的妆容所表达的美，是可以超越本体的。那份与身体的和谐，那份洋溢于周身的风采和丰韵，那份内心世界精彩的描述和渴求，是需要女人用心去表现的。因此说，爱化妆，是一个女人积极生活的需要；会化妆，是一个女人智慧人生的体现。愿天下所有的气质女人都能拥有自己美好的智慧人生！

珍爱你的"面子"

【气质女人修炼锦囊】

"面子问题"对女人来说可是极为重要的事情。她们日复一日，不辞劳苦地在不足十寸的"土地上""辛勤劳作"。工作是如此紧张，颜面问题却不得不重视，费神又费心，所以清新、舒适、简单的化妆越来越受到现代女性的欢迎。

不同肤色的化妆技巧

1. 白皙皮肤

白皙的皮肤较黑皮肤更易显出瑕点，因此应用较浅色的遮瑕膏及粉底。将遮瑕膏分别点在眼睛、鼻周围部位及颧骨等部位，小心按摩眼睛周围的娇嫩肌肤；如果皮肤呈现出任何红色斑块，可改用有修改色调作用的修护粉底，用海绵把两者混合；在颧、面颊及前额点上粉底，涂抹后再扑上透明的干粉；眼部涂上亚褐色眼影，用柔和的古铜色胭脂扫擦颧部。

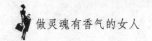

2. 深色皮肤

大部分深色皮肤有色斑，需要妥善处理。用比你的肤色浅两度的遮瑕膏，扫擦较深色或不均匀的部位；宜使用不含油脂的液体粉底，色调应该比你的肤色浅；轻轻扑上透明干粉。对于黝黑皮肤，你可能需要用有色干粉，可抹上紫丁香或粉红干粉，增加暖色的感觉；然后抹上黄褐色或古铜色胭脂；以灰色或深紫色眼影美化明眸。

3. 橄榄色皮肤

橄榄色皮肤看起来灰黄疲乏，因此带粉红色的粉底可以令人看上去更有精神。用遮瑕膏遮蔽瑕点，小心按摩；用湿海绵涂粉底。切勿漏掉耳朵部位，颧骨部分要看起来自然；用大毛刷施上紫丁香干粉，遍扫面及颈项各个部位；用干净的毛刷扫去多余干粉；用黑褐色或紫红色眼影，唇膏用玫瑰红色，令脸部明艳照人。

4. 雀斑脸

用浅色液体遮瑕膏遮掩阴影及瑕点，可将白色修护粉底液混合浅米色粉底，调成遮瑕膏，轻轻点在眼睛周围。小心按摩眼睛周围的皮肤。雀斑皮肤只需要少许干粉。如果面部的雀斑显著突出，可以采用化眼妆的方法来转移视线，把他人的注意力吸引到眼睛上。眼线要贴近眼睫毛，用灰色及褐色眼线笔，这样看来比较自然，切勿使用黑色，因为会与浅色的皮肤形成强烈的对比；涂上黑褐色睫毛液，再用软毛刷涂上浅褐色睫毛液，令眼睛看起来自然柔和；用玫瑰色唇膏掺杂玫瑰水，使朱唇保持湿润。要使妆容自然，可用海绵块轻轻抹去多余的颜色，最后在面颊上施上锈色胭脂，使之艳光四射，引来羡慕的目光。

选择适合自己的化妆品

化妆品具有多种美容护肤功能。它能使皮肤柔软，保持适度水分，还能杀灭皮肤表面的致病菌，能收敛、漂白、保护晒黑后的皮肤，是美容护肤的首选之物。

1. 洗面奶

洗面奶含有油脂，能有效地去除面部和手部的污垢，且不伤皮肤，是不可或缺的化妆品之一。如果手部和面部不需做特别的清洁，使用洗面奶是比较合适的。它能适应一般类型的皮肤，而且不论任何季节，一年四季均可使用。洗面奶的品种很多，有人参洗面奶、增白洗面奶、珍珠洗面奶、黄瓜洗面奶等。在选购时，应根据自己的皮肤性质，挑选合适的洗面奶。

2. 乳液

乳液是一种具有流动性的乳化体。其特点是渗透性较强，易被皮肤吸收。乳液的性质介于膏霜和化妆水之间。由于不受年龄、季节的影响，在身体任何部位都能使用，所以深受女性的欢迎。

乳液化妆品名目繁多，有各种奶液、润肤蜜、营养蜜、杏仁蜜、柠檬蜜、西林蜜等。乳液采用和膏霜几乎相同的油分，含量比例占制剂的 5% ~ 15%。这些油分在水中乳化、分散即成乳液。用后感觉舒适，与皮肤的亲和性强。

乳液根据其油性分类，有以脂肪酸为主体的弱油性乳液和以高碳醇为主体的相当于中性膏霜的中性乳液，以及相当于油性膏霜的油性乳液。根据其用途分类，有脱污除垢的清洁乳液、营养乳液、手用乳液等。洗面奶即清洁乳液，它能溶解油污，去除皮屑、异物、灰尘等。奶液不刺激皮肤，用后皮肤润滑、清爽、光洁，还可留下一层脂膜以滋润保护皮肤。有的制剂还添加多种氨基酸等营养品，有抗衰、防皱、增白之效。

3. 化妆水

化妆水根据使用的目的不同可分为以下几种类型：

（1）收敛性化妆水。收敛性化妆水，也称收敛洗液、爽肤水。它是一种将皮肤蛋白质轻微凝固，对皮肤有收敛、绷紧作用的液体。

（2）柔软性化妆水。柔软性化妆水是一种能补充皮肤的水分和油分，使皮肤柔软细腻，保持光滑湿润的透明液体。

（3）双层化妆水。双层化妆水是一种介于透明化妆水和乳液之间的中间制品，上层为油分，下层为水分，双层界限分明，使用时必须振荡，使双层混合

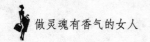

后方可使用。

（4）祛臭化妆水。祛臭化妆水又称祛臭洗液，是防止体臭、腋臭和汗臭的专用化妆水。

（5）防粉刺化妆水。防粉刺化妆水就是一种专门用于防治粉刺和青春痘的透明化妆水。

（6）碱性化妆水。碱性化妆水又称去垢化妆水、润肤化妆水，是为了除去附着于皮肤上的污垢和皮肤分泌的脂肪，清洁皮肤而使用的化妆水。

4. 粉底霜

对粉底霜的选择要与皮肤的类型相反。干性皮肤要用湿润型的雪状粉底，油性皮肤要用乳剂型或香粉状粉底霜。

粉底霜必须有一定的遮盖能力，使人搽后既调整了肤色，又能掩盖面部瑕疵。

使用粉底霜还应注意自己的年龄、皮肤的性质及季节的变化。年龄大的、干性皮肤、冬季适合用湿润型雪花状粉底霜，而年龄小的、油性皮肤、夏季适合用清爽型的香粉状粉底霜。

还要注意自己的脸型，脸型胖的要选择一种比自己肤色暗一点的粉底霜，让脸收敛一点；脸瘦小的可选用比自己肤色浅一点的粉底霜，让脸显得宽大一点。

5. 粉底用品

粉底是在乳膏或乳液中掺和香粉的化妆品，常用于化妆时打底色，主要成分是油脂、水分和色粉等。油脂和水分是皮肤必不可少的基本成分，它可以使皮肤滋润、柔软，并富有弹性。色粉决定粉底的颜色，它能够掩盖皮肤上的瑕疵，调整皮肤的色调，使皮肤的质感更加光泽润滑。粉底按其剂型，大致分为4种：

（1）粉底饼。白粉含量80%～90%，是一种用湿润海绵进行化妆的制品。黏着力强，即使流汗也不脱落，又不黏腻，主要成分接近于粉底条。

使用时要选用和肤色接近的粉底霜，否则会像戴一个假面具似的不自然。

涂敷粉底时涂抹要均匀，不能引起皮肤过分的干燥。

（2）粉底条。白粉含量约50％，将油性膏状白粉制成条状。携带时盛于方便容器中，可随时备用。这种粉底含有多种成分，如二氧化钛、高岭土、滑石粉、氧化锌等，能遮挡紫外线，有防晒的作用，因而有利于防治浅色雀斑、色素痣等。

（3）粉底膏霜。白粉含量30％～50％，主要分为两种：

①膏状白粉：将白粉分散于霜剂（雪花膏）或中性膏霜中制成。黏着性及伸展性都好，使用时会很舒适。

②油性膏状白粉：将覆盖力强的粉末分散于无油性膏霜（非乳性膏霜）中制成。其延展性和黏着性均佳，不易被汗冲掉。舞台用的油彩即属此类。这一类制品经改良后还可用于掩盖伤痕和色斑。

（4）粉底化妆水。白粉含量10％～20％，多将白粉分散于乳液状产品中制成。优点是使用方便，感觉舒适，不油腻，适宜于快速简易化妆。由于是液态，黏着性好，不易散落。缺点是白粉易从乳液中分离。

化妆的"七忌"

化妆的目的是用人工的技巧来增加女性的天然美，完善的化妆效果是自然的，即难以在脸上找到化妆的痕迹。

女性要想迅速提高化妆的技巧，以下7点要特别注意：

1. 忌化妆品敷用过浓

化妆宜以最小的用量获得最好的效果。尤其是粉底、胭脂、眼膏之类，敷得不够，充其量显示不出风采，但太多的话，情形可能会很糟糕。

2. 忌补缀的化妆

如果终日不停地在脸上补粉，胭脂之上又加敷胭脂，脸上一定会出现不雅观的斑痕。首先鼻子就由于不断的油粉混合而致发黑。本来一开始就应细腻而完善地化妆，不需要太多的补修工作，要是逗留在外的时间很长，那就干脆洗脸再重新化妆。总之，补缀的化妆，毫无清新洁美之感，应尽量避免。

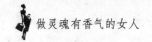

3. 忌残留粉迹

敷粉后没有留心善后工作，会在眉毛鬓边或衣领上都遗留着粉迹，也许自己未曾发觉，但在别人眼里，却有疏忽和不洁的印象。

4. 忌忙乱草率

匆忙草率的人在赴约前临事慌张、草率零乱，结果打扮一定不会完美。化妆要避免忙乱，首先自己的生活用品，包括化妆品、衣着、鞋袜、首饰及一切配件，必须分类整齐有序地放在固定的位置，并预先保持清洁与完好，这样无形中便可节省许多时间，不会乱七八糟了。

5. 忌不均匀、不细腻的敷用

这主要是由于化妆手法不够熟练所致，即使化妆品选对了也无济于事。试想，若颈部与面部之间显出粉末的界限，或者两颊各有一块圆形的脂肪，眉毛像两根黑炭，还有什么美感可言？这种情况的出现，可能是因为镜子光线不足。所以，一定注意梳妆台的光线，以免劳而无功。

6. 忌不完善的唇膏和指甲油

涂浅淡的唇膏，或是不涂都没有关系，最难看的是饮食之后颜色退落，只剩下边沿一圈，或加涂后显得不整齐、不均匀，会严重破坏面部化妆的效果，剥落斑驳的指甲油也一样要不得。

7. 忌不和谐的颜色和不协调的配合

化妆品是用于辅助人的天然本色，并非与之争妍。只要明白这个道理，就会知道如何依照自己的肤色和服装以及环境来选择妆容，切忌怪异和造作的色调，它们不但使人难看，还会降低人的身份。

卸妆用品的选择须慎重

要化妆就必然要卸妆，如果不卸妆就休息，化妆品就会使脸部毛孔堵塞，妨碍皮肤呼吸，日久天长，就会使皮肤粗糙或出现色斑。但同样是卸妆用品，其质地和适用人群却各不相同。大致分为以下几类，女性可根据自己的皮肤特点和喜好进行选择。

1. 卸妆液

不含油分，根据配方的不同分为弱清洁和强力清洁两大类。前者用来卸淡妆，使用后感觉十分清爽；后者适合卸浓妆，但容易使肌肤干燥，所以干燥肌肤不宜长期使用，油性肌肤则适合选用。

2. 卸妆乳

乳状质地，使用后很容易用化妆棉或水清理干净，适合中度化妆或者特殊情况临时使用。水油平衡的卸妆乳液很适合中干性肌肤，油性成分可以洗去污垢，水性成分可以留住肌肤的滋润成分，它在卸妆的同时有很好的抗老化功能，其成分完全被乳化，不会对肌肤造成负担。

3. 卸妆油

是最容易卸除彩妆的产品，针对含油脂的化妆品，混水使用后，只需以水清洗便可彻底卸除面上彩妆。

卸妆油的基本成分为矿物油、合成脂或植物油，除了可将化妆品溶解外，还能深层清洁毛孔，浓妆最为合适。其中，植物油最安全，亲肤性好，不会造成过敏、刺激。矿物油在使用上较油腻，卸妆效果不如植物油。合成脂有时会导致面疱和粉刺，或是其他的刺激反应。

4. 卸妆棉布

是集卸妆、洁面、促进血液循环及滋润多种功能于一体的卸妆产品，使用起来非常方便，适合外出公干或旅游时使用。其温和的性质在洁面的同时，还可令肌肤享受按摩的感觉。不过很多卸妆棉布都具有清除角质的功效，所以敏感皮肤最好不要早晚使用，隔天使用即可。

5. 专用卸妆产品

如眼部、唇部或睫毛卸妆用品，因为眼部的肌肤非常脆弱，容易引起刺激过敏，所以应选择专门为这些部位而设计的质地温和的卸妆产品，还要配合最温柔的卸妆方法，才不会对眼周皮肤造成伤害。双唇的皮肤也格外娇嫩，容易引起刺激或过敏，一般眼部卸妆品也可用于唇部。

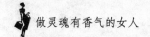

卸妆的方法与技巧

卸妆的目的是净肤护肤。具体卸妆步骤要按所用化妆品种类和施行何种化妆术（浓妆、淡妆等）而定。下面为你介绍一般情况下的卸妆方法和技巧：

（1）用眼妆卸妆剂涂抹假睫毛，然后揭去。揭时动作要轻巧，如假睫毛黏得较牢，可用酒精棉球拭掉黏胶再揭，千万不要生拉硬扯，以免造成伤害。

（2）用棉棍蘸一点卸妆水，擦去眉眼周围及睫毛处的化妆品。

（3）用化妆棉擦去口红，再抹适量橄榄油或其他植物油。也可以使用唇部专用的清洁乳液或清洁霜，放在化妆棉上，即可温和地卸除口红。

（4）用油质雪花膏涂抹额、颊、鼻和下巴。

（5）用软纸擦净面额，再用香皂洗脸，还可用洗面奶或净面霜。洗脸时，忌用毛巾用力擦脸，应先把香皂打在手上，轻轻搓擦面部，再用温水冲洗。若用卸妆油或净面霜，则先将油或霜置于双掌上，以指尖在脸上各部位做螺旋式揉搓，使原有的化妆品与油霜混合，再用棉花擦掉。最后以温水冲洗面、颈部。

（6）用化妆水润湿棉花，轻擦脸部，再涂适量雪花膏。

（7）涂乳液（面奶）或营养护肤等霜类制品护肤。

以上7个步骤，1~5步是卸妆和净肤，6~7步则是护肤。卸妆一般每天1次。天气炎热时可酌量增加次数。

∽ 掌握化妆品的使用诀窍 ∽

【气质女人修炼锦囊】

使用化妆品的时候，越少就意味着越好。就像下面这句话所说的：化妆品的总量上要少一些，要多花一些时间合理地使用这些化妆品。

化妆的目的是要使你的皮肤色调均匀，将容貌中最靓丽的部分突现出来。这就是说没有一个人需要成为最新化妆品时尚的奴隶。如果你一直梦想着学会如何使用化妆品，那么哈佛大学女性气质培训课提出的以下几条原则是你必须遵守的。

1. 粉底

使用粉底时不能犯最基本的错误：在手上试粉底的效果。要知道一种颜色是否适合你，一定要在下巴或者脸上测试。涂上粉底后在自然光下面看看是什么效果，适合你皮肤的化妆品的颜色应该是那种会在你皮肤上消失的颜色。

2. 遮瑕膏

这是女孩子最好的化妆品，但只有使用恰当才有好的效果。与大众流行观点相反的是：遮瑕膏应该总是在粉底之后使用，这样遮瑕膏就不会被抹掉。并且，即使是使用较浅颜色的遮瑕膏，这种颜色也应该与你的整体容貌相互协调。如果想遮住黑眼圈，以黄色为基调的遮瑕膏最为合适。

3. 涂粉

涂粉不是为了掩饰脸上的不足，而是固定粉底，吸收多余的皮肤油脂。一定要用涂粉专用的刷子涂粉，但不要涂得过多，否则你看起来会"太粉了"。

4. 睫毛和眉毛

你的眉毛可以与眼睛相得益彰，以突出眼睛的魅力，选择专业帮助会大有裨益。如果不想寻求专业帮助，那就用镊子把眉毛下面凌乱的细毛拔掉，然后用凡士林把剩下的眉毛顺平。专业美化睫毛的时候，在使用睫毛油之前要先卷睫毛，这样会让睫毛看起来更丰满，然后在上面的睫毛上涂上颜色，要从睫毛根往外涂，下面的睫毛就不用涂了（这样看起来更自然）。

5. 眼影

眼影使用错误是常见的现象，因为人们总是忘记，使用眼影的目的是使眼睛更好看，而不是让别人去看你的眼影。提示一：眼影的颜色要与其他化妆品的颜色属于同一色系。提示二：要使眼睛看起来更大，就使用浅颜色的眼影。但是，如果你的眼睛已经够大了，那就应该使用柔和的较深的颜色。首先在眼

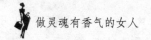

睛周围抹上粉底霜涂上粉，这样能防止使用眼影时必然产生皱纹。

6. 嘴唇

丰满性感的嘴唇是调情时的一大撒手锏，所以知道怎样充分利用嘴唇会对你大有裨益。首先是要使嘴唇圆润丰满。打底的一层光亮的物质可以避免嘴唇过干，特别是当你选择淡色（没有光泽）时。选择颜色时不要受时尚影响，暗颜色会使嘴唇看起来变薄，但是为皮肤选择太浅的颜色又会使不同化妆品发生冲突。

呵护女性肌肤的妙方

【气质女人修炼锦囊】

任何一个女人都希望自己拥有平滑、细腻、鲜艳、娇嫩、光洁而富有弹性的肌肤，在视觉上向别人传递一种美好、新鲜、健康的感觉，同时也为自己营造一种愉快的心情。

如果要问，在金钱、成就、知识、文化、荣誉等诸多方面，女性最关心的是什么？那么，毫无疑问，一定是美丽。

然而，在美丽的细节中，女性最注重什么？

每个女人都会毫不犹豫地说，她们最关心的是肌肤保养的问题。

但是，事物的发展是不会以个人意志为转移的。尽管女人千方百计地想留住青春岁月，拥有不老的年华，但无奈的是，自然规律是不可改变的。随着女性年龄的增长，皮肤就会走下坡路，一些不讨人喜欢的色斑、皱纹将毫无声息而又万分执着地爬上那经过岁月洗礼的皮肤。

如果你不想过早地失去青春，不想衰老得那么快，那么，就要想一些办法来保持你的青春——这就是肌肤护理的意义所在。

张爱玲说过："出名要趁早。"套用这句话，女人的肌肤护理也要趁早。

要想护理好皮肤，首先要清楚自己的皮肤到底属于哪种类型。

1. 先要了解自己的皮肤类型

如果你对自己的皮肤情况一无所知的话，还是先停下来了解一下自己再继续美容吧。否则，用错了化妆品，非但不会起到美容的效果，还可能使脸上出现色斑或小痘痘。在选择护肤品时，了解自己的皮肤类型很重要。

（1）中性皮肤：皮肤毛孔不太明显，皮肤细腻平滑，富有弹性；晨起时察看皮肤油脂光泽隐现，化妆后近中午时刻出现油亮，面部 T 形区（额头、鼻子及下巴）有油腻；洗发四五天后头发会轻微黏起，并易随季节变化，天冷变干，天热变为油性。如果是这样，你就是中性皮肤。

（2）干性皮肤：皮肤毛孔看不清楚，皮肤无光泽，表皮薄而脆，细碎皱纹多，晨起面部无油脂光泽，化妆后长时间不见油光；洗发一周后，头发既不黏腻也无光泽；耳垢为干性；用手抚摸皮肤感觉粗糙。如果是这样，你就是干性皮肤。

（3）油性皮肤：皮肤毛孔十分明显，大多时间油腻光亮，早晨起来面部油光浮现，而且需要用香皂才易洗清；面部易生粉刺、暗疮，化妆后不超过两小时就面部油腻；洗发后第二天就有黏着现象；耳垢为油性。这种情况你一定归为油性皮肤了。

2. 购买适合自己皮肤性质的化妆品

清洁面部后都要顺手涂一些护肤品。微酸性雪花膏能中和香皂残留在脸上的碱性物质，对一般人都适用。乳液类护肤品涂抹后紧贴皮肤而无油腻感，蜜粉有增白、收敛和减少溢脂的作用，这些适合油性皮肤者搽用。冷霜类是油性护肤用品，干性皮肤者使用最为合适。

3. 学会正确清洁肌肤

洁肤不是随随便便用毛巾抹一把脸，这样的清洁方式不仅对皮肤无益，甚至还是有害的。正确的清洁方式能使皮肤处于尽可能无污染和无侵害的状态中，为进一步护肤提供良好的生理条件。

洁肤主要有三个方面的含义：一是要清除掉附着在皮肤上的污垢、尘埃、

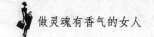

细菌等；二是要清除掉人体分泌的油污、汗液和老化的角质细胞；三是要彻底清除掉皮肤上残留的化妆品。

可采用清水冲洗，也可以在脸盆中倒入开水，俯首向盆，持续几分钟，让水蒸气熏蒸面部，使皮肤毛孔舒缓张开；再以清洁剂抹在脸上，并轻轻按摩；然后再用温水洗脸，并涂以保湿润肤的护肤品。适当做一下面部按摩、软膜敷面护肤，一则可促进皮肤的血液循环，二则也可进一步清除面部的污垢，保持毛孔舒畅和肌肤的光洁。

在这些皮肤护理中，防晒是重要的抗衰老的方法。因为阳光中的紫外线会令皮肤产生酵素，分解皮肤中的骨胶原、弹性蛋白，令皮肤出现皱纹。而阳光直射会促使黑色素活跃，导致黑斑、雀斑，从而使肌肤过早衰老。

1. 如何选择防晒护肤品

在选择防晒护肤品时，必须了解其防晒性能。

防晒化妆品的防晒性能，在产品标志上一般用 SPF 和 PA 来表示。SPF 是 Sun Protection Factor 的英文缩写，表明防晒用品防止 UVB 侵害的防晒效果数值，是根据皮肤的最低红斑剂量来确定的。

假设某人皮肤的最低红斑剂量有 15 分钟，那么使用 SPF 为 4 的防晒霜后，即可在阳光下逗留 4 倍时间，即 60 分钟，皮肤才会呈现微红。若选用 SPF 为 8 的防晒霜，则可在太阳下逗留 8 倍时间，即 120 分钟。

对于只在上下班的路上才接触阳光的上班族，选择 SPF 值在 15 以下的防晒品即可，且以面部防晒为主。在旅游、游泳时，人的肌肤长时间裸露在阳光下，防晒品的 SPF 值要在 30 以上。而且，游泳时最好选用防水的防晒护肤品。

此外，肤色白皙者最好选用 SPF 超过 30 的防晒品，以防斑点的产生。

PA 则是 1996 年日本化妆品工业联合会公布的"UVA 防止效果测定法标准"，是目前日系商品中被最广泛采用的标准，防御效果被区分为三级，即 PA+、PA++、PA+++，PA+ 表示有效，PA++ 表示相当有效，PA+++ 表示非常有效。

了解了防晒护肤品的防晒性能后，还应考虑自己的肤色、所处的环境等因素。对以前没有用过的产品，应先将其涂于耳后，观察 48 小时，无不良反应后再使用。

最后，看产品的卫生指标、安全性等步骤也是必不可少的。

2. 如何防晒

防晒品的正确使用方法是在出门前的半小时至 1 小时先行涂抹，就算不出门，在家也同样会受到紫外线的关照，所以每天早上一洗完脸，就应该擦上防晒霜。涂防晒霜时，不要忽略了脖子、下巴、耳际等位置，因为年龄往往最容易在这些地方展露无遗。

防晒除了涂抹防晒油、防晒乳液外，还应该准备太阳眼镜、防晒护唇膏以及防晒的衣物，每天早上 10 点到下午 2 点的紫外线最强，这段时间尽量避免让自己被太阳晒到。

即使阴天或下雨天也有高达 80% 的紫外线，皮肤在不知不觉中加速了老化的进程，所以这个时候的防晒抗衰工作更应注意。

另外，日常生活中的一些习以为常的小动作，不但无法保护皮肤，甚至还会破坏肤质，女性朋友们必须要避免：

（1）拔眉。采用拔眉的方式修整眉毛，会让眉毛显得更呆板，新长的眉毛会更加杂乱无章，反而破坏了原有的美感，甚至还会引起皮肤发炎。

（2）化妆品随便买。脸部的皮肤非常细嫩，而化妆品中的刺激性物质与酒精会破坏皮肤细胞组织，所以在购买化妆品时，尽量不要买含这类成分的化妆品。

（3）痘痘脸也擦保养品。长痘的皮肤，有很高的含脂量，如果再进行皮肤保养，只会恶化症状。所以，皮肤如果出现发炎生痘的状况，要注意避开这些部位。在健康的部位使用保养品。

（4）香水擦面部。香水一定要正确使用，绝对不能擦在外露的皮肤上，它会对皮肤产生刺激作用，加速皮肤的衰老。有些香水经紫外线照射会发生化学变化，引起皮肤发炎。所以香水用量宜少，而且应该用在能被衣物遮挡处。

（5）随便按摩脸。脸部按摩有一定的步骤，如果按摩不当，就会破坏皮肤

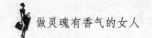

底层的脆弱组织，不但无法美容，还会起到相反的作用。

（6）洗脸水过热。用热水洗脸会使毛细孔张开，如果再使用含去角质成分的清洁用品，就会使皮肤的毛细孔与细胞受到破坏。所以要保护好皮肤，不管在什么季节，都应该以温水、冷水交替洗脸。

（7）使用含可可油的化妆品。皮肤松弛是由于体重迅速增加、超过皮肤弹性限度而造成的，使用含可可油的化妆品对防止皮肤松弛并没有太大的帮助。

（8）眼周不用保养品。眼睛周围的皮肤是脸部肌肤最脆弱的一部分，也是最需要养分滋润的地方。若是眼睛周围不使用保养品，会使眼部皮肤干燥，出现皱纹。所以要选用适宜的眼霜或护眼产品，轻抹在眼睛的周围。

（9）皮肤呼吸不顺畅。健康的皮肤不会有呼吸是否顺畅的问题，所以日常的皮肤清洁工作非常重要。皮肤的毛孔堵塞通常是因为使用不合适的化妆品引起的。如果清洁不彻底，必会出现皮肤问题。

（10）吃饭时偏嚼。如果吃东西时只用一边咀嚼，会造成一边肌肉发达而另一边肌肉萎缩的现象，甚至有可能形成歪脸。若是因为牙齿的原因而单边咀嚼，应及时请牙医治疗。

（11）汗毛粗密的人应多修剪。如果女性身上的汗毛过于浓密，会影响外观上的美感。有些人认为，汗毛越剃长得越密越粗。其实，剃毛不会改变汗毛的结构，但是过长则会给人留下不舒服的感觉。

以上是皮肤日常护理方面需注意的问题，下面再向女性朋友们推荐几种护肤养颜的方法。

饮食养颜

1. 方法要正确

（1）正确地进餐。假如两组人每日进食一顿同样的食品，一组是早晨7点钟进食，另一组在晚上5点钟进食，结果前一组人体重普遍下降，后一组人体重明显上升。这就说明：早餐可以适当多吃，而晚餐一定要少吃。

（2）吃健康的食物。吃健康的食物比定时做健康的运动应该更容易坚持，效果也更明显。因此，作为女性，要从现在开始关心自己所食用的食品是否有益健康，目的就是要减少罹患癌症和心脏病的危险性，而不是单纯为了减轻体重和美容。

（3）一日多餐。一日多次进餐可使血清胆固醇维持较低水平。但目前多数女性一日三餐热量的70%集中在晚餐，这样自然会使血脂增高。晚上睡觉时，血流量明显降低，大量血脂容易沉积在血管壁上，造成血管硬化。一日多餐则会使这种情况得到改善。

2. 根据自己的皮肤类型选择合适的食物

（1）油性皮肤。宜选用碳水化合物食物及富含维生素的新鲜蔬菜和水果。不宜吃含脂肪量高的食品、油炸食品及奶酪类食品。

（2）干性皮肤。宜选用含脂肪高的食物及富含维生素E的食品，不宜吃有刺激性的食品。另外，要多喝水。

（3）有色素沉积的皮肤。宜多吃富含维生素C的食物，如蔬菜、水果、海带等。要少吃酸性食物，如蚕豆、面包、火腿、油炸品、花生、乳酪、啤酒等，要尽量避免刺激性食物。

（4）有皮脂溢出和痤疮的人。多吃绿色蔬菜、水果；多吃碱性食物，如豆腐、豆荚、豌豆、红薯、洋葱、黄瓜、香菇、牛奶、紫菜、海带等。要少饮酒；要控制动物性蛋白和动物性脂肪的摄入量；要禁食巧克力、奶油、冰激凌等。

（5）皮肤粗糙者。宜吃富含维生素A和维生素B2的食物，如动物肝脏、蛋黄、牛奶、蔬菜、豆类、贝类、芋头、黄瓜等。

3. 水果的妙用

每天摄取适量的水果，不但可以让你的肌肤晶莹剔透，还有益于身体其他器官。

草莓：富含维生素C，可防止伤风、牙龈出血、便秘、动脉硬化等。

杏：富含维生素A，可预防癌症、消除疲劳。

香蕉：补充体力，防止便秘、高血压等。

木瓜：帮助消化、防止便秘。

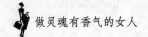

枇杷：预防感冒、便秘、动脉硬化，消除疲劳等。

苹果：整肠作用、利尿、消除疲劳。

柠檬：预防感冒，消除疲劳。

猕猴桃：预防雀斑黑斑、防止伤风、帮助消化等。

葡萄柚：富含维生素 C，有消除疲劳的作用。

排毒养颜

1. 排毒、护肤两不误

不让肌肤受到毒素伤害最普通的方法就是选择合适的护肤品。宜选择护肤品中含有能使皮肤中的蛋白质和脂质免受污染的物质——抗氧化物。

银杏提取物具有很好的抗氧化作用。绿茶、葡萄籽、维生素 E 和 B 族维生素、胡萝卜素等一系列活性植物的提取物也是很好的抗氧化成分，许多化妆品中都加入了这类物质。另外，椴花、人参、玉米、藻类等也是很好的抗氧化物，在选择时不妨多考虑含这些物质的护肤品。

2. 洗脸排毒

先用温水洗脸，接下来用冷水冲 30 秒，再用温水洗，再用冷水冲，冷热交替的洗脸法，能够促进血液循环，也是促进排毒的小诀窍。

3. 沐浴排毒

目前，浴盐的种类和功能越来越多，不同的浴盐散发着不同的"味道"，不同颜色的浴盐具有不同的功能，如舒缓疲劳、松弛神经、安抚情绪，等等。缺水紧绷的肌肤经过 20 分钟的浸泡后，就会变得清澈透明。

4. 精油排毒

精油可以帮助身体排除毒素。不论是擦的精油还是闻的精油，都可以促进体内毒素的代谢，让身心得到净化。

干性肌肤适合使用玫瑰精油；油性肌肤适合使用茶树、柠檬、鼠尾草精油；敏感性的肌肤则适合使用甘菊及矢车菊等精油。使用精油可以采用吸闻、按摩或者是沐浴的方法。

5. 淋巴引流排毒

淋巴引流一般是美容院的服务项目，但如果掌握了手法，完全可以自己在家做。这种排毒方法要以淋巴较多的腋下、锁骨、脸部与耳际交界处为重点。排毒必须深而缓慢，先从鼻翼两侧缓而深地按摩，一直到耳际，最后再由额头沿着脸侧慢慢到锁骨，完成脸部的排毒。

需要注意的是，排毒时要顺着皮肤的纹理按压，一周可进行三次。每次清洁面部后，拍上化妆水和排毒产品后再进行，切忌不涂任何滋润的产品就做按压，以免给皮肤带来伤害。

6. 运动排毒

运动时的大量出汗，会让身体内的毒素随着汗液排出体外，从而达到排毒的目的。但要注意及时补充水分。

7. 饮食排毒

菌类植物、新鲜果汁、生鲜蔬菜、豆类等食物都具有排毒功效，不妨平日里多吃一些。另外，每天的8杯水必不可少，再加上多吃含膳食纤维多的食物，那么饮食排毒就轻轻松松做到了。

8. 心情排毒

心情的好坏对皮肤的影响最大，伤心、恐惧、烦闷等的不良情绪打乱了平和的心境，令身体的内分泌失调，而让皮肤充当了心情的"晴雨表"。好心情是最好的护肤品，所以要努力使自己保持好心情。

9. 睡眠排毒

睡眠时，当身体的其他器官处于休眠状态时，皮肤却在进行全速的细胞分裂，这时皮肤的恢复功能达到了顶点。如果没有充足的睡眠，皮肤就得不到全面的放松，细胞再生的能量无法得到恢复，也就无法拥有健康完美的皮肤了。

自燃香薰护肤

香薰护肤在欧洲已有悠久的历史，被认为是一种可让精神放松、令皮肤细腻光滑、重现青春活力的自然美容健康疗法。美容中心提供的香薰疗法一般都

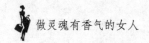

比较昂贵，其实自己可以到专门的香薰专卖店，买一些品质不错的精油，在家兑水后点燃香薰炉，让精油的精华通过鼻腔进入身体，给人以身心愉悦、肌肤柔美感，但一定要注意明火的安全性。好的香薰精油都是天然花草制品，不同的材料有不同的功效，可咨询香薰技师意见或按功效自行判断挑选。

电脑女人的养颜术

多数职业女性的工作都离不开电脑，这会引起许多身体上的问题，比如皮肤干燥、双目红肿、腰酸背痛等。当这些情况出现时，就表示身体已经超过负荷了。这时候就应该关掉电脑，好好地做一些保养身体和皮肤的工作。

1. 脸部防护

面对电脑显示器就不可避免地要受到电磁的辐射。因为显示器的辐射会带静电，容易吸引灰尘，长时间面对显示器，容易造成脸上的斑点与皱纹的出现。所以在使用电脑前，一定要先涂上一层护肤乳液，再抹上淡粉，以加强皮肤的抵抗力。

2. 清洁皮肤

离开电脑后第一件要做的事便是清洁皮肤，可用温水配合洁面液，彻底清洗脸部，将静电吸引的污垢洗去，再涂上温和的护肤品，可以减少电脑辐射的伤害，也能滋润皮肤。

3. 补充营养

可经常喝一些枸杞茶或胡萝卜汁，有养目、护肤的效果。一些碳酸饮料如可乐、雪碧等，会增加皮肤的酸性，应尽量少喝或不喝。

肉类、鱼类、奶制品有助于增强记忆力，而巧克力、干果能增强神经系统的协调性，若是体重许可的话，可作为电脑族的零食。

新鲜水果与绿色蔬菜中含有丰富的 B 族维生素，而 B 族维生素对脑力工作者很有帮助。

4. 勤做运动

坐在电脑前的时间长了，不但会觉得腰酸背痛、手指僵硬、头晕，还会出现下肢水肿、静脉曲张等状况。平常只要多做些简单的伸展活动，就可以避免这些状况的发生。

例如，可以利用工作间隙伸伸懒腰，或仰靠在椅子上，双手用力向后伸，可以舒缓紧绷的腰肌，另外还可以做抖手指运动，放松一下手指。晚上睡前平躺于床上，全身放松，头仰放于床沿以下，能够提高脑部的供血与供氧。如果再垫高双足，可减轻双足的水肿，促进血液循环，避免下肢静脉曲张。这些动作运动量不大，不过却有很好的舒筋活血效果。

5. 保护眼睛

经常使用电脑，会对眼睛造成很大的伤害。最理想的措施便是控制使用电脑的时间，平常还可以使用滴眼液，在使用电脑前与完毕时使用。除此之外，用完电脑后可在双眼敷上新鲜的黄瓜片或冲泡过的茶叶包，闭目养神十分钟，既能舒缓眼睛的疲劳，又可以滋润眼部周围的皮肤。

只有认真做好以上几点，才能做个真正美丽的电脑女人。

加班女性的养颜绝招

由于工作繁忙，熬夜是免不了的，但熬夜对女人的皮肤伤害很大。那怎样才能减少伤害呢？

1. 熬夜前

如果你准备要熬夜了，就必须注意：

（1）先卸妆，清洁皮肤，这样既可避免残妆给肌肤造成负担，又可避免皮肤呼吸不畅而长出小痘痘。

（2）敷上面膜，面膜要以保湿成分为主。

（3）多喝温开水，给身体和肌肤同时补水。

2. 熬夜后

在通宵熬夜之后，要注意：

（1）不管熬夜到多晚，睡前或起床后一定要利用 5 ～ 10 分钟时间敷一下脸，最好使用保湿面膜来滋养缺水的肌肤。

（2）工作完以后利用冷、热水交替洗脸，刺激脸部血液循环。

（3）涂抹保养品时，先按摩脸部 5 分钟。

（4）保持愉快的心情，皮肤也会显得很健康。

3. 利用睡眠时间美容

（1）枕头对美容的作用也很大。使用缎面的枕头套，在晨起时脸上不会有皱纹，头发也不会乱。

（2）晚间休息时使用蓝色的灯泡，能使人放松心情、舒缓神经。精神好了，皮肤自然也会变得比较有光泽。

（3）油质或者有粉刺的皮肤，可以整夜使用有针对性的面膜，那将会有惊人的效果。

（4）睡前必须彻底清洁眼部的化妆品，然后涂抹上含精华素的眼霜，给眼睛补充足够的营养，这样第二天起床才不会变成"熊猫眼"。

（5）熬夜是最违反生物钟的做法，所以要在熬夜后给自己充足的补充睡眠的时间。补充睡眠时要制造一个适宜的环境，如戴上眼罩睡觉，等等，这样做对于睡眠质量的提升很有帮助。

·第三章·

优雅得体的服饰，穿出你的高贵气质

女人，看衣着，就能看出女人的品位。一个女人的内涵、韵味、气质、个性，甚至包括素质、心态等，在她的穿着打扮里，尽显无遗。女人的穿衣，能够代表女人的内心；女人的穿衣，能够说明女人的一切。

穿出你的气质来

【气质女人修炼锦囊】

要全面评价一个人的品位与涵养，外表虽然只是一个很小的方面，但往往是最直接的。女人的妆容、发型、服装乃至一只手表、一对耳环都直接折射出你对生活的要求和时尚的品位。它们就像一面忠实的镜子，将你的情趣、修养以及格调清清楚楚地映照出来。

真正优雅的女人，穿的衣服不刻意彰显颜色款式，不张扬夸张，却可以让人细细品味。她们永远不会拒绝享受流行所带来的乐趣，但又懂得在自己和流行之间保持一定距离。前卫是那些摇滚青年和未成年孩子的钟爱，而女人要懂得如何把衣服穿得舒服、熨帖、得体，穿出自己的气质品位。

哈佛大学女性气质培训课程指出，要使自己的衣服穿得有品位、有气质，

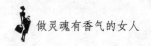

首先要考虑自己是哪种女人，根据自己的类型选择适合自己的服装。

1. 暖色型女人

一些传统的色彩并不适合你，它们会把你的那种自然色彩遮掩住。

应该选择大红而不是紫红色的服装。如果你的肤色较白，那么选择白色的服装会使你看上去特别漂亮。

如果你想突出身上的其他部分，那就不要穿黑色的裙子。

赤褐色或黄棕色的口红与你所有的服饰都相配。

你穿大红色的衣服，应使用赤红色的口红。

用咖啡色或浅草色的眼线笔勾出眼睛的外形会使你更具有吸引人的魅力。

当需要描眼影时，眼睑最适合金黄色，并用棕色眼线来突出这种化妆效果。

2. 冷色型女人

这种色型的女人不宜穿棕色、米色、土黄色和奶油色服装。穿和蓝色相近的服装将会使你的冷色彩看起来协调，而用紫红色、淡黄色和玫瑰红来衬托白色服装，将有损于你形象的严肃性。

色泽明亮的口红应该尽量避免使用，那会使你看起来比实际年龄大得多。口红的颜色至少应与你的眼睛的明亮度相符合。

3. 明亮型女人

这种色型的女人宜穿戴深浅颜色相同的或色彩单一的服装，如以天蓝色为基色与其他相对较灰暗的颜色匹配。

单一的较柔和的颜色对于其他人来说可能较合适，会产生一种温馨的感觉，但对于你却是最不雅致的。

因为你的服装多数仅限于强烈的中性色彩，所以要注意使用多种颜色搭配的服装来改善你的形象。如艳黄色的上衣将会削弱黑色服装给人带来的不舒服的感觉。

眼影和眼线的颜色应和你的眼睛的颜色搭配得当。

4. 深色型女人

深色型女人应配中性或深色的服饰，并用鲜艳的色彩来点缀。

像黑色配橄榄绿，天蓝配艳黄色，青绿色配黑色等。但不能穿淡色的服饰，那样会与你的肤色产生极大的反差，严重影响色彩的协调感，给人一种不健康的印象。

化妆的时候，一般使用半透明的黄色口红。

同时设法突出你的眼睛，通过眼线描出它的轮廓。

5. 淡色型女人

淡色型女人给人以一种精神的感觉。对于这种色型的女士，绿色是最佳颜色。

适合穿中性颜色的服饰，应避免穿黑色的服装。

如果一定要穿诸如海蓝色之类的深色的服装，那就一定要选择柔和一些的淡色与之相配。

如果你天生就喜欢色彩艳丽的服装，那一定不要太招摇了。

化妆时，应用一些有光泽且实用的暖色的口红，如橙色，而应尽量避免霜露色和珍珠色的口红。

眼影，则可以用暗褐色或灰色和整体相配合。

6. 柔和型女人

这种色型的女人往往呈现出一种文静柔和的印象，由于性格上的因素，很多颜色的服装都适合于她们。

鲜艳的服装能使她们看上去别有动人之处，但并不意味着她们就局限于其中。颜色强烈一些或与浅色相搭配的服装比较适合她们。如果周围的人都穿单一色调的服装，那也只有特别深或特别浅的颜色才会使你看上去漂亮些。如果你的肤色是冷色的，那就穿粉红色或棕色的服装。如果你的肤色是暖色调的，那么奶油色就更适合你。

穿衣服要想穿得有品位、有气质，还要根据自身特点来选择服装。

1. 充分考虑自己的身高和体型

（1）体型娇小的女性宜选用简洁流畅风格的服装，使身材显得修长。

①宜选用素色衣料，即使选用花布，也应以素雅小花为宜。

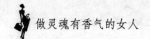

②全套服装，包括鞋袜全部同色或相近色，统一的颜色可增加视觉上的高度。

③宜选择 V 字领、方领等显露脖颈的领型，避免高领或太累赘的领型。

④宜穿长 T 恤式的衫裙，衫裙狭长不卡腰，裙摆上不要有印花图案，可使身材见长。

⑤造型简洁、狭长贴身的西裤可使腿部显长。

⑥颜色偏深的丝袜与文雅的高跟鞋会使双腿显得修长动人。

⑦在款式上，宜穿白色高跟鞋，选用与服装颜色对比强烈的面料做衣领，以便起到修长身材的作用。大裤筒的喇叭裤、衣肩过宽的上装都不合适。也不宜穿长裙或低腰类的裙、裤和笨重的鞋子，以免降低人们的视线，暴露出身材上的缺点。

（2）身材不高而丰满的女子，可利用衣着来创造高度。

①单一色可使身材有变高的感觉，选择同色的鞋袜效果更佳；直条、单襟都有增高的作用。

②宜选择深色的面料，不宜选用闪光发亮的鲜亮衣料或有大型图案的花色布和格子面料。

③应尽量选择式样简单的服装，避免一切横向扩展的线条，衣领可选择 V 形的，能使短颈显得稍长。

④可选择直身的上衫，可使你的身材产生增高的效果。

⑤穿瘦长、紧身的裤子如牛仔裤，也能使短腿增长。

⑥不宜穿下摆印花的裙子。

⑦避免质料硬的衣服，应选择柔软贴身的面料，它能使你身材看起来显得狭长。

2. 衣服的颜色要和肤色相协调

要根据自己的皮肤颜色来选择服装的色调，以求得互为映衬、浑然一体的效果。

（1）肤色白皙的女人：对服装色彩的要求不很严格，适应度较宽。

（2）肤色偏黄的女人：穿上粉红色或浅紫色的服装会使脸色增加亮度，呈现出生气勃勃的活力。

（3）肤色较深的女人：不宜穿黑色的服装，也不宜穿太鲜嫩的颜色；可选择咖啡色、茶色系列色彩，但肤色暗褐者不要穿这种颜色或其他色调浑浊的衣服。

（4）白色和海军蓝几乎可以适合各种肤色的人。

3. 衣服的颜色应和自己的性格协调

不同性格的人选择服装时应注意性格与色彩的协调：

（1）沉静内向的女人：宜选用素净清淡的颜色，以符合其文静、淡泊的心境；活泼好动的女人，特别是年轻姑娘，宜选择颜色鲜艳或对比强烈的服装，以体现青春的朝气。

（2）有时有意识地变换一下色彩也有扬长避短之效。如过分好动的女性，可借助蓝色调或茶色调的服饰，增添文静的气质；而性格内向、沉默寡言、不善社交的女性，可试穿粉色、浅色调的服装，以增加活泼、亲切的韵味，而明度太低的深色服装会加重其沉重与不可亲近之感。

4. 领型与自己的脸型应协调

（1）椭圆脸形：可选择所有式样的衣领。

（2）长脸形：不要选择 V 形领口或开得很低的领口，应选择水平领样，如一字领、方领、高领等，在视觉上有缩短脸部的作用。

（3）圆脸形：不宜选择大圆领、前阔后狭的领样，而应选择 V 字形领和方形开关领或尖形领样，能使脸型显长。

（4）方脸形：不宜选择方形或横形领，而应选择细长的尖领、小圆领或双翻领等，以增加柔和感。

（5）三角脸形：可选择 V 字形领或大敞领，以减少下颌的宽大感，增加上额的宽度感。

（6）尖脸形：宜选择能多遮盖住颈部的领样，以大翻领为最佳，还可选择秀气的小圆领或缀上漂亮花边的小翻领等，以使脸部看起来较为丰腴。

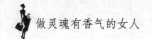

还要注意服装与饰物配件的搭配。讲究穿着的女性皆注重服饰的各种细节，尤其是各种"小件"的搭配。如皮带、围巾、帽子、包等，不仅实用，而且具有极强的装饰效果。搭配和谐得体不但能点缀衣服，更可突出个人的整体形象。

1. 皮带

皮带是个人服饰搭配最突出的一环，它主要用在各类裙、裤及风衣等服装款式上，起到装饰美化的作用。尤其是其显眼的扣环设计，最引人注目。所以皮带扣环的设计是非常重要的，设计越是简单得体，越能表现皮带独有的特色。

另一方面，我们还可以尝试选择不同风格的皮带及扣环。选购皮带时，要选择质地较好的皮带，作为形象搭配，这项投资是值得的。

2. 背心

背心虽然不是主装，但它却可以为主装增添色彩。如牛仔裤、T恤等便服，加上一件背心，可令形象更为活泼；西服搭配背心则显得大方得体。穿着质料不同的背心，可给人不同的观感。例如牛仔布代表活力、豪爽，丝质代表温文尔雅，可随个人喜好，选择适合的质料和款式。

3. 包袋

包袋是相当个性化的选择，如何搭配服饰亦因人而异。不同款式的包袋，可展示不同的生活节拍。在选择包袋时要注意包袋的容量，其耐用性和内里设计是否易于找寻物件等。虽然颜色鲜艳的包袋较为抢眼，但就实用价值而言，咖啡色和黑色是较受一般人欢迎的，也可选择较小的黑色皮包，适宜不同场合使用。对女性来说，包除了有实用价值，其装饰作用在近些年越来越重要。根据不同的季节、不同的款式、不同的服装色彩，甚至发型、耳环等，选配最为相宜的包，可以塑造出一个崭新的自我。总之，有时一只简简单单的小提包也会生出一份新感觉；一只造型别致的布挎包也会平生醒目的效果；甚至自己动手做的塑纸拎包也会使你增添一份随意，一份潇洒，一份自在。

4. 围巾

围巾也是服饰搭配的主要物品之一，它的点缀效果是颇为惊人的。围巾利于保暖，但也在实用的前提下发挥着装饰作用。围巾的面料大致分为棉质、毛质和丝质等几种，前两者多用于秋冬季，给人爽朗豪迈的感觉，能突出活泼的形象；至于丝巾则代表斯文和高贵，多用于春夏。围巾在使用过程中是人脸部、头部与上衣的中介体，所以围巾的选择应注意自己的肤色和服装的色调。一般情况下，围巾色彩的选择应该是明快的，花纹图案也应该是鲜亮分明的，搭配纯色的衣服尤为迷人。

5. 帽子

帽子是服饰搭配的主要物品之一，通常是在实用的前提下发挥其装饰作用的。比如夏季使用的遮阳草帽，其功能是抵挡阳光，但身穿短袖素色连衣裙的女人戴上它之后，便形成了富有乡野情趣的装饰效果，给人一种朴素、纯洁的美感。再如冬季使用的绒线帽、呢帽，其功能是御寒，但由于它的色彩丰富、跳跃，戴上后能冲淡冬季所固有的凝重气氛，为女人增添几分活力。

◇ 搭配衣服 ◇

【气质女人修炼锦囊】

搭配好衣服对展示女人的气质至关重要。

支起一张轻便的衣服台子，或者用个熨衣板来当衣服台子也行。把你能照见全身的穿衣镜放到房间里光线较好的地方。再说一遍：你必须有一面能够照见全身的穿衣镜。你需要看到自己的上上下下和前前后后，欣赏到你自己创造的美妙艺术。而站在椅子上照镜子或蹲在浴室里那面镜子的前面都是不可取的做法。由于我们是在搭配出全套的衣服，所以把你的那些配饰物品也都拿出来——围巾、腰带、鞋子、帽子、耳环、手镯和项链——然后把它们和衣服搭配起来。

从你的衣橱里拿出一条裤子或裙子。让我们先用深紫色的毛料裤子来做个

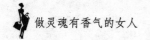

实验。

　　打开你的衣橱，看看有哪些上衣能配得上深紫色的裤子，然后把够资格的那些都拿出来。把它们摆在你的衣服台子上或者堆成一堆放到你的床上。先把那条深紫色的裤子穿上，然后一件一件地去试穿那些上衣，看看你穿哪一件最好看？你的时尚秘诀中有没有关于裤子和上衣的搭配呢？如果你的秘诀要求这类搭配必须是"活泼的"，那么就选一件显得活泼的上衣穿，比如也许是那件闪亮的橘黄色短衫。如果你的秘诀要求搭配得"成熟"一些，那么你或许想配一件深紫色的短衫。先不要急着否定哪件"候选"上衣，把它们全都试穿之后再决定也不迟啊。让自己大胆地去面对那一个个的惊喜吧！

　　一旦你最终选出了一件配得上的上衣，你就要开始考虑再搭配一件什么样的外套了，比如夹克、外套或运动衫。一件不同的外套必然会改变整套衣服的面貌，比如一件越野赛的皮夹克和一件带闪光饰物的开身羊毛衫就会给你带来两种完全不同的形象。一套衣服只要外套和另一套衣服搭配得不同，就算别的衣服穿得都一样，还是会给人带来截然不同的感觉。只要在内容上稍做变动，你就能展现出很多风格各不相同的形象。

　　现在你要为这套衣服去试穿几双鞋，注意你要穿什么样的袜子。然后再看看你的那些配饰，你要怎样来完成这套衣服的搭配呢？配饰真的会使一套衣服显得与众不同。那么你要戴什么样的耳环、项链和手镯呢？你是不是会加条围巾呢？你会配个什么样的手提包？也许你要在试几种不同的搭配之后才会发现最合适的那一套，当你找到令你心仪的搭配时心中便会为之一喜。

　　不要忘记还有内衣裤呢！有些裤子需要搭配上合适的内裤，否则就穿不出效果来！有的裙子需要"光滑的内衣"，就是那种里面带钢托儿的贴身内衣，它能突出身体光滑的曲线来。有些丝织上衣需要穿那种平滑的胸衣，这样才显得平整，而不会起褶皱（蕾丝款式的胸衣就会出现这样的情况）。现在就把这些需要注意的细节都用笔记下来，以免你穿这套衣服的时候会忘记。

　　也许你能搭配出一套样子不错的衣服来，它却和你的时尚词语对应不上，那么就再想想，看看你能不能搭配出一套符合那些词语的衣服。你记录下来的只能是这样的衣服：你喜欢看到自己穿在身上、迫不及待地想要穿上的衣服。因为这些是最适合现在这个你的衣服，它们会让你变得更加完美。

把有可能和那条裤子配上的每件"候选"上衣都试穿一遍，然后再去换另一条裤子。当你把每一件有可能配上那条深紫色裤子的上衣都试过之后，那么你的手头或许已经有12套和它搭配的衣服了——这当然比你能想象的还要多，而这种方法的好处就在于此。

你要把搭配好的每套衣服都用笔记下来，这样做的理由就是防止你忘掉它们，也许你自己也已经认识到了这一点。但是也有一些和你一样聪明的人，他们也搭配出了很多自己喜欢的衣服，他们觉得这些衣服都搭配得非常完美，所以自己是不会忘记的。这些衣服是搭配得很完美，每一套也都有可能成为你的最爱。也正因为这样，你才很难把它们全都记在脑子里。

随着你把各种衣服搭配起来，你兴许会发现总是缺点儿这样或那样的东西。拿出一张白纸，在上面写上"购物单"这几个字。也许你会想：要是能再配上一双可爱的红色凉鞋，那么那套正在搭配的衣服就会更加完美了。这时你就可以把"红色凉鞋"添加到你的购物单中。

随着你不断扩充自己购物单的内容，请你尽量把要买的东西记得详细些。不能只记下你要买的是什么，还应该把要和它搭配的东西也一起写下来。如果你记得不全的话，那么你很快就会忘记自己那个奇妙的搭配想法。说不定你还会有史以来第一次把自己的衣橱看个仔细，因为那儿有太多的线索了，你简直一点也想不起来了。例如，三天后当你看着自己的购物清单时，你发现上面写着"金色的围巾"，"好吧，"你说，"我要去买金色的围巾喽……可是和它搭配的是什么来着？啊，我居然忘啦！"好记性不如烂笔头，多记总是比少记好。

在你搭配衣服的过程中，一定要多注意一下自己衣服的保存情况。也许你需要修改几条裤子——如果你瘦了就要把腰部收一收，而如果你胖了就要把腰部放一放。

然后把这张单子放到你随手就能拿到的地方。也许你想把那件衬衫上的扣子缝一缝，把那条裙子改短些，把那几条裤子的裤腿改瘦点儿。写下都有哪件衣服需要改，以及怎么改，并定个日期来做这些事，最好在一个星期之内完成。

继续去搭配新的衣服！你这会儿把衣橱规划得越有效率，待会儿买东西时就越能理智地去选择。你应该努力去揭开一些谜团，比如，为什么你从来都不愿意穿那条粗花呢的裤子——因为你确实需要有一双橄榄色的鞋才能和它搭配起来！还有为什么你有一件配饰磨得都快散架了——因为它和你衣橱里的每件衣服都能搭配上（所以你应该马上把它添加到你的购物单中，这样你以后就可以替换着戴了）。

不要忘了突出你的优点来。在搭配衣服的时候，你要站在镜子前仔细观察。这身衣服有没有如你所愿地突出了你脸蛋和身上的优点部位？你的好朋友可以帮忙验证一下。

不要控制，让你的时尚词语从你自己或好朋友的嘴里自由地冒出来。当你和好朋友在一起搭配出几套衣服之后，你们都会情不自禁地欢呼："哎哟，我的天啊！这套衣服真的很 _____！"（填上恰当的时尚词语，比如成熟、调皮、有舞台风格、性感等。）

❧ 恰当的衣着和化妆 ❧

【气质女人修炼锦囊】

仪表就像是一面镜子，可以将你内心的情趣、修养以及格调等清楚地反映出来。很多时候，人们都是根据你的外在衣着和装扮来对你做出评价，因为这往往是最为直观和迅速的。

外表对于一个女人来说并不是最重要的，只要女士们有内涵、有气质，就一定可以成为众人眼中最有魅力的女人。这是针对提升自己的内在魅力而言的，通过不断地学习和提升自我，内在的美无疑会为女人增添无尽的魅力，但这样说并不代表就否认个人仪表的重要性。虽然我们在评价一个人是不是有品位和涵养的时候，仪表仅仅是一个很小的方面，但它又的确是最直接、最关键的。女士们的穿着打扮、发型化妆或仅仅是一块手表、一对耳环都会直接折射出你对生活品质的追求。

美国铁路局董事郝伯特·沃里兰以前只不过是一名普通的路段工人。在一次演讲中，郝伯特说："恰当的衣着对于一个人的成功也是很重要的。我承认，一件衣服并不能造就一个人，但是一身好的衣服却可以让你找到一份不错的工作。如果你身上只有50美元，那么你就应该花上30美元买一件好衣服，再花10美元买一双鞋，剩下的钱你还需要买刮胡刀、领带等东西。等做完这些事情以后，你再去找工作。记住，千万别怀揣着50美元，穿着一身破烂的衣服去面试。"

哈佛大学的职业分析机构的沃森先生也曾经说："几乎所有的大公司都不会雇用那些不懂得穿着和化妆的女职员，因为他们觉得一个不懂得穿衣打扮的女人一定也不懂得如何处理好手上的工作。"华盛顿一家大型零售店的人事经理也曾经说："我在招聘的时候有些原则是必须严格遵守的，决定任何一个应聘者能否经得住考验的先决条件就是他的仪表。"

女士们是不是觉得这有些荒谬？的确，一个应聘者能力的强弱确实和他是否能够恰当地穿衣和化妆没有多大关系。然而，任何人都有对美的追求，公司的主管也不例外。不会有人愿意看到在自己公司工作的是一群邋里邋遢的员工。

仪表作为求职敲门砖这一原则已经在全美通行，《纽约布商》杂志曾经对这一原则大加赞赏，而且还做出了分析。它是这样说的："一个人如果非常注意个人清洁卫生和穿衣打扮，那么他就一定会非常仔细地完成自己的工作。相反，如果一个人在生活中不修边幅，那么他对待工作也就势必马马虎虎。凡是注重仪表的人都会同样注重工作。"

英国的莎士比亚曾经说："仪表就是一个人的门面。"这位文学巨匠的说法得到了全世界的认可。在我们身边经常会有人因为不得体的衣着和妆扮而受到人们的指责。女士们可能会争辩说："天啊，怎么可以如此肤浅，难道仅仅是因为没有漂亮的外表就断定他不是一个有修养和内涵的人吗？"的确，如果仅凭仪表就去判断一个人确实有些草率，然而无数的经验和事实都已经证明，仪表的确可以直接反映出一个人的品位和尊严。那些渴望成功的人，那些希望自己魅力四射的人，无一不会精心挑选他的衣装。曾经有一位哲学家说过："如果你把一个妇女一生所穿的衣服拿来给我看，那么我就可以根据想象写出一部有关她的传记。"

哈佛大学的心理学家斯德尼·史密斯曾经说："如果你对一个女孩说她很漂亮，那么她一定会心花怒放。如果你敢随便地批评她，说她的衣着一无是处、化妆糟糕透顶，她一定会大发雷霆。的确，漂亮对于女人来说简直太重要了。一个女人，她可能将自己一生的希望和幸福都寄托在一件漂亮的新裙子或是一顶合适的女帽上。如果女士们稍稍有一点常识，那么你们就一定会明白这一点的。如果你想帮助一个陷入困境的女士，那么最好的选择就应该是帮助她了解仪表的价值所在。"

我们不妨将斯德尼的话和郝伯特的话联系起来。是的，虽然衣着和化妆并不能造就一个人，但是它的的确确给我们的生活带来了深远的影响。全美礼仪协会主席普斯蒂斯·穆俄夫德就曾经说："一个人的仪表是能够影响到他的精神面貌的。这不是危言耸听，也不是言过其实，你们可以想象仪表究竟对你们有多大的影响就可以了。"

这里有必要再强调说明一点，那就是与化妆比起来，衣着对于女人更为重要。我们会在大街上看到一个穿着整齐但却没有化妆的女人，可是我们绝不会看到一个化着漂亮的妆，但却穿着一件邋遢衣服的女士。

如果我们让一位女士穿上一件破旧不堪的大衣，那么这势必就会影响到她的整个心情。即使这位女士以前是一个非常讲究的人，这时也会变得不修边幅。她的心里会想："反正自己已经穿了一件这样的大衣，而且这也没什么不好的，那还何必去在乎头发是不是脏了，脸和手是不是干净，或者鞋子是不是已经破烂？"这只是外在的影响，这件大衣还会让女士的步态、风度以及情感发生变化，当然这是潜移默化的。

相反，如果我们给这位女士换上一件漂亮的风衣，那么情况就大不一样了。她会在心里想："我一定要把自己打扮得漂漂亮亮的，因为只有这样才能配得上这件风衣。"于是，女士会把自己的头发梳理得很顺畅，脸和手也会洗得干干净净，而且还会化上漂亮的妆。这位女士会想办法挑选那些与风衣相配的衣服来穿，就连袜子都必须相宜。更进一步的是，这位女士的思想也会发生改变，她会对那些衣冠整洁的人更加尊敬，同时也会远离那些穿衣邋遢的人。

相信女士们现在一定明白仪表对于自己的重要性。可是很明显，如何装扮自己也是一门学问，并不是所有的女士都知道该如何打扮自己。很多女士都认为，花大价钱买那些既贵又时髦的衣服就是最好的选择，浪费一个月的薪水去买那些让人生畏的化妆品就是最棒的。其实，这是一种非常严重的错误观念。

想必女士们都知道英国著名的花花公子伯·布鲁麦尔。这个有钱人居然每年会花费4000美金去做一件衣服，仅仅扎一个领结就要花上几个小时。这种过分注重自己仪表的做法其实比完全忽视还糟糕。这种人对衣着太讲究了，把所有的心思全扑在对仪表的研究上，从而忽略了内心的修养和自身的责任。如果你能够在穿衣打扮上量入为出，做到与自己的身份相匹配的话，那么无疑是一种最实际的节俭做法。

很多女士，特别是一些年轻的女士，她们都把"仪表得体"误认为就是买贵重的衣服和名牌的化妆品。实际上，这种做法与那种忽视仪表的做法同样都是错误的。她们本该将自己的时间和心思放在陶冶情操、净化心灵和学习知识上，然而她们却把大量的时间、金钱和精力浪费在了梳妆打扮上。这些女士每天都在心里盘算着，自己究竟怎样计划才能用那有限的收入来买昂贵的帽子、裙子或是大衣。如果她们无论如何也做不到这一点的话，那么就会把眼光放在那些粗糙、便宜的假货上。结果是适得其反，她们自己反落得遭人嘲笑。卡拉尔曾经辛辣地讽刺这类人说："对于某些人来说，他们的工作和生活就是穿衣打扮。他们将自己的精神、灵魂以及金钱全都献给了这项事业。他们生命的目的就是穿衣打扮，所以根本没有时间去学习，当然也没有精力去努力工作。"

其实，对于大多数普通的女士来说，这里倒是有一条不错的建议，那就是穿上得体的衣服，化适宜自己的妆，但这并不需要大量的金钱。实际上，朴素的衣装同样有着很大的魅力。在市面上有很多物美价廉的衣服可供女士们选择，而且我们也能够花少部分的钱买到不错的衣服。

女士们千万不要有这样的错觉，"寒酸"的衣服并不一定会让人反感，相反邋遢才是最让人生厌的。只要女士们懂得如何恰当地穿衣和化妆，那么不管你有没有钱，都可以让自己魅力非凡。只要女士们尽量让自己保持干净整洁，那么就会给你赢来别人的尊重。

很多已经精通化妆与着装技巧的女性都是由当初的"丑小鸭"蜕变而来的，曾经她们也弄不明白恰当的衣着和化妆到底怎么回事，要怎样做才能达到要求。其实，这是一门比较深的学问，但是只要愿意花时间就一定可以掌握。这里有一些哈佛大学女性气质培训课程提供的建议送给你，虽然不一定能让你马上改变，但却可以给你提供改变的方向。

得体穿衣的七个原则：

不要盲目跟风，一定要选择适合自己的；

提高自己的文化素养，培养自己的内在气质；

训练自己的举手投足，让自己随处可现风雅；

学一些有关色彩的知识，让自己懂得如何进行搭配；

款式不一定要新潮，但一定要能突出你的优点；

可以适当选择一些饰物搭配；

对衣服的质料要求高一点。

恰当化妆的四个原则：

买一瓶适合自己的香水，记住，不同年龄的需要也不同；

保护好自己的皮肤，让它随时都能得到呵护；

并不一定浓妆就是最好，要根据你的需要来选择口红和眉笔；

千万不要忘记对手指甲和脚趾甲的护理。

只要你能身体力行地开始改变，留意自己的衣着打扮，那就一定可以让自己成为魅力四射的女人。

✎ 配饰是点缀女人美丽的精灵 ✎

【气质女人修炼锦囊】

现如今生活条件越来越好了，人们的打扮也越来越漂亮了，饰品成为每一位女性朋友必不可少的装饰品。潮味十足的服装搭配，少了饰品的点缀总是不够完美。而饰物永远是女人的最爱，这些小物品能够让你马上变成气质优雅的女生。

时尚的服饰、精致的妆容，能让女人焕然一新，但是一些小饰品的点缀，却能让人们顿时眼前一亮，成为具有魔法力量的点缀精灵。所谓的配饰就是首饰和配件。通常包括帽子、围巾、眼镜、耳环、项链、胸针、戒指、手链还有腰带，每一样都是优雅女人喜欢的东西，而且她们总能够把这些小东西运用得很好，让它们能够和衣服产生和谐的共鸣。

哈佛大学女性气质培训课程指出，真正优雅的女人不会让自己穿得花枝招展，但也不会让自己显得过于朴素。她们给人的感觉，永远是那么优雅大方。着装可以不昂贵，却会有巧妙而完美的配饰。装饰她们着装的，是她们自己的智慧：那种从衣着上体现出来的品位和想象力、创造力，还有她们天生的风韵情致，以及她们身上深入骨髓的那种知性气质。

马德琳·奥尔布赖特是美国历史上第一位女国务卿，被美国媒体称为"与

157

克林顿总统珠联璧合，创造了一个时代"。作为叱咤世界政坛的外交官，奥尔布赖特有使用胸针表达自己情绪和谈判意图的习惯，这一独特习惯被媒体称为"胸针外交"。

纽约艺术与设计博物馆曾经举行一个主题为《解读我的胸针：马德琳·奥尔布赖特的珍藏》的展览，展览内容是美国前国务卿奥尔布赖特使用过的200多枚胸针。这也表现了这位女外交官幽默而感性的一面。

奥尔布赖特在《解读我的胸针》一书中写道，她的形状各异的胸针"的确行使了重要的外交使命"，作为她的标志性饰品，如果使用得当，它们可以"增加亲切感或者必要的锋芒"。

奥尔布赖特《解读我的胸针》一书中提到这样一个细节：普京曾告诉克林顿，他经常会试图解读奥尔布赖特胸针的含义。而有一次，在与时任俄罗斯外长伊万诺夫会谈时，奥尔布赖特戴了一枚箭形的胸针。"这就是贵国的拦截导弹吗？"伊万诺夫指着胸针问奥尔布赖特。

"是的，而且您也看到了，我们懂得如何把它们做得很小。所以您最好做好谈判的准备。"奥尔布赖特针锋相对地答道。

奥尔布赖特喜欢在出席外交活动时在上衣靠近左肩处别上一枚胸针，精美的胸针除了把奥尔布赖特衬托得更加高贵威严外，更是奥尔布赖特向对方传达自己情绪和外交意图的"工具"。奥尔布赖特经常戴一枚以色列前总理伊扎克·拉宾遗孀赠送的"鸽子胸针"。

奥尔布赖特感觉谈判可能遇到"钉子"时会戴"蜜蜂胸针"，感到谈判将进展顺利时会选择"气球胸针"。在被伊拉克萨达姆政权官员称为"毒蛇"后，她在一次关于伊拉克问题的会议上戴了一枚金色蛇形胸针。

如果她的外套上别着闪闪发光的太阳或喜气洋洋的瓢虫时，各国政要便满心愉快。比如，在与韩国时任总统金大中会面时，她则特意佩戴太阳形状的胸针以示欢迎。但如果是只螃蟹或者来势汹汹的大黄蜂，便没有那么欣然了。奥尔布赖特在与前巴勒斯坦领导人阿拉法特会面时佩戴了一个黄蜂形状的胸针，她希望借此传达自己的强硬立场。

据说奥尔布赖特佩戴不同胸针分别代表如下意义：

蜗牛、螃蟹：表达对谈判进度的不耐烦；

蜘蛛：显示自己的耐心和咄咄逼人的气势；

蜻蜓：表达勇气和力量；

瓢虫、蝴蝶和热气球：心情愉快；

蜘蛛、蛇、苍蝇：针锋相对；

乌龟：谈判进程缓慢；

猫头鹰：需要智慧的指引；

蛇形：采取强硬外交政策的表征；

雄鹰："伟大的美利坚之鹰"，显示强权，以势压人；

鸽子：鸽派是主和派，装扮成和平使者。

这些胸针既不十分昂贵，又颇合主人身份地位的饰物原本只是作者纯粹私人的选择，作为一个外交家和大国领导人，奥尔布赖特收藏与使用胸针表达自己的微妙心境。足以看得出这小小的东西对女人来说，有着多么难以替代的好处。

能够作为装点的东西真是太多了。胸针、耳环、项链、戒指，还包括手链、腰带之类也都颇受人重视。女人都是喜欢这些小东西的。但如果不能很好地运用这些小装饰来为自己增色，那几乎就等于没有好好打扮自己。装扮自己必须学会"四两拨千斤"，而这些小饰品，正是画龙点睛不可或缺的精妙所在。

佩戴饰品的讲究也很多，其中的学问也是很奇妙的，现在就让我们来教您如何佩戴各式各样的小饰品吧，让您变得更加美丽，更加地具备自信感，可以更好地展示自己。

1. 饰品的风格

饰品风格应该和衣服的风格保持一致，穿职业套装时配风格简约的饰品；穿浪漫的服装可以戴复杂的、女人味道十足的饰品；着古典服装时应佩戴有传统色彩的饰品；着酷装时可以佩戴设计时尚前卫的饰品。

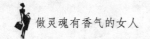

2. 饰品的大小

选择佩戴饰品，配饰大小应与人的身体、体型相吻合；45千克以下的女性戴小号饰品，45～50千克的女性戴中等大小的饰品，51～60千克的女性戴中等偏大的饰品，60千克以上的女性应戴大号的饰品。

3. 选择好饰品的颜色

饰品的颜色和着装相协调。如，穿冷色调服装时最好戴亮色的饰品，如银、珍珠、水晶系列的饰品；穿暖色服装时戴颜色深的饰品，比如黄金、黑珍珠系列的饰品；如果戴金色饰品，最好全身的配件都是金色的，包括眼镜框、表链以及衣服、鞋、包上的各种装饰扣。

4. 饰品的搭配

首饰的颜色最好和服饰的颜色一致，如红衣服配红玛瑙，绿衣服配玉石等。

5. 主次要分明

佩戴饰品时要注意主次分明，如项链是很大而醒目的，耳环就要低调，反之亦然。同时搭配的首饰要避免用同一造型，如项链是圆形的，耳坠就不能是圆形的。

6. 用饰品点缀优点

脖子漂亮就戴项链；丰满成熟的女性通常手腕很柔润，可戴手镯；脸型好的女性就多戴耳环；手指漂亮可戴戒指。

7. 避免烦琐

服装上有金扣和银扣时可以不戴项链。

"所谓搭配，是与自己对话，寻找与自身和谐的过程。和谐不是适合，和谐里也没有跟风、没有潮流、没有追捧。和谐是和自己的对话，从心灵到身体，坚持不懈。"优雅女人从点滴细节开始，请先用配饰点缀出自己的美丽吧！

❦ 穿出自己的风格和品位 ❦

【气质女人修炼锦囊】

作为一个女人，千万不要把衣服当作一种御寒品，要知道，完美的形象可以让你更加引人注目，从而捕获更多成功的机遇。

服饰是现代女人说不完道不尽的一门功课，是女人个人形象的重要标志。对女人而言，一套衣服合身与不合身，有没有品位，穿在身上效果是截然不同的。一件合适有品位的衣服能令人顾盼生辉，一件不合适没品位的衣服则可能令美女也黯然失色。可以说，服饰是关乎女人美丑的重要因素，合适的衣服穿在合适的女人身上，也许将带来妙不可言的效果。

有道是，十八无丑女。女人最自然的美丽在 18 岁之前。18 岁之前的女孩就像一朵初绽的花朵，放射着鲜艳活泼的光彩，灿烂夺目。18 岁之前，女孩可以尽情地穿自己喜欢的衣服，一件舒适的夹克搭配一条随意的牛仔裤，青春就可以肆无忌惮地张扬！

可是随着岁月的流逝，女孩变成了女人，她将更多地依靠服装、饰品、化妆等手段来保留美丽。精美的服饰更多地是为了展现作为优秀女人、杰出女人和魅力女人的一种品位、气质和魅力。

没错，女人现在要补修的正是"风格"！当时装界为我们打出了"风格是必要的信仰"的口号后，人们对于时装的追逐就变得越来越有选择性了。今天，风格决定了一切。你的衣橱再也不会存在让你不知如何是好的单品，你也不会再犹豫是否该拥有遮阳帽或是及膝直筒裙，只要打造出你自己的风格，一切存在就都合理了。

不过，树立自己的风格时必须牢记一个前提——就是让自己觉得很自在。如果穿上 Max Mara 的双排扣厚呢短外套、Gucci 拉链长裤，或 Prada 时髦的超

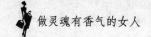
短衬衫感到很不自在，那么就不要买了吧，否则穿上了感觉会更糟。想要拥有自己的风格，就要学会说"不"。

　　总之，作为一个现代女性，你一定要穿出自己的品位和风格。只要用点心思，充分地重视起来，我们就能穿出自己的风采。

·第四章·

性感，永不褪色的魅力气质

胸体现一个女人的高贵，腰体现一个女人的优雅，臀体现一个女人的性感。女人的性感对男人最具吸引力。同时女人的性感还包括一种极具个性的气质、一股能够吸引别人的个人魅力和一份可以恰到好处地展现内在和自身优势的智慧。如果想做一个高贵、优雅的女人，就要保护好你的性感，也就保持了一生的吸引力。一个女人一辈子的生活幸福和事业成功与否与她是否具有吸引力有非常大的关系。

❧ 性感是一种气质 ❧

【气质女人修炼锦囊】

性感是一种状态，一种气质，一种表达。女人可以不漂亮，但不能不性感。脸蛋是天生的，性感却是可以后天修炼的。

当女人外貌的鲜艳随着年岁而逐渐淡去时，还能用什么来留住她心爱的人？成功的女人告诉我们她的秘诀——举手投足间的性感和女人味。女人更应该懂得感受和珍爱自我给予的馈赠，爱自己的心灵、身体……并让它们焕发出恒久的光彩。

男人是注重感官的，喜欢性感的女人。一直以来，性感的女人被喻为一朵欲望之花，能够迷惑男人的眼睛。在任何场合，性感女人都会散发出耀眼的光芒。不同的女人有不同的味道，很多男人认为性感女人是最有女人味的。

说到性感，会使人想起感性这个词。性感和感性就好像一对孪生姐妹，如影随形。一个感性的女人，无论是在凝神静思还是侃侃而谈，她的一举手一投足，都是那么细腻和充满感染力。举一个很简单的例子，假如你不是个外表充满野性的女人，那么涵养一份内心的野性，也会让别人觉得你充满刺激乃至有种神秘感。而所谓的内心的野性，可以是爱冒险、爱尝试新事物、好幻想及随时为了实践梦想而豁出去。

性感在不同的女性身上，散发出不同的味道，产生不一样的效果。女人的性感是烙在骨子里的。女人真正的性感并不局限于女人的外表，比如相貌是否妩媚迷人，衣着是否风情撩人。女人性感的本质是一种发自内心的活力，这种活力彰显着女人丰富的内心，令男人情不自禁地浮想联翩。千万不要误认为穿得越少越性感，女人不应该把妩媚和性感当作荣耀，男人的"回头率"也不是她们作为女人的资本。如果某个女人在街上穿得过于暴露，人们免不了对她品头论足，尤其是一些在职场里身居要职的女人，她们更是公众目光的焦点，她们应该清楚，"职场"和性感永远都不可能友好携手，上班时穿得太暴露是一种缺乏教养的表现。总之，女人追求性感千万不要采取媚俗的方式。

据性心理学研究，男人心目中的性感，除了发自女性的性特征和自信心、懂幽默、爱浪漫、刺激及冒险外，神秘也是性感的一种元素。电影史上被称为性感的明星如玛丽莲·梦露、碧姬·芭铎等，哪个没有深不可测的神秘眼神？女人在自己喜欢的男人面前，千万别尽情流露、肆意表现，要给对方留有揣摩与想象的空间。所谓"犹抱琵琶半遮面"，若隐若现、若有若无，留有余韵也是玩神秘感的一种手段，总之，就是不要完全满足对方的好奇心。现代的性感早已超越视觉、身材或是暴露多少的范围，如花灿烂的笑靥、天真或带媚态的眼波、沉溺于思考或想象时忧郁而出神的神态，都是内敛的性感。

现在，越来越多的现代女性都只为自己而不是为讨好男人而性感。正如今天的女性爱好打扮只为"自我感觉良好"，不是为"悦己者"容，而是为"悦己"容。何况，性感本身就是每个女人都有的天赋条件。女性刚醒来时的一对惺忪睡眼、喝酒后的微醉与一脸绯红何尝不性感？故性感无须刻意追求，性感原本就是上帝烙在女人骨子里的性磁力。女人只需自信地彰显自己，你的性感别人自然而然就会感受到了。

性感让你风情万种

【气质女人修炼锦囊】

有人曾说，一个完美优秀的女人不能缺少感性，否则就谈不上可爱；也不能缺乏性感，否则就不是女人。当一个女人学会性感，她才是一个有血有肉的真实女人。

任何女人都希望自己性感迷人而风情万种，可性感在"度"的问题上确实是一个必须把握好的问题。男人喜欢性感的女人，然而过犹不及，过分的性感并非是好事，太性感的女人非但不会让男人感到赏心悦目，反而会让男人感到恐惧。因此，有"心计"的女人会把握一个合适的"度"，把自己打造得性感而不越位。

当女人爱上男人，最美好的表达是用撩人的性感来回复他的宠爱。而性感是一种高超的技艺，有的源自天成，但更多的时候要借助服饰来表现，把握好暴露的尺度，给他惊喜，收获满满的宠爱。

很多女人认为，衣服穿得少、穿得透就是性感，其实这是对性感认识的一个误区，真正的性感是一种高明的表现自己的形式，是一种女人的意境和情调。女人的性感应该是不越位的，是一种情调、一种气质、一种品位，更是一种神秘而不可言说的意境。性感也有很多种类，然而不论是含蓄的性感、青春

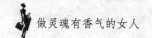

的性感、成熟的性感还是妩媚的性感，女人因为性感变得美妙而风情万种，而完美女人的性感是不越位的性感，是一种艺术的情调。

好莱坞大美人索菲娅·罗兰，曾经用心良苦地告诉全世界的女人一个真理：穿得若隐若现比脱光对男人更有吸引力。要记住，女人的性感并不等于肉感，太张扬地搔首弄姿，总比不上媚在眼角的让人过目不忘。犹抱琵琶半遮面，才更撩人。

性感，不单只有美丽、丰满、野性的女人才性感得起。最耐人寻味的性感从来都是超越视觉和先天因素的，需要你靠后天一点一滴地经营。女人的性感指数，可以从外表、内涵、肢体语言、言语与自信等几种层面来打造。只要能熟练地掌握其中一项，在男人眼中，就算不是国色天香，也是个性感女神。

性感女星舒淇说："每个人对性感的理解可能都不相同，性感也不一定和漂亮的脸蛋有关系，有的人可能认为自己的小腿性感，而我觉得我的嘴巴很性感。"性感和美貌没有关系，最重要的是你要知道如何去性感，什么样的性感才适合自己。你可以做以下的尝试：偶尔穿上性感内衣，在电话中调情，以你性感的声音去刺激他，写一封热辣辣的情书……去引发他的想象力，会有意想不到的效果哦。

很多女性把肉感当作性感，选择穿暴露的衣服，或者刻意地表现性感、张扬地搔首弄姿，殊不知富有美感、洋溢着情调的性感，才是真正惑人于无形的"骨子里的性感"。女人的性感有境界的高下之分，一种是表面的性感，这种性感只是引起人的生理冲动，是一种媚俗的性感；另一种是自身散发的性感，这种性感是女人气质的外在体现，是诱人遐想的优雅的性感。

女性的身体上有很多性感特区，如耳垂、肩膀、锁骨、后颈、手臂、脚踝等，因此，女人们应该学会利用这些部位。例如在脚踝上佩戴一条精致的脚链或者一条细小红绳、在耳垂挂一对个性的大耳环或小圆圈、在手臂上带个臂环或印个娇小刺青，等等，都能增加女人的性感指数。女性的脚踝及脚部早已被性学专家公认为是女性身体上最重要的性感标志。因此，在炎炎夏日，可以选择样式各异的凉鞋作为彰显腿部性感的有效武器。当男性凝望着你穿着凉鞋裸露的脚踝，以及风吹杨柳的婀娜姿态时，你不妨矜持地冲他微笑，让你更加娇媚动人。

女性的性感魅力，除了不夸张的外表性感之外，还应该懂得根据自己本身的特性和后天的条件来展示自己的格调与风范，在了解自己的基础上，恰到好处地利用自己的思想、性格、内涵、外貌、气质以及经历等因素的共同作用来塑造出自己的独特风格。这种风格散发着性感的魅力，而这种性感正好体现女性的品位和情调。相信有"心计"的聪明女人懂得如何把握自己，塑造自己的性感风格。

把你的风情"露"出来

【气质女人修炼锦囊】

> 风情是女人身上不可抗拒的魅力。

看过《聊斋》的男人，大多会喜欢其中的狐狸精，虽然她蛊惑人心，虽然她的"媚男术"为许多女人所不齿，但许多女人恰恰缺少那种风情。风情不同于性感，风情来自神，性感来自形。风情女人富于情调与韵致，性感女人只有性与肉感。

国内外许多时尚杂志的封面，几乎千篇一律都是美人像。有的让人颇觉一般，并不漂亮，眼神很空洞，只是穿着比较时尚；有的虽堪称绝代佳人，但形神之间总感觉缺了点什么，虽然好看，却少了撩人的情韵，难以给人深刻的印象；有的虽相貌平平，但细品之下，顿觉她女人味十足，让人过目不忘，一颦一笑皆风情。

女人的风情来源于她的眼睛，有的女人有一双明亮的大眼睛，可看到她的内心，有的却像关闭的电视屏幕，里边什么也没有。有风情韵味的眼睛是耐

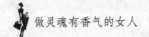

看、耐读的，它是心灵的传感器，能让阅读者产生心灵感应。

　　一个好演员的眼神里，必是写满风情的，导演称之为"眼睛里有戏"。戏台上的人生是百变的，好演员的眼里更需要有百变的风情。日常生活当然不同于舞台人生，生活中需要的风情，应该是至诚、至真、至纯的。善于把内心的风景通过眼波与流盼流泻出来，会让人感受到女人的可爱，让女人娇嗔毕现。

　　女人的风情并不完全在于她姣好的身段。有着一副苗条的好身材，修腿、硕胸、蜂腰，论"三围"或许达标，但那些徒有外表的"硬条件"，只能说明她的性感而已。它们只是机械地陈列，僵硬地拼凑，缺乏灵性，没有韵致。相反，有些女人即使不是模特出身，但走起路来，风情顿起，让人感到犹如一幅移动的画，如清风扑面，如婷婷玉莲，怎么看都秀色可餐、光彩照人。

　　风情是十分微妙的，它是不可言明的。风情是附在女人身上的精灵，无色无香，令人捉摸不透。也许它是一股"气"——女人气，既可以藏匿，也可以外泄。一藏一露之间，方得女人之佳妙；一敛一放之间，方显女人之妩媚。风情女人端庄典雅，韵味无穷、风情万种。

做"媚"力女人又何妨

【气质女人修炼锦囊】

　　温柔的语言、亲切的态度、婉转的音调、平和的旋津，这些加起来，会使一个女人变得异常有女人味，让其魅力倍增。

　　在中国男人心目中，一直有浓厚的"狐狸精情结"。虽然不少男人会在嘴里骂狐狸精，却在心里渴望遇到她。

　　中国男人喜欢狐狸精，主要是喜欢其散发的性感气韵，这就是狐媚，这是一种东方女性独有的性感精神，是西方女子永远无法企及的境界。具体说来，应该是三个字：娇、柔、嗔。

所谓"狐狸精"，关键字是"精"，而不是"狐狸"，中国人喜欢介于"鬼"与"神"之间的"精"，从"白骨精""蛇精"到"狐狸精"，比鬼干净，但又比神生动。许多男人喜欢狐狸精，就是喜欢女人本身，因为中国文化千年来对女性而言，都是压抑的、约束的，所以女人已经不是本色女人，而是保守的、委屈的、矜持的。这样的女性，没有生命的火花，没有性别的冲击力，更没有性感的吸引力。所以当狐狸精出现在我们身边时，男人很难不疯狂、不惊叹、不汹涌澎湃。

中国男人喜欢狐媚之性感，更多的是一种气质，是转身之后的袖风，是眼神之外的一瞥，是嗅花之前的叹息，是沐浴之中的迷雾……让男人血脉贲张的也许是西化的现代女郎，但是东方之狐可以让男人痴傻癫狂，这在《聊斋》里已屡见不鲜了。

如今，许多女性太不懂得珍惜自身固有的灵气，过分地艳羡洋风洋雨，邯郸学步，将黑头发染成泥黄，把丹凤眼画得像猫似的深奥碧蓝，垫高鼻梁，整一张阔嘴，希望美容院帮助造一张"洋脸"，行为开放、狂野，崇尚性感，追求暴露——却不知若隐若现的含蓄美比暴露美更具诱惑力，自然美比装饰美更具风情，有民族底蕴烘托的媚态美才是永恒的美！

下面是哈佛大学一位女性研究专家关于"媚"力的解说。

1. 媚态：令男人臣服的神情

且不管美人的器官是真是假，但有一点人们可以一眼见到，那便是美人脸上的表情及眼中的神情，那绝对不是化妆品可以描出的。

表情的媚态主要由眼睛来表达。眼睛是心灵的窗户，因真诚而洁净，因善良而柔和，因修养而典雅，因知识而深沉。内心美好可以使眼睛明亮如两颗闪烁的星星。正如老舍在《四世同堂》里所写的："她的眼会使她征服一切。"

在灵活的眼睛里，可以看到生命的节奏，它给人一种灵动的美感。从美的外部表现看，灵活的眼睛具有美的节奏感，它包括眼睛的转动范围和转动频率。

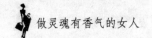

如果美人不论是在何时、何地做何事，总是同样的脸孔，即使没有丝毫的缺陷，看上去也像人们所说的，是一张"没有表情的脸孔"。虽说是鸡蛋里挑骨头、找碴儿，可表情实在太单调了，没有给人半点想象的余地，因而会使看者厌倦。"美人三天就会厌倦，丑妇三天也会习惯"，这句话不是没有道理的。

动人的表情贴在漂亮的五官上固然好，但能出现在普通人的面颊上，带给我们的将是一份意外的欣喜。

聪明女孩，要好好打理你的表情。

2. 媚气：令男人着迷的味道

女人的体味是最令男人着迷的。每个女人的体味都不同，这跟她的指纹一样。有些男人会对某个女人的体味终生痴迷，那是因为他们之间生理的性细胞互相吸引。其次是女人所用的香水，虽说女人用香水是一种享受，但香水最本质的功能是与女人自身的体味形成互补，让女人产生更大的魅力。迷人的女人香再加上女人可爱的形态和气质，会使女人显得更加完美。

气质女人的味道，是自己的另一张名片，让你认识朋友，也认识自己。

3. 媚姿：令男人心动的姿态

女人的形体动作是表现情韵的最佳道具。情调高雅的女人，不论摆出何种姿态，都会让男人心旌动摇，而最惹得男人心动、爱怜的姿态就是媚姿。许多人把"媚姿"理解为女人勾引男人的裸姿、露姿，其实这种理解是很片面的。应该说，凡是女人能够唤起男人的爱怜，使男人心动的姿态、行为，都可叫作媚姿。因此，媚姿的含义是非常丰富的。

男人苦闷的时候，娇媚的女人是最好的解愁药。倒不是非要你解决问题，而是你给了他足够的情绪支持。当然，还有眼神的关注，甚至身体的略为前倾也是你"在乎他"的肢体语言。

娇媚的女人在说话时会时时注意声音的力度、音阶和速度，音调抑扬婉转，语句简洁明白。她像一个调音师，精心把握每一个音节，奏出整体优美的音乐。

性感，是一个妻子的责任

【气质女人修炼锦囊】

在夫妻关系中，女人的"卖弄风骚"绝对令男人兴致大增。人是有感情的动物，适时适当地给予滋养，感情之树便会常青。而这一过程，就是人们常说的调情。

过去的研究相信调情过程由男性主导。就像自然界里雄性对雌性求偶一般，男人在看到喜爱的女人之后，受内分泌驱动向她发出爱的邀请，企图在众多求爱者中，获得青睐。然而最新的研究却显示整个过程的掌握大权操纵在女性手里。女性会对心仪的男性传递讯号，鼓励他对自己发动追求攻势。心理学家称这种动作为下意识的诱惑，其实就是一般所说的调情。

调情是爱情"有声有色"的催化剂，会调情的女人绝对是"性"力十足的女人。恋爱中的女人，若善用"调情"，将加速一段恋情的升温。

当你与男性独处，不妨以小动作增加两人的接触：适时轻拍他的手背表示赞同他的意见，轻抚他的秀发，在他耳边细语，让你俩的膝头不时相触。有许多女人误认为当感情步入稳定之后，就不再需要调情来增加情趣。其实适当的调情不仅可以使你俩重燃初识时的恋爱之火，更能够让他的性欲"起死回生"。

医学家根据多年临床经验表示：对于男人来说肉体上的亲密接触往往比在心理上了解"被需要"更能增强他的安全感。所以，适时地对伴侣调情，绝对能使恋情绽放出不一样的色彩。

调情给恋情带来正面影响，而学习如何卖弄风情也有助于开发自我，使你克服胆怯的个性，更能享受亲密关系。

表面上看来，一个勇于开发性自我的女人性感、活泼，在两性互动中如鱼得水。而在生活层面上，她不仅更积极进取，遇上挫折与困难也容易克服。

　　也许你会因自己没有傲人的胸围、窈窕的身材和妩媚气质，而不觉得你有与男人调情的潜力。其实，一位吸引人的调情者重点并不在于拥有美貌，而在于展现自信与专注。专注的眼神与美好的仪态是最有效的调情手段。细心观察，体会对方的需要，就是最令人无法抗拒的调情方式。

　　就夫妻而言，坦承自己的性需要，让伴侣了解如何取悦自己，才能让两人更快速地到达感官愉悦的巅峰，这也是调情的功用所在。"让调情成为生活的一部分"并不是鼓励你做一只不甘寂寞的花蝴蝶，而是当你了解卖弄风情对于开发性自我，乃至于经营两性生活的重要性后，自然就会将它内化为个人特色的一部分。积极开发性自我能让你在两性关系上更和谐，因为男人永远不知道下一步你会带给他什么样的惊喜。

·第五章·

健美，要美貌也要美体

追求美，不单是在面部化妆上下工夫，一张漂亮的脸蛋，对人的整体而言是不够的。光亮细致、弹指即破的肌肤，是一种美；健康匀称的身材，散发无限青春气息的曲线，更是一种无可言喻的美。

❦ 美胸让你丰满自信 ❦

【气质女人修炼锦囊】

有句经典的广告词——做女人"挺"好，所以我们要及时地摘掉"太平公主"的大帽子，做个丰胸美人。

让乳房轻松挺起来

（1）牵拉运动：采取站或坐的姿势，两臂放于身体内侧，缓慢地向两边举起，达到头、肩之间高度后，再缓慢向前举，直到两臂快要相碰时停止；之后两臂分开，还原并使肌肉放松。如此反复慢移 5 ~ 8 次。

（2）反支撑挺身：坐在椅上，两臂撑于椅两侧。上体后靠，重心移至手臂，同时两腿伸直，臀部紧缩向前提髋，抬头挺胸，使身体成直线，持续 5 秒

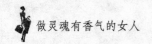

钟，还原。注意自然呼吸，两臂和身体均伸直。

（3）挺胸运动：跪立，两臂自然下垂。上体后移，臀部坐在脚跟上，同时呼气。两臂胸前平屈，手背相对，手指触胸，含胸低头。然后重心前移，挺髋，上体立起，同时吸气，两臂肩侧屈（手心、五指张开），抬头挺胸。反复进行此动作。

（4）俯卧运动：俯撑，双脚分开与肩宽。上体下压，两臂弯曲置体侧，使上臂与地面平行，然后吸气，两臂用力撑地将肘关节伸直，同时抬头挺胸，还原成预备姿势，呼气。每次尽力重复数次。

（5）仰卧运动：仰卧在床上或长椅上，双手握哑铃，两臂平伸，依靠胸肌收缩力直臂上举，然后放松还原，每分钟重复做 20 ～ 30 次。

（6）床上运动：俯卧于床边，将胸部伸出床外，然后上半身抬起，双手交替做"划水"的姿势。每分钟 10 ～ 15 次。

做个丰胸俏佳人

丰满的胸部是女子线条美的特征，乳房对女子胸部健美起着决定性作用。要使胸部丰满而富有弹性，首先要锻炼胸壁肌肉，因为发达的胸肌肉是支托乳房的基础。

胸部锻炼有很多种，除了去健身房锻炼之外，时常做一些小运动也是一种不错的方法。

这里教你几种在不同场合都能够进行的健胸运动。

（1）沐浴是很多人的爱好，但是少有人能够养成利用沐浴来健身的习惯。其实沐浴时是健胸的好时机，利用热水喷射胸部，同时按摩皮肤，促进血液循环，能够预防胸部松弛。

（2）对于经常伏案工作的白领女性来说，利用椅子来锻炼不失为一个好方法。方法是用双手扶着椅背，做突出胸部的运动。此举有利于加强胸部的韧带组织。

（3）睡觉前，在床上俯卧，胸部以上伸出床外，抬起上半身，然后双手有如蛙泳般做划水动作。

传统法美胸

（1）饮食清淡：不偏食、不挑食，合理摄取营养是预防乳腺疾病的有效手段。

（2）坚持哺乳：不进行或不经常进行母乳喂养的女性患乳腺癌的几率要高于与之相反的女性。一些女性为了体形美等因素，不愿用母乳喂养孩子，结果使激素分泌加快，导致各种妇科疾病的发生。哺乳时间在8个月左右，是不会影响乳房健美的。

（3）顺应自然规律：城市女性的西方化问题引起全社会的关注，为减少罹患乳腺疾病及妇科疾病，女性应顺应自然规律，不要滥用嫩肤美容、丰乳产品。丰乳霜、丰乳膏确实能使乳房有所增大，但效果并不持久，而且它们大多含有雌性激素，会引起色素沉着、黑斑、月经不调、乳腺疾病等不良反应。

（4）维生素是天然美乳品：维生素E可促使卵巢发育和完善，女性应该注意多摄取一些富含维生素E的食物，如卷心菜、菜心、葵花籽油、菜籽油等。维生素B是体内合成雌性激素不可缺少的成分，富含维生素B2的食物有动物肝、肾、心脏、蛋类、奶类及其制品；富含维生素B6的食物有谷类、豆类、瘦肉、酵母等。

（5）良好的姿势让胸部更动人：走路时保持背部平直，收腹、提臀；坐时挺胸抬头，挺直腰板，这样胸部的曲线就会显得更动人。长期坐办公室的女性，伏案时胸部不要与桌边贴近，应与书桌相距10厘米左右；睡觉时以侧卧为好，且左右轮换侧卧。

（6）文胸大小、质地要合适：正确选用适合自己的文胸，可以起到衬托、固定乳房的作用，从而避免因乳房过分摇动而引起韧带松弛、下垂甚至病变。选择文胸时应根据自己的体型以及乳房大小选用合适的，同时还要观察文胸的材质，一定要选择透气材料制成的，一般主张戴棉布或真丝

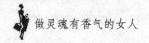

面料的乳罩。

（7）锻炼、按摩不可少：做一些俯卧撑及单、双杠运动以及游泳，或者每天早晚深呼吸数次，也可以促进胸部发育。

每个月丰胸时间有讲究

月经来的第 11、12、13 天，这三天为丰胸最佳时期，第 18、19、20、21、22、23、24 七天为次佳的时期，因为在这 10 天当中影响胸部丰满的卵巢激素是 24 小时等量分泌的，这也正是激发乳房脂肪囤积增厚的最佳时机，在此时间段进行健胸运动、按摩等，适时的激发乳房都能使乳房慢慢增大。与此同时，适量摄取含有动情激素成分的食物，如青椒、番茄、胡萝卜、马铃薯以及豆类和坚果类等，多喝牛奶，能获取更好的丰胸效果。

使乳房自然丰满的有效方法

决定乳房发育大小的是乳腺，因为女性的胸部主要是由乳腺外覆盖脂肪而形成的。青春期（一般在 16 ～ 18 岁）是胸部发育的顶峰，乳房坚挺而富有弹性。20 岁以后，脂肪逐渐增多、胸部变得柔软而丰满。25 岁以后，尤其是哺乳以后，如果不注意乳房的保护，就会因脂肪增多、乳腺萎缩而造成乳房松弛。

乳腺主要由两种激素促成乳房的发育。一是雌性激素，这与妊娠有直接关系。另一个因素是从皮肤直接刺激乳腺，刺激部位以乳房上下侧至腋下间的皮肤位置尤为见效。

（1）方法步骤一：由内而外做圆形按摩。双手握住乳房，轻轻震动，由乳下轻轻拍打，双手交替由胸颈处向上按摩。

（2）方法步骤二：用右手掌面从左乳房根部至右肋骨、左锁骨自上而下，自外而内地按摩，共做 60 下，然后按上述方法用左手按摩右乳房。

（3）方法步骤三：一手放在乳房下侧，从胸谷向腋下按摩，然后再由腋下向外按摩；另一手放在乳房上侧，由腋下向胸谷柔和移动，两手向对进行。按摩 20 次再换一侧。以上为旋转按摩法。此法可以促进胸肌多活动，使乳腺发达，起到隆胸的作用。

先用右手托住右乳房，再将左手轻放右乳房上侧。右手沿着乳房线条之势用掌心向上托，左手顺着圆势向下压。进行 20 次再换一侧。以上为轻压法。此法对整个乳房发育有益处，还可增加乳房弹性。

按照上述方法坚持三个月，可使乳房隆起 2 厘米。同时请不要忘记沐浴时的按摩。

少女丰胸特效食物

青春期女性一定要注意营养摄取，不要刻意减肥，在维持适当体重的情况下，胸部才有较好的条件发育，毕竟乳房主要为脂肪构成。在持续发育的关键性阶段（10 ～ 18 岁），必须多摄取下列食物：

（1）木瓜、牛奶：木瓜、牛奶都有助于胸部发育。另外，青木瓜、地瓜叶和各种莴苣，也都是效果不错的丰胸蔬果。

（2）种子、坚果类食物：含卵磷脂的黄豆、花生等，含丰富蛋白质的杏仁、核桃、芝麻等，都是良好的丰胸食物；玉米更是被营养专家定为最佳的丰胸食品。

（3）富含维生素 A 的食物：如花椰菜、甘蓝菜、葵花子油等，有利于激素分泌，可帮助乳房发育。

（4）富含 B 族维生素的食物：富含 B 族维生素的食物。如粗粮、豆类、豆奶、猪肝、牛肉等，有助于激素的合成。

（5）富含胶质的食物：富含胶质的食物如海参、猪脚、蹄筋等，也都是丰胸圣品。

上述这些食物，用在青春期可以帮助乳房发育，用在成熟期则可帮助丰胸。

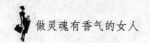

❧ 美腰法则 ❧

【气质女人修炼锦囊】

中国自古以来就推崇女性的细腰美，于是，如何拥有纤细腰肢成为众多女性的日常功课之一。

腰部由粗变细的方法

很多人在形容女性的线条美时，都喜欢用纤细的腰肢，当然不是腰越细越好，但腰部的确是女性体现曲线的重要部位，通过如下练习，可使腰部由粗变细的美梦成真。

（1）面朝上躺在床上，双膝弯曲成直角，然后以双脚为支点，以双手为重心支撑在床上，将身体慢慢抬起再放下，连续做 10 次。

（2）仰卧。两腿伸直两臂体侧变曲，掌心向下，右腿变曲用力向左，膝部触地，左腿保持伸直不动，吸气，然后还原到开始的姿势，呼气，以后换左腿做同样的动作，每条腿做 10 ~ 15 次。

（3）仰卧起坐。这个动作有一定难度，但它有一箭双雕的效果，既有助于使腰变细，又可使大腿变细。

5 分钟成细腰美女

使腰变细的运动：

（1）双腿向前伸直坐正，臀部肌肉收紧。

（2）双手各持毛巾的一端，两臂向前伸直。（肩膀不可用力，手臂不可弯曲。）

（3）保持手持毛巾、手臂伸直的姿势，向左右转动，臀部也要同时迅速扭动。运动到稍微出汗为止，最少 10 次。运动时，脸朝向正前方，手臂要伸直。

消除小腹赘肉的运动：

（1）仰躺，臀部紧缩，两脚分开与腰同宽。

（2）两脚尖向内侧靠拢，双手枕在脑后。

（3）边吐气，双腿边往上抬至离地 5 厘米高，并伸展跟腱。两手支撑着头部往上抬，伸展颈部。充分伸展之后，吸气、憋住，直到憋不住时，恢复原来姿势，重复做 10 次（两脚尖靠在一起时应呈直角）。

改善肥胖体质的运动：

将事先烫热的碗反盖着，铺上毛巾，身体俯卧，腹部贴在碗上面。保持这个姿势，做腹部深呼吸 5 ～ 30 分钟。注意：碗可以稍微移动，使整个腹部都能碰触到。当腹部感觉不舒服时，别勉强，可缩短运动的时间。

10 分钟快速瘦腰

下面三套实用省时的练腰操，只要 10 分钟，每天坚持，相信不久你又能找回你的细腰了。

护理方法一：

（1）躺平，双腿并拢向上伸直（运用到腰腹部的力量）；

（2）背和臀部也同时向上挺直（离开接触面）；

（3）然后慢慢放下；

（4）重复次数依自己的能力来衡量。

护理方法二：

（1）躺平，双手抱于脑后；

（2）身体伸直（可屈膝），运用腰腹部力量，使身体坐起再躺下；

（3）重复次数可依自己的体能来衡量。

护理方法三：

（1）躺平；

（2）运用身体的腰腹部的力量把双腿向上举，同时上半身向前挺起，双臂平伸（身体此时成屈型）；

（3）试着让双臂和两腿互相碰触到；

（4）可依自己的能力来决定每次运动重复次数。

以上三套动作分别单独进行或整合都可，一天10分钟不偷懒，梦想中的纤细腰身即将出现！

"点头哈腰"维护人体"脊梁骨气"

"点头哈腰"是人体脊柱运动的基本动作，可以维护"脊梁骨气"，是防治颈腰痛的简便好方法。

一位北京大学的博士生，由于长期从事电脑操作，颈部酸痛。中医骨科专家韦教授为他检查后说："你的颈椎没必要治疗，每天点头哈腰100次，每20次休息一下，一个月就可康复。"点头（下巴点到胸骨呈九十度）后伸腰，就是锻炼颈项韧带，让其恢复弹性和韧性。铁轨直了，车轮也就不跑偏了。韦教授又对博士生说："你的症状只是生理曲度稍微变直，通过颈项韧带锻炼，就可以自行恢复。"一个月后，博士的脖子不酸痛了。

韦教授告诉读者，"点头哈腰"不仅能防治颈椎病，还能防治腰痛，这对于经常伏案工作的人特别有效。长期坐着工作的人都应该定时起来做一下"点头哈腰"的运动。

美女细腰法则

（1）多喝水，少喝碳酸饮料。碳酸饮料和那些含糖量高的饮料会让你的肚子鼓得像个气球。

（2）不要常吃薯条，盐分会保持水分，尤其是在生理期前。压力和罐头食品也是含盐分高的食品。

（3）让你的下巴休息一下，不要一直嚼口香糖。嚼口香糖会让你吞下过多的空气，肚子因此会发胀而鼓出。

（4）如果感觉排便不顺，多喝咖啡。一杯或两杯咖啡有助于通便。

（5）束身内衣，高腰束裤或腹带，可以使人看上去比较瘦。内衣的束身效果好，不过，多余的赘肉在过紧的内衣里会凸显出来，所以要避免穿太紧的内衣。

（6）选择最适合你的礼服，不要考虑尺码，没有人会去看你礼服的标签，但如果你的衣服太紧，你可能会把肉肚子暴露。所以，要把自己身材最好的部分显示出来，吸引别人的目光，把注意力从你发胖的腹部转至细腰上。

❧ 快速消除小肚腩 ❧

【气质女人修炼锦囊】

无论你是不是美女，你都会感觉到，腹部脂肪永远是我们的天敌！这一直让人头痛的事情随着年龄的增长更让人抓狂！快速消除让人郁闷的小肚腩，告别游泳圈，需要我们马上行动。

消除腹部多余脂肪的方法

腹部是女子体型健美的重要部位，此处肌肉紧而富有弹性，使身体显得轻盈、苗条。所谓腹部健美，就是要消除腹部多余的脂肪。

为使腹部瘦下来而节食是不理智的。节食应以每天七成饱为度，但要注意蛋白质的摄入。这样可促进体内脂肪的消耗。另外，还应少吃糖、淀粉、动物脂肪等。

有效的锻炼，如跑步、爬山、骑车、游泳、跳绳等可使腹部脂肪减少。以下介绍减腹的方法。

方法一：

（1）坐在椅子上，两手握紧椅子两边，手臂下垂，身体紧缩并稍稍从椅子

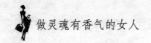

上抬起一点。

（2）躺在床上，屈膝，两脚板固定在床上，两手伸向两膝的位置，身体放低，躺回床上。重复运动10次。

方法二：

（1）举腿收腹。主要是发展下部肌肉。身体平卧，双腿伸直尽可能抬高，接着再缓慢放下，反复练习。

（2）扭腰。手握把手或拉一定重量的重物，做各种姿势的扭腰和转身练习，以锻炼腹外斜肌和腰部肌肉。

（3）每种动作重复15次以上。

"六步" 减掉腹部脂肪

第一步，坐在椅子上，两腿慢慢往上抬。

第二步，两手轻轻放在小腹上，慢慢地吐气，吐气的同时渐渐收紧小腹。

第三步，吐气慢慢加快，小腹越收越紧，肩膀保持轻松。

第四步，小腹已收到最紧的程度时，气也同时吐完。

第五步，肩膀与小腹都放松后，慢慢地开始吸气。

第六步，尽量吸气，此时小腹不用刻意收缩，转而换成腹部向下压的方式。

这种体操主要目的是为了消除小腹的赘肉，只做两三次是看不出任何效果的，至少得持之以恒地每天上下午各做两三次，每次至少做八拍，持续三个月后，你一定能看出效果来。

另外，凡事追求完美的你，在晚上洗浴后最好用一些美体的产品（纤体塑身类的）涂于身上，并在腹部做一会儿按摩，不仅可以消除多余的脂肪，也有利于睡眠。

腹部自然平坦法（两个月见成效）

腹部是全身最容易堆积脂肪的部位，这里的脂肪因距离心脏较近，又最容易进入血液循环造成危害，是名副其实的"心腹"之患。因此，当腹围在 90 厘米以上，或腹围与臀围的比值男大于 0.9，女大于 0.85 时，腹部的脂肪就非减不可了。

怎样才能较快地减少腹部多余的脂肪，使它显得平坦？

方法步骤：

（1）热身活动 10 分钟，至全身微微出汗后，再用保鲜膜捆扎腹部 5~6 层。

（2）平卧位做腹肌运动。脐上练习：下身固定不动，仰卧起坐，旨在使胃部凸出部分收紧平坦。脐下练习：上身固定不动，双脚抬起做屈伸腿和头上举练习，目的是收紧和减去整个腹围。腹外斜肌练习：完成上下腹部练习后，再做各种腰部转体练习。这种练习作为辅助练习，使上下腹部练习的减肥效果更加明显。

（3）揉捏腹部，"驱赶"脂肪。有道是："七分运动，三分揉捏。"在腹部运动后再以顺时针和逆时针做环形按揉各 100 次，"驱赶"脂肪，促进脂肪代谢。

（4）以上方法每次做 30 分钟，每周 3 ~ 4 次，坚持两月后必有效果。

生完孩子，肚子要回去

在怀孕期间，孕妇的腰围大约增加了 50 厘米，因此产后你会感到腹部是如此的伸张与松弛。你可以做一些简单的运动，让肌肉尽量恢复原来的形状与力量。

仰躺，屈膝，脚底贴于地面或者床上，用力拉你的腹部肌肉，并将头与肩膀抬离地面。同时，伸出一只手，朝脚掌方向平伸。另一只手的手指置于肚脐下方，你可感觉到两条有力的腹直肌正在用力。

新妈妈美丽的收腹计划

怀孕期女性为了满足胎儿生长发育的需要，会在体内储存大量脂肪，而产后缺少运动和营养过剩，就会造成腹部肥胖。难道完美身材真的一去不复返了吗？想拥有一个平坦的小腹，新妈妈的"收腹计划"就要从早上开始。

第一步：喝一大杯凉开水。一大杯凉开水喝下去可以刺激肠胃蠕动，加速排便，并使内脏进入工作状态，其功劳甚至大于每天跑步或做操。

第二步：形成排便规律。在早上排出体内垃圾，可以减轻肠胃负担。如果您有便秘的毛病，可每天吃定量的蔬菜水果和粗纤维食品。

第三步：使用收腹霜。戴上专用按摩手套，取适量（3克左右）膏体，均匀涂抹在腹部（避开肚脐），用掌心按在腹部，分别以顺时针和逆时针打圈按摩，直至完全吸收。

第四步：有效的腹部运动。双腿稍微分开站直，两手合拢向下尽量触摸地面，重复此动作30次。

第五步：吃营养早餐。早餐不仅要吃，而且以吃饭为宜。最好多吃一些豆制品、水果。

转臂巧去"将军肚"

腹部脂肪一多，必然"中部崛起"，人们戏称为"将军肚"。腹胖腰粗，给人们带来诸多不便，为此许多人深感苦恼。而简单的转臂运动可去除"将军肚"，此法简便易行，坚持几个月可见功效，发胖者不妨一试。

（1）身体放松、直立，两腿自然放开，约与肩同宽，呼吸调匀。

（2）两臂向前平举，从左至右，顺时针方向划圆，然后从右至左，逆时针方向画圆，左右交替各做30次，每日可做2～3遍。

注意：手臂向上画圆时，吸气，转至水平向下划圆时，呼气。旋转手臂划圆动作不宜过快，速度要适中，手臂要自然放松，两手高度不要超过头顶，以感到腰、腹部在用力为佳。

ᴧ 美腿凸显修长身材 ᴧ

【气质女人修炼锦囊】

对每个女人来讲，决定形体美的重要因素之一是腿，它的形象总不能让我们满意。粗壮的大腿脂肪过多，很难减，怎么办？不用着急，我们将为女人的美腿运动给出专业的方法。

大、小腿由粗变修长的方法

修长、匀称且协调的双腿，给人以美感。如果你的大腿太粗或过细，小腿过细或过粗，都会让人不舒服。女性的腿外露机会很多，腿部的健美更有必要。

1. 大腿太粗的锻炼方法

（1）仰卧，两臂体侧伸直，两脚做模仿蹬自行车的动作，主要是两条大腿用力蹬直，腿弯曲时肌肉要充分放松，节奏要快，一开始每分钟蹬40次，以后可逐渐加快节奏增到150次。

（2）仰卧，两腿放松，稍屈上举，两臂体侧伸直，做两腿交叉动作，即左腿在右腿前，接着右腿在左腿前，节奏要快。同时做到放松，随意呼吸，做150次。

（3）仰卧，两腿并拢伸直，两臂体侧伸直，掌心向内。两腿迅速弯曲，两膝贴胸，两手抱膝，吸气，然后慢慢还原到开始的姿势，呼气，做5～8次。

（4）站立，两臂自然下垂伸直。一开始为便于做动作，两脚左右分开站立，但以后两脚间距离可逐渐缩小。上体前屈，两手尽力触地，两腿伸直保持不动，吸气，然后还原到开始的姿势，呼气，做5～8次。

2. 小腿太粗的锻炼方法

（1）足跟提起，用足尖行走。

（2）足跟不着地的跳绳。

（3）在沙坑内做连续向上的弹跳。

（4）肩部负重足尖行走。

（5）肩部负重原地弹跳。

锻炼时要逐渐增加强度和密度，每次练到疲劳为止，而且要持之以恒。另外，游戏、跳舞、打球、踏自行车等，都能使小腿修长。

给小腿减肥

如果能去掉腿部因循环不良所引起的瘀血，再借助由运动送入的良好的血液，就能让腿部呈现出美丽健康的曲线。

想瘦小腿，先要检查自己小腿的肌肉是松弛还是紧绷。若有肌肉紧绷的话，要瘦就会较困难。所以首要的减小腿计划，要由打松结实的小腿肥肉开始。

方法一：平日可坐在地上，将一只腿抬高成直角，涂上促进微循环、紧肤消脂的纤体产品并用拳头拍打小腿，或以手掌按摩，每边做 10 分钟即可。

方法二：睡前将腿抬高，成九十度，放在墙壁上，二三十分钟后再放下，将有助于腿部血液循环，减轻腿部浮肿。

站姿、走姿美腿方法

1. 站姿

（1）左脚往前呈弓步，身体重心转移至左腿，右脚绷直，保持 15 秒。左右轮流 15 次，可让大腿内侧脂肪减少。

（2）以基本姿势站立，双手叉腰，两脚向左右跨开，背脊挺直，臀部夹紧，向下蹲马步。重复 20 次，可美化腿部线条。

2. 走姿

常常用脚尖走路，以脚尖支持全身的重量，把腿部的肌肉尽量拉长，并且稍倾向前，用手叉腰，把双脚尽量向前踢和向后踢，就能起到美腿的效果。

动感单车骑出你的腿部线条

起源于美国的"动感单车"是一个很受欢迎的有氧运动项目，这种单车之所以称为"动感"，是因为其音乐的动感力强，而周围的模拟环境也很特别，配合单车本身的新潮设计，让人感觉置身于科幻世界之中。

单车的设计是模仿日常所骑的自行车制造的，前面是一个很大的飞轮，这个轮子很有分量，这样骑起来会有些阻力。车上有一个调节阻力大小的摩擦片，可以调节不同的训练强度。座位、手柄和速度都可以根据骑车人的身体比例来调节。

具体的方法步骤如下：

（1）5分钟的热身，35分钟的主要训练，再加上5分钟的放松动作。

（2）15分钟的动感单车等于40分钟的慢跑，不仅可减脂，还可提高心肺功能，令腿、臀部的线条更美。

动感单车最大的功效就是让你最大限度地流汗，这样就可以很轻松地将身体里的毒素排掉，并且减掉脂肪，减脂也就在不知不觉中完成了。

10种美腿食物

下面介绍的10种美腿妙食法，也许会使你的双腿变得美丽性感。

（1）芝麻：芝麻提供人体所需的维生素E、B1、钙质，特别是它的亚麻仁油酸成分，可去除附在血管壁上的胆固醇。

（2）香蕉：香蕉含丰富的钾、脂肪，而钠的含量很低，符合美丽双腿的营养需要。

（3）苹果：苹果所含水溶性纤维质果胶可清肠，防止下半身肥胖。

（4）红豆：可增加肠胃蠕动，减少便秘，促进排尿，所含纤维素可帮助排

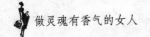

泄体内水分、脂肪等，对美腿有百分之百的效果。

（5）西瓜：西瓜利尿，钾含量也不少，它修饰双腿的能力不可小瞧。

（6）沙田柚：热量低，含钾量丰富，若想成为美腿小姐，可先尝尝沙田柚。

（7）芹菜：芹菜含有大量的胶质性碳酸钙，可补充笔直双腿所需的钙质，还含有丰富的钾，可预防下半身浮肿。

（8）菠萝：多吃菠萝可促进血液循环，将新鲜的养分和氧气送到双腿，恢复腿部元气。

（9）猕猴桃：猕猴桃含有丰富的纤维素，吸收水分后膨胀，产生饱腹感，避免过剩脂肪让腿变粗。

（10）西红柿：西红柿有利尿及去除腿部疲劳的效果，长时间站立的美女，可以多吃西红柿保证腿部的力量。

穿拖鞋可以美腿

长期困坐于电脑桌前的上班族们，因为缺乏运动，容易造成臀部与腿部肥胖。英国著名体操家、电视明星苏珊娜女士发现穿拖鞋对腿部健美有微妙的作用，可使踝、小腿和大腿变得匀称健美。因为穿稍微宽松的拖鞋走路，会迫使人们动用平时用不上的腿部肌肉，脚趾必须"抓"着才能防止拖鞋脱落，不仅锻炼了腿肌，还有助于腿脚肌肉的协调活动、促进腿部的血液循环。

但是，穿拖鞋式凉鞋的鞋跟不宜太高，那样走起路来，着力点会转移到前脚掌，容易摇摇晃晃、重心不稳，从而对足部造成伤害。美国人所钟爱的高跟拖鞋的鞋跟高度一般约在三四厘米之间。

臀部：圆润健美的方法

【气质女人修炼锦囊】

我们总羡慕那些穿着合身牛仔裤，能包出翘翘臀部的女人，那么快来做对塑臀有益的运动吧。

健臀的方法

女性都希望自己有一个结实而圆润的臀部，因为臀部是显示女性身材健美的重要部位。怎样才能使臀部健美呢？

经常进行有氧训练，以消耗多余的脂肪。有氧训练的方法有爬山、重复跑和间歇跑、越野滑雪、快走以及骑自行车等。此外，在日常生活中，无论采取何种姿势，都要注意保持收腹、挺胸和撅臀。

在饮食方面，要保持热量平衡，坚持少吃多餐，长期摄入低脂肪和高蛋白食物。多吃各种绿叶蔬菜、西红柿、蘑菇、马铃薯、新鲜水果、豌豆等。平时要喝大量的水。

每天进行健美训练，这是使臀部健美的最佳方法。方法如下：

（1）坐在椅子上，两臂伸直，两手放在椅子面上，尽量往后靠。两腿向外分开伸直。用臀力使臀肌紧缩向前推，持续 6 秒钟。重复 3 ～ 6 次。

（2）背部挺直，收腹，臀部收紧，双臂前平举，吸气，然后放下双臂，尽量朝后高举，背部不得弯曲，保持几秒钟后再吸气。

丰臀的方法

一般说来，女性体形曲线的通行标准是：胸围 = 身高 × 0.51；腰围 = 身高 × 0.34；臀围 = 身高 × 0.56。由此看来，即便是一个女人的胸部隆起，而臀部瘦小扁平，也难以呈现出"S"型的曲线美。臀部过大，就会显得肥胖失常，给人一种累赘之感。有的女性尽管身材比较好，但因臀部松弛下垂，使得整体的形象被破坏殆尽，也失去了美臀女子的特征。臀部是女性最易发胖的部位，如果不注意锻炼，久而久之便会影响到形象美，因而应及早锻炼。下面这套保健操可帮你把臀部肌肉绷紧，使臀部肌肉结实而有弹性，重展矫健的身姿。

在开始进行臀部肌肉锻炼之前，最好根据自己的爱好，先进行跑步、快步走或游泳等运动，每周须进行 3 ~ 4 次。头一个月每次锻炼 20 ~ 30 分钟，以后每次锻炼延长至 30 ~ 40 分钟。进行完上述锻炼后，就可以按下列顺序做这套保健操了。

（1）保持身体直立，双脚并拢，左腿向前弯曲九十度，右腿向后成弓步，以左腿为支撑点，再用臀部肌肉的力量向下压，然后改换右腿。双腿交替各做 8 次为 1 组，休息 5 ~ 20 秒钟后，再做 3 组。

（2）取仰卧立，双腿垫高，或把腿放在低凳上，绷紧臀部肌肉，抬高骨盆，慢慢数到 8，恢复原状，休息 5 ~ 10 秒后再做 3 组。

（3）让胳膊及膝盖着地，将弯曲的腿慢慢抬起再放下，挺直腰部。双腿交替各做 32 次，休息 5 ~ 10 秒后再做 1 组。

总之，身体各部分肌肉发达均匀、丰满而有弹性是健康健美的表现。至于那些具有先天健康美态的女性，常因其一部分肌肉长年累月缺少活动，往往有逐渐退化的迹象，破坏了均匀的美态。因此，只有通过科学健身才能达到减肥健美的目的，从而拥有优美的臀部曲线。

女性要想使自己的形体在先天和遗传的基础上更加优美，就必须了解身体各部分的不足，从而针对自身的不足，通过合理营养与科学的健美锻炼，方能使身姿体态匀称、丰满、柔韧和强健，更加富有无比动人的魅力。

臀部肌肉结实法

要想使臀部肌肉结实起来，可以每天做下面的臀部运动，只需三个星期就能有显著效果。

（1）半蹲：两脚分开站立，距离约一脚宽。双手放在大腿上，臀部慢慢下降，好像是要坐在椅子上。保持这种姿势约10秒钟，然后慢慢恢复原状，重复5次。

（2）跪腿抬起：前臂和膝盖着地。小腿沿地面向后伸直，与大腿成九十度，收腿，收臀。抬起两条腿，伸直与地面平行，然后屈膝，向上抬脚举小腿，将腿伸直放下，恢复原状。15次后再换腿做。

（3）弓背跃起：两脚分开，双手撑地分开呈现V字形（双腿绷直）。抬起一条腿，收臀，将抬起的腿弯曲，再伸直，连着10次。然后换腿做。

美足令双足柔软、白皙、精致

【气质女人修炼锦囊】

自古以来，手多有玉笋的美称，其实脚美起来更动人心魄，超乎于手。于是乎有人就将叫称之为玉足。有男人说，但凡见过一双绝美的脚，这辈子是难以忘记的。

美足秘诀

脚部的疾患与全身的健康息息相关，脚形的美丽与周身协调一致。研究表明，足部与全身的各脏器有相对应的区域，身体脏器的病变在足部相应区域都有反应。按摩脚上的肾上腺区域，能够调节激素分泌，使皮肤白皙有光泽。根据此作用，足疗可起舒筋活血、消除疲劳、强身健体的作用。

在家中自行实施足疗可采取如下方法：

（1）先从足浴开始，点几滴精油，双脚浸泡15~20分钟以充分杀菌、加速血液流动，同时放松神经、软化角质。

（2）以去角质霜或浮石轻擦足部，别忽略脚后跟与硬皮厚茧处。

（3）反复活动脚腕。一只手抓住脚踝，另一手抓住脚背，转动脚踝数回。再用双手握着脚，由前往后搓搽按摩。其次，对小腿进行按摩。先用一只手往上按摩，再从膝下往下揉捏至脚踝，重复 5 次。持之以恒，不仅能缓解疲劳还可消除脚踝四周的脂肪，使脚部变得结实纤细！

（4）柠檬皮用来擦拭脚趾甲周围的皮肤，可以漂白并消除肌肤发黄暗沉的现象。

（5）在睡前擦上滋养霜，适度按摩，穿上袜子，睡觉后更利于营养物质加速吸收。

轻盈步态法

要想消除足部疲劳，改善其血液循环，使步态自然、雅观、轻盈，请常做下述足部健美操。

1.方法一

（1）双腿直立，脚尖并拢，双手扶椅背。徐徐提身用脚尖站立，保持 1 分钟。然后下放，身体重量先由脚掌外侧承受，再过渡到全脚掌。

（2）坐姿，用脚趾夹住一手帕，然后用力将该物体向两脚中间拨动，直至两脚相触。

（3）双膝微屈，两脚掌前部夹住放在地上的一本书。然后徐徐抬高身体，用脚尖站立，再徐徐复原。

（4）用脚趾从地板上夹起小球。

（5）用脚掌外侧着地走动。

（6）坐姿，两脚掌紧紧相触。

（7）尽力分开脚趾。

（8）席地而坐，不要盘膝，以脚掌外侧着地。

上述练习，一周至少做 3 次，每天 1 次则更好。

2.方法二

有些女性很喜欢早晨散步，这很好。不过，早晨散步时，要注意脚步要轻快而有弹性，不要穿后跟太高的鞋，因为穿这种鞋脚会觉得不舒服。长时间散步的话，最好穿平跟鞋。在家里最好穿柔软的便鞋，使脚得到充分的休息。正确而经常地保养双脚，每周洗一次脚浴，用较热的水每次洗 20 分钟，在水中要加放专用洗脚液。用泡沫石摩擦粗糙的部位，并在脚掌上擦些润脚油膏。这样可消除脚疲劳。

只要注意了一些脚的保养知识，平时再做些脚部的锻炼运动，便可以使你的步法轻盈而优美。

（1）原地踏步。站立，两脚距离 10 厘米，左脚后跟稍提起，脚尖不离地，数"1"时放下左脚后跟，右脚后跟稍提起；数"2"时放下右脚后跟，左脚后跟又稍提起。当脚跟提起时腿稍屈膝，另一腿的膝部用力绷直，上臂屈时轻轻随和着"步子"的节拍。做该操时速度要快。

（2）脚掌绕环运动。坐在椅子上，一腿放在另一腿上，用没有着地的脚划大圆弧。向左 4 次，向右 4 次，然后两腿交换再做。

（3）头顶重物。把一个纸夹（或书本，但不要用茶盘或汤盘）放在头顶上，从房间走到厨房，或从一个房间走到另一个房间。开始练习时可用左手和右手轮换扶着纸夹。当学会保持平衡后，再把手放下。行走时背要挺直，下巴稍抬起，这是一种极好的练习。经常进行这种锻炼，可以使女性身体匀称优美，脚步轻盈。

爱足小要领

（1）为自己选一双理想的鞋子。专家认为，所谓理想的鞋子都应该有坚硬而柔软的跟部支撑鞋底，十个脚趾可以在鞋里自由地活动；还应有舒服的衬垫和足够的内部空间；鞋面最好选用柔软、透气，有一定伸展性的材质；鞋跟高度应该在 3 ~ 5 厘米。

（2）磨合期与试用期。很多人认为鞋都需要"磨合期"，这是不对的。我们要选择一双适合自己双脚的鞋子，而不是一双要让自己的脚度过"试用期"才可以长期使用的鞋子。千万别相信专柜小姐所说的："新鞋是有一些紧，穿一穿就合适了！"如果你感觉自己穿着不舒服，那么，再漂亮也不要把它买回家。

（3）正确地修剪趾甲。有时你会感到平日里挺合脚的鞋子突然变短了，而脚趾边缘开始发红、发肿、疼痛，趾甲向内生长。这是因为你没有及时修剪趾甲或修剪方法不正确。修剪趾甲前应先用温水泡脚，待趾甲软化一些再开始。修剪时尽量将趾甲修平，使长出的趾甲不要扎进肉里，但也要注意切忌修剪得过深，伤及甲床。如果已经发红、发肿，应将脚浸泡在温肥皂水或盐水中，擦干后涂上抗生素药膏，用消毒纱布包好让其自愈。

足反射区健美疗法

人类的双脚承担着全身的重量和负担行走的艰巨任务，人类的脚掌是动物中最发达的。在我们的脚掌上，分布了许多血管，有成千上万的神经末梢与神经中枢（大脑）以及各个内脏器官紧密相连。由于双脚处在人体最远离中枢神经的部位，从信息传递途径来说，是脚——脏腑器官——脑。因此，脚上存在着各脏腑器官的许多信息，脚所受的刺激也会传送到各脏腑器官相对应的反射区。

反射区分布在整个足部，包括脚底、脚背、脚内外侧，甚至延伸到小腿。脚如同一个缩小了的人体，其上分布着各个器官的反射区：头、五官、心、肝、肺、脾、肾、胰、肠。

足部反射区健美疗法就是人体各脏腑器官在足部均有其对应的反射区，运用按摩手法刺激这些反射区，能增强血脉运行，调理脏腑，舒通经络，增强新陈代谢，取得强身健体、防止足衰、防病治病、自我保健的疗效。

1. 护理脚的 5 个步骤

（1）浸脚。舒适地坐在椅子上，将脚放入一小盆温水中浸泡 5～10 分钟，对浸液附加剂可以根据脚或趾甲的问题加以选择，较好的是含有镇静或兴奋作用的药草提取物的保留油分的浸油（专业商店有售）。也可以准备好薰衣草、紫苏和迷迭香花汁液入浸液中，针对趾甲或皮肤真菌的浸脚液可以在药房购买。

（2）磨去茧皮。用削茧器或刨刀将脚趾底部或脚后跟的厚茧去除，但要非常小心和谨慎，不要使脚受伤，在茧皮不太厚的部位，可以用浸湿的浮石。

（3）剪趾甲。在去除茧皮之后，如果需要的话，用趾甲刀将趾甲剪掉。一般趾甲每周须剪一次。不要像指甲那样将趾甲剪成椭圆形，不要让趾甲侧面长入甲床，长入甲床的趾甲容易发炎，必须由扦脚师治疗。

（4）抹护肤膏和按摩。这是脚护理中最放松的部分。首先舒适地坐在地上。用一只手握住一只脚，用另一只手抹润肤油、含脂肪的膏或护脚膏。一个一个地将脚趾轻轻拉长，不要忘记脚趾间。最后用手掌轻轻敲击脚掌。

（5）涂趾甲油。在涂趾甲油前将卷起的纸手巾或药棉放在脚趾间，这样易于上趾甲油和不使趾甲油涂出边界。

先涂保护趾甲的底油，待干后用带色的趾甲油涂 1～2 遍，在穿上袜子和鞋子之前让它好好干一下。

2. 护理脚的有益建议

（1）尽可能经常地赤脚走路（不要在冰冷的石砖上）。

（2）始终穿天然纤维的长筒袜（棉的或丝的），使脚不容易出汗。

（3）不要穿太紧或不合适的鞋，否则必须考虑会有压紧部位和增加茧皮。

（4）白天多换几次鞋，变换鞋跟的高度。

（5）体操鞋容易使脚出汗，因此不要穿太长时间。

如果胀大的脚穿太小的袜子，会引起趾甲往里生长。因此，在早晨穿袜子时，必须注意袜子的脚尖处与大拇指之间要有可延伸的空隙，勤换袜子，鞋宜常晒，保持干燥。

根据自己的脚形，选择合适的鞋垫，如果是扁平足，应当使用较厚的而且弹性强的鞋垫，以防足弓下降。

3. 不可小视的脚病

脚病不仅会影响日常工作和学习，还会破坏整体美，让人为之焦虑和苦恼。

（1）治疗鸡眼。不要自己治疗鸡眼，应该由专业人员来处理，并且一定是大医院的专业人士。

鸡眼是由于始终压迫某一部位而产生的，在一个茧疱中间藏着一个角质栓，容易压住神经末梢，这个刺必须在进行脚护理时去除。

为了减轻疼痛，可以用膏药、膏和从药材店买的浸液先软化鸡眼。

（2）预防脚气。脚气只有通过绝对的卫生才能避免，因此在桑拿浴室、游泳池和体操房应该用消毒剂将脚喷一下，在洗脚后总是让脚干透，接着撒上防臭脚粉。

如果真菌已经定居下来了，你必须去看医生。

4. 脚病的预防

平常预防脚病可采取如下措施：

（1）常洗脚、常按摩；

（2）保持脚干燥；

（3）经常保持脚的通气；

（4）常修趾甲；

（5）注意保暖；

（6）加强锻炼，多活动脚；

（7）用食醋擦脚；

（8）保持鞋袜干净；

（9）不要用碱性很强的皂类洗脚；

（10）不要在脚没有擦干水分时走来走去。

5. 矫正八字脚的妙法

（1）在走路或跑步时要随时注意自己的膝盖和脚尖是否对着前方，不要偏离，随时发现随时矫正。

（2）有意识地练习矫正，在沙土、松土和湿地上走一步，然后观察自己的脚印，看脚尖是否朝正前方，边走边改。

（3）反复练习从高台阶上往下跳的动作。跳的时候，要把两脚尖并拢一起跳，不论是内八字脚还是外八字脚，脚尖都会朝前。练习成为习惯后，走起路来就会克服八字脚了。

（4）踢毽子不仅是一项运动，也可以作为矫正八字脚的练习。外八字脚用脚内侧拐踢毽子，内八字脚用脚侧拐踢毽子，并且两脚交换进行。这项运动，可消除专为矫正八字脚所做运动的单调和乏味，使人容易坚持做下去。

从八字脚形成的原因看，这完全是后天的习惯造成的。习惯既然可以养成，也是完全可以克服的。但养成习惯容易，改掉习惯就困难多了。这就需要有决心、有毅力地长期坚持矫正。

6. 矫正平足的妙法

矫正平足，目前医学上除了采用矫正鞋外，主要还是靠加强体育锻炼，增强足部肌肉和韧带的力量与弹性，消除过度负重和长久站立的疲劳，消除多余的脂肪而减轻体重，其具体锻炼方法如下：

（1）足尖走，足跟走，足底外缘着地走，各 1 ～ 3 分钟。

（2）两脚前伸，用力勾足尖和绷足尖，并尽量使足外翻或者内翻，停留 20 秒钟。

（3）足尖向内或者向外绕环，做 20 次。

（4）足背弓起，放下，做 20 次。

（5）屈足趾，伸直，连续做数次，然后再做用足趾夹起小球、沙袋等小物件的练习。

（6）用两足心合抱一小皮球，前后左右滚动，做 20 秒钟。

（7）用脚踏一圆木棍在地上滚动，做 1 ～ 3 分钟。

（8）站立，足前掌用力顶地，足跟提起，放下，连续做 10 ～ 20 次。

（9）下蹲，足尖着地，足跟抬起，做短跑起跑姿势，直到足部稍感疲劳为止。

（10）踮足尖跳绳，连续跳 2 分钟。

这些体操练习，每天早晚各做一次，连做 3 个月见效。

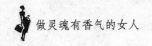
做灵魂有香气的女人

∾ 时尚与健康同行 ∾

【气质女人修炼锦囊】

　　时尚女性关爱自己身体的每一部分，会将更多的时间和金钱花在有益于健康的活动上。跑步、游泳、健身、爬山，只要是对身体有好处的运动，她们都乐此不疲。

　　追求时尚是为了美丽，越来越多的女人在追逐时尚潮流的时候漠视了健康的重要。虽然只是很不起眼的生活方式，但当这些有损健康的生活方式一旦成为"时尚"，不负责任地蔓延开来时，对健康的负面影响就不可小觑。

　　时下流行的有损健康的时尚观念主要有：

1. 塑身内衣

　　塑身内衣有的束腰，有的收腹，有的修饰腿部线条，还有一种被称为"全身绑"的连体内衣，厚厚的强力纤维把上腹、腰、下腹、臀、腿从上到下紧紧地箍起来，穿着它连呼吸都有些困难。不过爱美的女孩还总是自我安慰，"习惯就好了"。事实上，如果为了某个场合，短时间内用内衣修饰体型没有问题，但如果天天如此，恐怕就要影响健康了。

　　女性由于体内激素的作用，脂肪沉淀，特别在臀、胸、腹等部位，是自然的生理现象，没有必要去刻意改变。追求不健康的所谓"骨感美"，长期用紧身衣、腹带等束紧胸部、腰腹部，将严重影响健康。特别是处在青春期的女孩，身体尚未发育完善，如果一味求"瘦"，束腰、收腹会影响腹部器官的正常生长发育。

　　腹部有许多重要脏器，如肠、胃、子宫、卵巢等，束身衣长时间紧绷肌肉，影响身体的自由活动，从而使腹部的血液供应受到限制，腹腔器供氧不足，会影响众多器官的生理功能。另外，束腰还可能影响下肢血液循环，可能

198

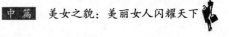

出现下肢水肿。

2. 打耳洞

打耳洞已不是什么新鲜事了，而且随着"韩风"日劲，耳洞的数目也有逐渐增多的趋势。

但是打耳洞越多，细菌病毒越容易入侵。耳钉、耳坠等饰物放在柜台，长期暴露在空气中，本身未必干净。有的摊主在打耳洞前都不用酒精消毒，街边的所谓"无痛穿耳"就更没有安全可言了。病毒和细菌侵入身体，极有可能造成感染，特别是气温渐高的春季和夏季。更严重的是：在耳朵上过多穿孔，有可能造成软骨炎，使耳朵萎缩。至于在鼻、舌、眉、脐等部位打洞，就更危险了。

3. 滥吃减肥药

当减肥成为时尚，就是一件很可怕的事情了。不少女性在医院减肥遭拒之后，开始自寻门路买减肥药吃，殊不知这是一件更加危险的事情。不少减肥药是处方药，如果在医生的指导下服用，完全是安全有效的药品，但若不顾禁忌不遵医嘱随便吃，就会出现不良后果。其实减肥的根本在于改变不良的生活习性，滥吃减肥药是没有效果的。

对于单纯性肥胖者而言，少进食、多运动比任何减肥药都要安全有效。女性随着年龄的增长，自然会在臀、胸、腹等部位囤积脂肪，如果为了减肥而强制性节食，势必导致营养不良，甚至器官功能衰竭。所以，减肥切忌盲目，一定要在专业医师的指导下进行。

4. 健身房健身

现在越来越多的白领女性把去健身房锻炼身体当成一种时尚。殊不知，锻炼身体的好地方不是在健身房，而是在室外。因为健身房里因装修等原因会残留一些有害气体和粉尘，再加上空气流通不是很好，对健康就会产生不利影响。

5. 泡吧、唱 KTV

泡吧、唱 KTV 逐渐成为城市生活的潮流。到一个城市，有没有像样的酒吧可泡，有没有豪华的 KTV 包房，也反映了这个城市的时尚指数。的确，泡吧、KTV 既能缓解工作压力，还能扩大交往范围，成为时尚女性生活的一部分也无可厚非。

但是，如果为了赶时髦，每天都去酒吧、迪厅或 KTV，那可不利于身体健康。酒吧和 KTV 里污浊的空气和噪音并不是休息放松的好地方，长此以往，与其说是到这些地方去休息疗伤，还不如说是去找病。

6. 洗肠美容

近两年，都市又兴起了美容时尚新概念——断食、洗肠。许多女明星都坚持洗肠美容，目的是让自己的身体里没有宿便，不蓄积毒素。但洗肠容易让肠管变粗，长时间反复刺激还会使肠管麻痹，容易导致一些人为的疾病。

7. 长期佩戴戒指、项链等首饰

有些女性怕戒指丢了，就用线把接头缠牢，紧紧地箍在手指上，由于摘戴不便，就干脆不摘。天长日久，受箍的手指皮肤、肌肉就会下陷或产生环状畸形，里面会藏有很多细菌，严重地影响手指的血液循环，造成局部坏死或细菌感染。

另外，长期戴项链也不利于健康。除纯金项链外，其他项链在制作过程中均掺入了少量的铬与镍。尤其是那些廉价的合成金属制品，成分更加复杂。佩戴后，项链所接触到的皮肤有时会出现微红、瘙痒，此时如不及时取下项链，否则几天后，症状就会蔓延开来，形成湿疹般的红肿，严重者还会形成溃疡。

总之，时尚可以追，但健康不能不要，没有了健康怎么去追求时尚？所以，喜欢追求时尚的女人要懂得在追求时尚的同时保护自己的健康，以免使健康在不知不觉中离自己越来越远。

淑女之品：

淡定的女人最优雅

·第一章·

品位，气质相生相伴的姐妹花

如果说性感魅力是女人外在的美丽，独立自信是女人内在的气质，那么品位格调则是女人价值的终极展现。它需要前两者的和谐，糅合到最后，便可以从一个女人的品位看出她真正的价值，这似乎已是世人用来评价女人的一个依据，由举手投足间流露出来，成为你身份的象征。

∽ 让女人味成为你的品牌 ∽

【气质女人修炼锦囊】

有味道的女人，三分漂亮可增加到七分；没味道的女人，七分漂亮可降低到三分。

所谓女人味，指的是一种人格、一种文化修养、一种品位、一种美好情趣的外在表现，当然更是一种内在的品质。简而言之，女人味就是女人的神韵和风采。没味道的女人，即使她有着如花的脸蛋、傲人的身材，但只要她一开口便足以暴露出她贫瘠的内心和空虚的精神。所以说，漂亮并不代表女人味。

女人一定要有女人味，那样才能吸引众人的目光，尤其是来自异性赞赏的目光。最有资格评价女人的是男人，那么，在男人眼中，到底什么才是女人味呢？根据哈佛大学对女性吸引男性特征的研究，女人味包括以下几个方面。

1. 矜持

不管你是白领还是蓝领，也不管你待字闺中还是已为人妻，作为女人，永远不要大大咧咧、风风火火。要记住，凡事有度，矜持永远是女人的最高品质。

2. 智慧

外表漂亮的女人不一定有味，有味的女人却一定很美。因为她懂得"万绿丛中一点红，动人春色不需多"的道理，具有以少胜多的智慧；她懂得凭借一举一动、一言一语、一颦一笑的优势，尽现自己的至善至美。

3. 端庄

很多名贵的菜，其食材本身是没有味道的。譬如"石斑"和"鳜鱼"，虽然很名贵，但在烹调的时候必须佐以姜葱才能出味。女人也是这样，妆要淡妆，话要少说，笑要微笑，爱要执着。再美丽的女人，如果少了端庄，也就少了那份女人味。

4. 品位

前卫不是女人味，切不要以为穿上件古怪的服装就有味了。当然这也是味，但却是"怪味"。

5. 情调

有钱的女人不一定有女人味。这样的女人铜臭有余而情调不足，情调不足就索然无味了。

女人味，如果要真正说清其内涵，是一件很难的事情。很多男人认为，一个充满女人味的女人至少要有以下 6 大特征：

（1）举止斯文，声音悦耳，说话节奏不快也不慢。

（2）善良，有一点点不做作的天真。

（3）独立自主，保持本色，独具个性。

（4）善解人意，不强人所难，与人为善，有理也让人三分。

（5）穿着得体，不传统守旧也不夸张，干净清爽。

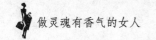
（6）大方，但不张扬，让人乐意与她相处或共事。

说到底，女人味其实就是男性眼里的女人形象，因此，谈论女人味，其实就是站在男人的角度上看女人。总的来说，女人味，代表着男性对女性的评价和希冀。因此，要让女人味成为自己的品牌，使女人的魅力永存。

那么女人如何才能培养自己的女人味呢？

1. 使用固定牌子的香水

香水的缕缕幽香，能诱发出女性独特的韵味来。若是你能巧妙地使用香水，会使你更显魅力。因此，你应该选择适合自己类型的香水，并最好是使用某种固定牌子的香水，这么一来，这种香味就会成为你的专有标志了。

2. 穿高跟鞋

男人对女性腿的好奇是每时每刻的，其视线会经常停在女性的腿上，所以，要十分注意自己的腿与高跟鞋的和谐，它会给你带来众多羡慕的目光。

3. 适度裸露

女人关键部位露得太多，会被误认为是"暴露狂"、不正经。故如何露得恰如其分，是一门大学问。

（1）对颈部有自信的人，穿着V字领的衣服，再搭配以白金项链，能衬托美丽的颈线。

（2）对肩部有自信的人，不妨穿着削肩、直筒形服装；如果担心肩露出太多，可以缀缝一些花边或是搭配披肩。

（3）对胸部有自信的人，可以多解开一个衬衫的纽扣，穿透明衬衫搭配同色系的花边胸罩。

（4）对大腿有自信的人，可以穿着迷你裙。若穿长裙的话，最好露出脚踝。

4. 学会动作语言

动作语言，也就是语言的辅助手段，如手势、眼神、表情、姿势等。

有些女人不善用手势而善用眼神、身体的姿态，脉脉含情的目光、嫣然一笑的神情、仪态万方的举止、楚楚动人的面容，有时胜过千言万语。

5. 显露羞态

害羞是女人吸引男人并增加情调的秘密武器，出现得适时而又恰如其分，便成媚态。害羞是一种女性美，如一派天真的脸上突然泛起红晕的少女，没有哪个小伙子会不动心。但要注意此态不可使用过度，否则就走向反面了。

女人味不是天生就有的，女人如果在平时的生活中、细节里多加注意，谁都可以拥有自己独特的女人味。

❧ 别丢了"矜持"两个字 ❧

【气质女人修炼锦囊】

女人总要懂得矜持。矜持，永远是女人的最高品位，好男人就是在矜持女人的熏陶下所生成的产物，矜持女人是不怕找不到理想男人的。但最后要切记：矜持也要有度，过于追求矜持，结果只会适得其反。

作为一个女人，毋庸置疑，你的一生将会陪伴一个男人度过，而男人最喜欢的莫过于矜持的女人。与矜持的女人在一起，男人才会真正懂得为什么女人需要男人去珍惜，去尊重。

矜持是人的一种素养。一个有内涵的女人，她的生活字典里是少不了"矜持"这两个字的。那何谓矜持呢？矜持是一种羞涩，也是一份清高，是对自己的爱护和尊重，那是人的一种高贵优雅的姿态。正因为有了这样的一种矜持，才使人觉得这个女人真是一个有气质、有涵养的人。

因为矜持的女人是婉约的，是高贵的，她在低吟浅笑间就能够流露出一种赏心悦目的温柔。女人的矜持便好似一条内敛、深邃的小溪，她也许没有你理想中的那种浪漫、婉转，但在她目光流转的神思里，你能领略到某种浪漫的滋味。你能说她不懂浪漫吗？矜持女人的浪漫，是要能懂得欣赏的男人才能欣赏到的。可以说，一个矜持的女人，便是一棵专心的秋海棠，她的所有激情与浪

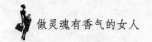

漫，都只为她期待的那个男人而绽放。矜持的女人是傲气的梅，她骄傲却不冷漠，也许她的外表很冷，但是却不失一种"酷酷"的感觉。

矜持的女人原来最是时尚，她知道如何在传统与新潮的思想中游走。对于该保持的传统，她绝不轻易放弃；对于该放弃的所谓时髦，她绝不吝啬。所以她的矜持，永远为她的美丽和魅力做了一道加法；矜持的女人，其本身便是一道优雅的风景线。

一个毫无矜持概念的女人是不堪想象的，放荡不羁，没有底线，为了自己的男人做牛做马都心甘情愿、毫无怨言，你以为这样那个男人就对你死心塌地了？实际上恰恰相反，你的作用，只是充当了一个保姆，一个男人要一直生活在保姆的臂弯里，哪能活得潇洒、活得恣肆呢？男人别说感受不到爱了，生活的趣味也全无了。

像经营商品一样经营自己

【气质女人修炼锦囊】

去商场买东西，我们宁可多花钱也要买品牌商品，就是因为品牌商品有品质保障。我们每个人也要打造"个人品牌"，你的名字就是你的"个人品牌"。一旦拥有了个人品牌，你在职场中就能所向披靡。

要打造个人品牌，你就要时时保持你的竞争力。往往，你的个人品牌也代表着你的道德观、作风、形象、责任，好的品牌之所以强势，就是因为它结合了"正确的特性""吸引人的性格"，以及随之而来的与消费者的"良好互动关系"。

如何才能打造自己强势的个人品牌呢？哈佛大学女性气质培训课提供的一些建议。

1.不断提升自己的专业能力

针对工作的需要，拥有专业能力的专家，就是知识丰富、执行力强，是可以帮企业解决问题的人。"拥有专业能力"是一种绝佳的个人品牌，是一种内涵的呈现。由于不断地有新知识及新技术的推出，为了避免过时，必须不断地增强专业能力，这是打造"个人品牌"首先要注意的。

2. 拥有谦虚的态度

即使你已经拥有很好的成绩，谦虚仍是非常必要的。许多社会中的名流人士，越是成功，越是对人谦和。无论什么时候，谦虚的人都会受欢迎。如果你能力有限，谦虚会让人感觉你诚实上进。如果你工作能力很强，谦虚会让人感觉你受过良好的教育，综合素质很高。

3. 保持学习能力及学习兴趣

学习能力及学习兴趣是打造个人品牌的重要手段。一个不断学习的人内在是丰富的，也会更容易拥有自信心及保持谦虚的态度。学习会让你时时刻刻感觉在进步。学习会让你找到自身的不足，从而获得进步。

4. 强化沟通能力

沟通能力包括倾听能力及表达能力。个人品牌必须通过沟通能力传达出去。你要能在大众面前清楚地表达观点，通过文字传达思想，也要学习站在他人的角度看事情，尝试以对方听得懂的语言沟通，为了达到这个目的，倾听是必要的。

5. 亲和力

亲和力是一种甜美的气质，让人在不知不觉中被你吸引。亲和力也是一种柔软的积极性，使人通过"与人亲善"的特质发挥更多的影响力。

6. 外表

外表是很重要的。当别人还没有机会了解你的内涵，就会从你的外表开始判断你的好坏。努力让你的外表看起来清清爽爽、专业诚恳，以整洁利落来诉说你充沛的精力及良好的态度，这是职场女性必备的能力。

建立个人品牌，可以从自己的强项开始。找到自己的强项，挖掘自己的独特能力，这是快速脱颖而出的秘诀。

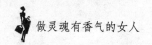

女人的品位与她的博学成正比

【气质女人修炼锦囊】

人们常说，做人要有气质，做事要有风格。作为一个女人，也要有自己的特色。纯真的气质彰显着女性深邃的内涵，高雅的风采闪烁着赏心悦目的亮光，这就是"女人的品位"。

每个女人都渴望成为一个有品位的人，因为真正的品位，会使终日蒙尘的生活闪闪发亮。执着于品位的女人是热爱生活的人，追寻有品位生活的女人，绝对是优雅与别致的女人。我们从来不会吝啬把"美女"的头衔给一个女人，而我们却很少夸一个女人有品位。

高品位是内涵的外在表现。因为一个人的品位，是与其环境、经历、修养、知识分不开的。只有有意识地培养良好的修养，积累丰富的知识，才能有充实的内心世界，才能表现出高尚的思想和高雅的品位。有品位的女人是善良、机智的，又是成熟的，而且知识广博丰富，思想深刻充实，谈吐文雅大方，衣着雅致得体。女人可以容忍男人有种种缺点，却不会容忍男人无所事事。反之亦然，男人可以容忍女人没有工作，没有收入，没有好的家世相貌，但绝不会容忍一个不学无术的女人作为自己的另一半。

而且，不学无术的女人也就失去了自身的魅力，更谈不上品位二字。一个只会注重着装打扮的女人是浅薄的，内涵是空虚的，底蕴是单薄的。想要依靠男人的女人是脆弱的，她失去了自我，成为别人手中的玩偶，命运之线也就操控在别人的手中。真正有品位的女人，绝对不会让自己陷入这样的境地。

菲菲是一家知名房产集团的副总裁，几年前，她到一个破产拍卖的机械厂考察。这里到处是散布的大树和杂草，还有一些废旧的机械和厂房。在别人眼里，这块地方改造难度太大。但菲菲决定把这个破旧的花园式工厂彻底改造成一个低密度、高品质、50%原生态绿化覆盖率的大型艺术生态居住小区。

她请12名国内外知名艺术家以工厂原有的机器设备、生产的产品零部件为原料开始创作，那些原先看起来毫无用途的破旧厂房和废旧机器竟然成了园区的点睛之笔。为了保护分散生长的树木，她邀来美国某知名大学景观设计系主任做技术指导，再请来园林工人，将这些大树进行全冠移植。造房挖出的土，也被她像宝贝一样保存起来，而且还专门安排了两个人每天浇水。土里有很多珍贵的树种和草籽，可以让新建小区充满自然的野趣。不久，小山一样的土堆已经长满了不知名的野花和狗尾巴草。

这就是菲菲的品位。她不会跟风去做什么"欧式风""小镇系列"等楼市概念，而是在复杂细节中融合历史文化和现代技术，使自己的房子既有极高的品质，也凸现出大气的现代风格。这个生态小区一经推出就引发了购房热潮。菲菲的事业获得了巨大的成功。

从菲菲的故事中，我们可以看到，女人的品位其实是与她的博学程度相联系的。所以，不要做一个除了基本生活技能外什么都不知道的女人，多懂一些知识，就会多一些品位，让自己成为一个成功的女人。

有品位的女人会用自己的眼睛发现身边的美，并用心去感受它。其实品位的培养并不复杂，每一个注重细节打造的女人，都有机会成为品位女人。一瓶花、一杯茶、一首歌……都可以在无形中烘托出一个品味女人。

插花是有品味的女人的一堂必修课。把大自然的绿色和鲜花带回家，通过自己动手布置，可以调剂生活、陶冶情操。在安静的房间里，让自己平静，看着摊开一桌的香艳花草，赏心悦目，为平凡的都市生活增加典雅。

音乐是有品位的女人应具备的艺术素养。在假日悠闲的午后，沏一壶绿茶，闭上眼睛，走入音乐的世界。想象自己正漫步在斜阳下的山坡上，沐浴着清香的微风，或是静坐在斜阳西照的花园里，回想往事……经典音乐，使女人如醍醐灌顶，一切烦躁都变得云淡风轻。

　　茶道让有品位的女人心灵更安静。好茶一壶，能让女人的心更加宁静，散发柔美内涵和女人独有的味道。在闲暇之余，还会领悟到其他的一些东西。闲暇之余，泡一壶好茶，约二三知己，一盏香茗，促膝清谈，只谈风月，无关名利，享受这滚滚红尘里片刻的柔软时光。

　　读书让有品位的女人更充实。腹有诗书的女人，好比一坛尘封已久的女儿红，打开来，香气扑面而来，令人迷醉。经典的书籍能让你洞察世事的通透。你的文字使你与众不同，在你的身上呈现出一种高雅，一种"可远观而不可亵玩"的清冽。腹有诗书的女人，历久弥新，回味悠长。

　　厨艺让有品位的女人更幸福。系上漂亮围裙，挽起缕缕长发，走进清淡雅致的厨房，切丝削片，快炒慢炖之间打点出曼妙美味，或是煲一个好汤，与心爱的人一起分享，又何尝不是女人的另一种韵味呢？为了爱，倾尽手艺，烧一桌好菜，更能使女人赢尽爱人的心。

　　装扮让品位女人更美丽。可可·香奈尔曾说过"永远要以最得体的打扮出门，因为，也许就在你转弯的墙角，你会遇到今生至爱的人"。这可以理解为女人装扮的最高境界：不能放过每个细节，一秒钟都不能懈怠。装扮是女人的第二语言，哪怕不交谈，它也能直接告诉别人，你的职业、品位、个人气质和文化层次。所以，即使是周末的午后，在阳台的躺椅上小憩，也要穿上最雅致的便服。

　　旅行让有品位的女人更悠闲。对于女人来说，旅行是漫无目的地行走，直到遇到好风景、好人情，再也迈不开步伐。女人的旅行没有计划，没有日程，走到哪里都是欣喜。在日复一日的工作里，也要懂得放下手头的文件，走出去，享受艳阳天，晾晒自己发霉潮湿的心情。在山野的风里自在地呼吸，你会发现世界的美丽。

　　女人的品位，是时间打不败的美丽。

比漂亮女人聪明，比聪明女人漂亮

【气质女人修炼锦囊】

聪明的女人都不如你漂亮，漂亮的女人都不如你聪明，这样完美的你走到哪里都是最抢眼的风景线。

哈佛大学曾经对办公室女郎的外表做过一项调查，结果显示美女很容易找到办公室文职这样的工作，她们的起薪水平高于其他相貌平平的女子，但是她们很难进入更高层的领域。因为这些领域对能力的要求要明显高于外表。《杜拉拉升职记》中，海伦就是这样一位外表出众的漂亮女郎，而她在公司的定位仅仅局限在秘书这个职位，而相貌平平的拉拉却凭借聪明的头脑和热情的干劲，在公司步步高升。

海伦和拉拉的经历告诉我们，良好的外表的确能给人带来很多优势，但外表只是"开场白"，它可以成为敲门砖，却不是成功的保证。

不够漂亮就会错失机会，但只有漂亮也是万万不行的。只有兼具了美丽与能力，才能让自己耀眼。

只在某一方面突出并不能称之为优势，强大的综合实力才能让你胜人一筹。就好比木桶原理，最高的那一节木桶再高，水最多还是只盛到最低的那一节木桶。所以，单有美丽的外表或者聪明的大脑不会保证你脱颖而出，但如果你既聪明又漂亮，还会有谁注意不到你呢？

哈佛大学一位系主任在谈到一位女讲师时，说："她应聘本系讲师职位时，从她一进门，我就感到她是我所渴望的人。她身上有着某种气质，把她那庄重的外表衬托得越发迷人。只有有素养、可信、正直、勤奋的人才有这样的光芒。第一分钟我就定下了人选，30分钟之后，我就让她第二天来系里报到。她没有让我失望，现在她已是最优秀的讲师。"

在众多的竞争者中，女讲师为什么散发出这种气质，系主任说得似乎很玄乎，但聪明人一眼就看得出来，因为她既有过硬的专业实力，又有极富吸引力的外表。这两项优点叠加起来与其他竞争者相比较就显得格外突出。系主任还有什么理由不选择她呢？

这个时代里，美女太多，有能力的女性也不少。如何在她们中间显露自己，女性朋友不妨想着从提高自己的"综合素质"入手，这里的"综合素质"就包括内在和外在两部分。外在就像你的硬件条件，你要修饰好你的面容、保持良好的身材、选择得体的穿着，并且要保持优雅的举手投足。而内在就像你的软件条件，你要积累丰富的学识、懂得为人处世的原则、修炼自己的品性，这样内外兼备的你才是最完美的。

∽ 品位，时间打不败的美丽 ∽

【气质女人修炼锦囊】

女人的品位，是时间打不败的美丽。女人要想提升自己的内在气质，就要注重培养自己独特的品位。

女人的品位是一个女人内涵的外在表现。

有品位的女人乐观向上，拥有高雅的爱好和情趣，会用自己的眼睛发现身边的美，并用心去感受它。她有丰富多彩的内心世界，她兴趣广泛、人文素养深厚、学识渊博。当她们谈起话来，古今中外，信手拈来，旁征博引，才华横溢。她们像一部百科全书，有探索不尽的宝藏，却无丝毫酸腐的陋习俗气。她们举手投足之间都显露出艺术的才能、淑女的风范。

有品位的女人不在乎功利，她们为自己营造一份平和的心境，随遇而安，不强求身外之物，不愤世嫉俗，面对物质的诱惑、世俗的刺激，待之坦然。她们在人生崎岖的旅途中，学会自我安慰、自我松绑、自我释放、自我陶冶。有品位的女人有独立的思想和人格，绝不会人云亦云、随波逐流。她们恰如绵绵流畅的散文诗，不低下、不媚俗，只求独自芳香的格调。她们痛恨粗俗，而把气质奉为精神风骨。

她们在形神之中给人制造第六感觉，这种感觉如一瓶名贵香水，无形中发散出芳香⋯⋯

有品位的女人是善良、机智的，又是成熟、稳重的。她们待人真诚而不虚伪，心性热情而不浮躁。她们关注社会却不人云亦云、随波浮沉，在喧嚣的人群中，她们可能只是一个沉默者，但绝不是个麻木者。

她们时时都有风情。当她们成为恋人时，她们多情妩媚；当她们成为妻子时，她们温柔细腻；当她们成为母亲时，她们宽宏博大，能成为一把伞、一棵树；当她们容颜渐老时，风韵犹存，经历了人生沧桑，风情变得更加醇厚、浓重。

女人的品位是真挚的博爱和慈善的宽容。女人的品位是浓郁的书香和美的诗韵。女人的品位是画，女人的品位是诗，女人的品位是乐曲。一个女人有了高尚的人格，她的品位必然高雅清新，焕发青春活力，生活必定多姿多彩，充满阳光。

·第二章·

良好修养，锻造内在气质风景线

有修养的女人，不管是年轻的姑娘，还是随着岁月的流逝而在其身上留下痕迹的老人，她的举手投足，她的一颦一笑，她的整体气质，都会让人感到如沐春风。其优雅的底气，处处展示着女性的魅力。

❧ 培养良好气质的 8 个步骤 ❧

【气质女人修炼锦囊】

女性以独特的气质之美展现其独特的魅力，赢得成功人生。女性独特的气质，不仅体现在天生丽质上，更体现在出众才华上；女性迷人的魅力，不仅荡漾在花容月貌上，更洋溢在如兰似蕙的修养与品质中。

哈佛大学的女性气质培训课程指出，女人要培养良好的气质，就要做到：

1. 懂得修饰自己

懂得爱护自己的女人一定懂得打扮自己。因此，从头发的样式、护肤品的选用、服饰搭配到鞋子的颜色，无一不需要你细心地打理。从头到脚的细致，当然是需要花很多时间和心思的，因此要想做有高贵气质的女人，就必须从做细致的女人开始。可别小看了细致，也许仅仅因为指甲油的颜色不协调就导致你前功尽弃。

毕竟，一个男人对着女人一张细致的脸说话要比对着一张粗糙的脸说话有耐心得多。尽管这样说会使大多数女人不满，但这又确实是不争的事实。所以，女人一定要懂得自我修饰，而且绝对不能偷懒。

2. 会欣赏自己

懂得自我欣赏的女人光彩照人、落落大方，灿烂的笑里有一股高贵的气息，让男人在仰慕的同时又有些敬畏。

但是，女人绝不能自以为是，盲目自我崇拜，那样比自卑的女人更可怕。气质高贵的女人最重要的一条，就是由内而外散发的文化气质。

文化气质的提升不只是单纯地看书、学习，还包括诸如上网浏览、交流，欣赏一部好电影，经常翻阅一些出色的时尚杂志，学学电脑和英文。只有不断加强修养，高贵气质的女人才能在绚丽的生活中游刃有余、潇洒自如，生活也将因此更加丰富多彩。

3. 学会爱自己

女人要学会爱自己，首先要了解自己，在努力使自己完美的同时，要对自己的一些无关痛痒的小毛病有包容的态度。只有了解自己的优势和不足，明确自己的人生目标，才不会整天抱着自己的小毛病郁郁寡欢！但是这并不是说只看见自己的优点，而是说要尽量发挥自己最大的优势，同时忽视那些无关紧要的小缺点。总之，女人要了解自己、包容自己、相信自己，使自己在面对困难和考验时有个坚强理性的态度！

4. 展示女性温柔的性格

女性要展示温柔的气质，要求女性要注意自己的涵养，要忌怒、忌狂，能忍让、体贴人。盛气凌人、傲气十足的女性往往会使男人敬而远之。温柔并非沉默，更不是逆来顺受、毫无主见。温柔表现在通情达理、富有同情心、吃苦耐劳、善良、温馨细致、性格柔和等女性风格之中，是女性特殊的处世魅力。温柔的女人像绵绵细雨，润物细无声，给人一种温馨柔美的感觉，令人心荡神驰、回味无穷。

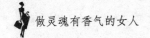

5. 坐拥书城，魅力永恒

一个仅仅会穿衣化妆的女人是浅薄的，内心是空虚的，底蕴是单薄的。没有文化的女人总是衰老得很快。"腹有诗书气自华"，只有有气质的女人才会有恒久魅力。品位来自文化，宽容来自文化，温柔来自文化，自尊来自文化，读书的女人是自强的女人、智慧的女人，是不依附于男人的女人，是真正能够征服男人和世界的女人！读书的女人能够更好地调整自己的心态，使自己快乐。她们温文尔雅但很有原则，她们看似柔弱但意志坚定，她们热爱生活但绝不屈服于生活。

6. 培养高雅的兴趣

高雅的兴趣也是女性气质美的一种表现。爱好文学并有一定的表达能力，欣赏音乐并且有较好的乐感，喜欢美术且有基本的色彩感，有一定的艺术气质，就会使女性的生活充满迷人的色彩。

7. 不断地充实自我

对现代女性来说，最忌讳的事便是得过且过，整天无所事事、百无聊赖。现代社会是竞争的时代，如果你不进取学习，就会退步。有修养的现代女性绝对不做一问三不知的"白痴"，她们总有深厚的知识底蕴。可以下班后多多学习，储备更多的专业知识和技能，同时多看报，留心经济讯息，多关注社会，并能根据科学发展的趋势进行预测，随时走在时代的最前端，保持宏观的视野。

8. 展示最真实的自我

几乎所有的女人都渴望自己在性格和外表方面对别人具有更大的吸引力。在现实生活中，真实的你是最能打动人的，因为这样的你有血有肉，有喜怒哀乐。真正有修养的人，气质是从骨子里透出来的，绝不是矫揉造作。所以女性一定要学会接受自己的外貌，对别人热情，关心他人；仪态端庄，充满自信；保持幽默感；不要惧怕显露真实的情绪；有困难时，真诚地向朋友求助。

快乐永远属于自找快乐的女人

【气质女人修炼锦囊】

任何时候，我们都有争取快乐的权利，除了你自己，谁也无法剥夺。聪明的女人应该学会好好使用你这项珍贵的权利，尽情享受生活的快乐。

这世上最快乐的人不是那些生下来就富有的人，也不是那些天生就聪明的人，而是懂得自己去寻找快乐、自娱自乐、苦中作乐的人。想要收获快乐，就要收起女人悲悲戚戚、哀哀怨怨的习惯。

通常的人都不了解，爱和友情是不会像礼物一样包装得漂漂亮亮地送到你手上的。一个人需要努力去让别人喜欢，但却不能将爱、友情和美好时光当作合同来签订。

让我们面对事实！丈夫死了，妻子死了，但是法律没有限制还活着的妻子或丈夫寻求快乐的权利。只是，他（她）必须了解，快乐，不能将之视为救济金或施舍品一样理所当然，我们得让自己更可爱、更受欢迎才行。

想象一下，一艘在地中海碧波中航行的客轮，许多快乐的夫妇在船上度假，还有一些热恋中的年轻人。在欢乐的游客之中，有一位60多岁、一人独旅的笑容满面的母亲。

这是她第一次在海上掌握了快乐的窍门。她，也失去了丈夫，曾经也非常悲伤，但有一天早上醒来，她便将悲伤的外衣丢掉，投身新生活之中。这是她经过深思和计划而做出的决定。她的丈夫一直是她的爱和生命，但如今这一切已成过去。她原有的第二兴趣——绘画，本来是一项爱好，如今成了她生活中最重要的活动。它不仅陪伴她度过了那段悲伤的日子，而且还给了她一个最大的报偿——独立的事业。

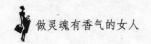

有段时间，她不愿抛头露面且羞于见人，因为长久以来，她丈夫一直是她的伴侣和力量。她长得不美，也不富裕，在那段怀疑和绝望的日子里，她问自己能做什么，要怎么样人们才会接受她，并愿与她为伴。

答案终于出来了——她必须让自己被他人接受，她要付出她自己，而不是指望别人的付出。

她擦干眼泪换上微笑；她忙着画画；她去拜访老朋友，提醒自己表现出欢乐的样子；她谈笑风生，从不在朋友家停留过久。不久，朋友们就都争相邀请她去参加晚宴了，而且她还应邀到社区活动中心去开画展。

几个月后，她登上了地中海这艘客轮。很显然，她是船上最受欢迎的游客，她跟每一个人都表示出友好，但是保持超然，不陷入任何私人恩怨中，也绝不依附于任何人。轮船靠岸的前一天晚上，船上最快乐的一次聚会是在她的舱房里举行的，她以谦逊的方式回报旅程中他人的邀请。

此后，这位女士又做了几次这样的旅行。她已经知道如果想要得到别人的友情，自己必须关心生活和奉献自己。不管走到哪里，她都能创造出友好的气氛，很受大家欢迎。

快乐永远属于自找快乐的女人。

❧ 发脾气无法让你变得安宁 ❧

【气质女人修炼锦囊】

既然我们每个人都能影响别人和受别人影响，那么我们何不放下心中的怒火，给别人一片安宁呢？这样，我们从别人那里得到的，也将是一种安宁。

如果我们的心中存在不满，就总想找地方发泄出去，而最为直接的发泄方式就是发脾气。很多人认为，发脾气是最好的发泄方式，因为如果事情一直憋在心里，很容易憋出病来。可是宣泄出去了，心里就得到了放松，情绪上也会趋向平稳了。可是这样的说法是错误的。因为我们每个人都是相互影响的，一个人的怒火在发脾气中得到了释放，那么必定会有其他人受了这种不良情绪的影响，身心都受到了委屈。如果每个人都选择用发脾气的方式来宣泄自己，那么这个世界恐怕再无和平与安宁了。

心理学上有一个"踢猫效应"的故事：

一公司老板因急于赶时间去公司，结果闯了两个红灯，被警察扣了驾驶执照。他感到十分沮丧和愤怒。他抱怨说："今天活该倒霉！"

到了办公室，他把秘书叫进来问道："我给你的那5封信打好了没有？"

她回答说："没有。我……"

老板立刻火冒三丈，指责秘书说："不要找任何借口！我要你赶快打好这些信。如果你办不到，我就交给别人，虽然你在这儿干了3年，但并不表示你将终生受雇！"

秘书用力关上老板的门出来，抱怨说："真是糟透了！3年来，我一直尽力做好这份工作，经常加班加点，现在就因为我无法同时做好两件事，就恐吓要辞退我。岂有此理！"

秘书回家后仍然在发怒。她进了屋，看到8岁的孩子正躺着看电视，短裤上破了一个大洞。在极其愤怒之下，她嚷道："我告诉你多少次了，放学回家不要去瞎疯，你就是不听。现在你给我回房间去，晚饭也别吃了，以后3个星期内不准你看电视！"

8岁的儿子一边走出客厅一边说："真是莫名其妙！妈妈也不给我机会解释到底发生了什么事，就冲我发火。"就在这时，他的猫走到面前。小孩狠狠地踢了猫一脚，骂道："给我滚出去！你这只该死的臭猫！"

从这个故事中我们看出：本来是一个人的愤怒，可是经过了多番的传递，最后竟然将怒气转嫁到了猫的身上。这只猫没有办法像人类一样发泄自己的不满，否则这样的情绪传递估计就没有尽头了。所以，在面对自己的不良情绪

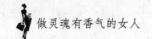

做灵魂有香气的女人

时，要尽可能地想办法控制，而不是直接发泄出去。

当然，这里说的"控制"，不是说让你有什么事情都不说，有什么委屈都不去反抗，而是将大事化小，小事化无。试想，我们每天都会面对很多人，经历很多事情，如果别人不小心踩了自己一下，或者等公车的时候被撞到了头，就觉得受到了莫大的委屈，之后就要发脾气去怒火，那不是太不值得了吗？

❦ 让自己成为"无毒美人" ❦

【气质女人修炼锦囊】

> 天下有很多东西是毫无价值的。抱怨就是其中一种，所以，我们要学会拒绝抱怨。

今天抱怨这个，明天抱怨那个，仿佛一刻不说抱怨的话，就感受不到心里的平衡。可只是一味地去抱怨自身的处境，对于改善处境没有丝毫益处，只有先静下心来分析自己，并下定决心去改变它，付诸行动，它才能向你所希望的方向发展。一分耕耘一分收获，不要企望在抱怨或感叹中取得进步，事情的进展是你的行为直接作用的结果。事在人为，只要你去努力争取，梦想终能成真。

画家列宾和他的朋友在雪后去散步，他的朋友瞥见路边有一片污渍，显然是狗留下来的尿迹，就顺便用靴尖挑起雪和泥土把它覆盖了，没想到列宾发现时却生气了，他说，几天来他总是到这来欣赏这一片美丽的琥珀色。

在生活中，当你老是埋怨别人给你带来不快，或抱怨生活不如意时，想想那片狗留下的尿迹，其实，它是"污渍"，还是"一片美丽的琥珀色"，都取决于你自己的心态。

220

不要抱怨你的生活不好，不要抱怨你的收入不高，不要抱怨你住在破房子里，不要抱怨你空怀一身绝技没人赏识你，现实有太多的不如意，就算生活给你的是垃圾，你同样能把垃圾踩在脚底下，登上世界之巅。

孔雀向王后朱诺抱怨。它说："王后陛下，我不是无理取闹来诉说，您赐给我的歌喉，没有任何人喜欢听，可您看那黄莺小精灵，唱出的歌声婉转，它独占春光，风头出尽。"

朱诺听到如此言语，严厉地批评道："你赶紧住嘴，嫉妒的鸟儿，你看你脖子四周，如一条七彩丝带。当你行走时，舒展的华丽羽毛，出现在人们面前，就好像色彩斑斓的珠宝。你是如此美丽，你难道好意思去嫉妒黄莺的歌声吗？和你相比，这世界上没有任何一种鸟能像你这样受到别人的喜爱。一种动物不可能具备世界上所有动物的优点。我赐给大家不同的天赋，有的天生长得高大威猛；有的如鹰一样的勇敢，鹊一样的敏捷。大家彼此相融，各司其职。所以我奉劝你去除抱怨，不然的话，作为惩罚，你将失去你美丽的羽毛。"

抱怨的人不见得不善良，但常不受欢迎。抱怨的人认为自己经历了世上最大的不平。但他忘记了听他抱怨的人也可能同样经历了这些，只是心态不同，感受不同。

抱怨实属人之常情。然而抱怨之所以不可取在于：抱怨只会使以后的路更难走。抱怨的人在抱怨之后不仅让别人感到难过，自己的心情也往往更糟，心头的怨气不但没有减少，反而更多了。

常言道：放下就是快乐。与其抱怨，不如将其放下，用超然豁达的心态去面对一切，这样迎来的将是另一番新的景象。

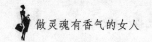

∽ 把烦恼轻轻放下 ∽

【气质女人修炼锦囊】

懂得放下的女人，气质格外不同。印度诗人泰戈尔曾说："世界上的事情最好是一笑了之，不必用眼泪去冲洗。"女人要学会的就是停止抱怨、停止忧虑，放下烦恼，灿烂的彩虹就会出现。

"有生活，就有烦恼。"这句话告诉我们，没有人一生都一帆风顺，人人都有烦恼，一种没有烦恼的生活只是人们的幻想而已。有些女人因为这些大大小小的烦恼搞得自己心力交瘁，而聪明的女人，她们会定期清理自己的烦恼，整理自己的思绪，不让烦恼侵占自己的生活。

烦恼这敌人，是无处不在的。

女人的心是细腻的，想的事情也多，因而更容易被烦恼折磨得遍体鳞伤。少女时代，担心自己不够美丽；结婚后，又怕丈夫的心不放在自己身上；有了孩子后又担心孩子的升学问题。总之，她们很容易烦恼，而这些烦恼势必产生心理疲劳，甚至发展为心理疾病。

有的女性之所以感到生活很累，整日无精打采，有的竟未老先衰，就是因为习惯于将一些事情吊在心里放不下来，结果在心里刻上一条又一条"皱纹"，把人折腾得疲劳而又衰老。其实大可不必这样。须知，人生不如意事十之八九，只要想得开，就没有什么放不下的事情。

脆弱的女人为情烦恼。情丝纠缠，患得患失，愁肠百转。如能摆正自己的立场，尽情享受情爱的滋润，而不让自己陷入感情的纠葛，女人的心情定会轻松不少。

虚荣的女人为利烦恼。功名利禄只是身外之物，有所失必有所得。女人对于浮华的追逐不应太过执着，应放开胸怀，少去索取，多多付出，便不会终日停留在郁闷焦躁中。

所有的女人都会面临各种各样的烦恼，但有些女人却总是满面春风，看上去似乎事事如愿。原因很简单，有烦恼也不要总去想它，尽量忘记它，不给自己任何机会去引起烦恼，不让自己的心有机会独处。这样过一阵子，烦恼就会淡去。

一个农场主，雇了一个水管工来安装农舍的水管。水管工的运气很糟，头一天，先是因为车子的轮胎爆裂，耽误了一个小时；接着是电钻坏了；最后呢，开来的那辆载重一吨的老爷车趴了窝。他收工后，雇主开车把他送回家去。到了家门前，水管工邀请雇主进去坐坐。在门口，满脸晦气的水管工没有马上进去，而是沉默了一阵子，再伸出双手，抚摸门旁一棵小树的枝丫。待到门打开，水管工笑逐颜开，和两个孩子紧紧拥抱，再给迎上来的妻子一个响亮的吻。在家里，水管工喜气洋洋地招待这位新朋友。雇主离开时，水管工陪他向车子走去。雇主按捺不住好奇心，问："刚才你在门口的动作，有什么用意吗？"水管工爽快地回答："有，这是我的'烦恼树'。我到外头工作，磕磕碰碰总是有的。可是烦恼不能带进家门，因为里头有太太和孩子。我就把它们挂在树上，让老天爷管着，明天出门再拿走。奇怪的是，第二天我到树前去，'烦恼'大半都不见了。"

烦恼是心灵的垃圾，是成功的绊脚石，是快乐生活的病毒。但你可以让烦恼远离自己的心灵，把它挂在"烦恼树"上。这棵树可以是无形的，栽在心田一角；可以是有形的，像故事中的这棵"烦恼树"；可以是在电话里向至交好友一番尽情地倾诉；可以是日记本中一场自由的宣泄。把烦恼交出去，它就不会在心里堆积、霉变，长出情绪的毒瘤。

"宠辱不惊，看庭前花开花落；去留无意，望天上云卷云舒。"放下是一种大气，是一种境界。

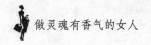

❧ 用感恩之心体味生活 ❧

【气质女人修炼锦囊】

懂得感恩，肉体的痛苦便显得微不足道，它永远无法抹杀精神的快乐。感恩的心不会在命运阴霾的笼罩下窒息，反而会永远生机勃勃。

为何有些女人总是抱怨自己的生活呢？抱怨自己的外表不够美丽，抱怨拥有的财富不够多，抱怨家庭不够幸福、丈夫不够体贴、孩子不够懂事，抱怨自己的生活太过平凡。但女人是否应该换个角度，发现你所拥有的，感恩生命赋予你的东西。一个拥有感恩之心的女人，就不会被虚荣蒙上你的眼睛。

曾经有人说过这样一段话：

如果早上醒来，你发现自己还能自由呼吸，你就比在这一周离开人世的100万人更有福气。

如果你从未经历过战争的危险、被囚禁的孤寂、受折磨的痛苦和忍饥挨饿的难受……你已经好过世界上5亿人。

如果你的冰箱里有食物，身上有足够的衣服，有屋栖身，你已经比世界上70%的人更富足。

如果你银行户头有存款，钱包里有现金，你已经身居世界上最富有的8%的人之列。

如果你的双亲仍然在世，并且没有分居或离婚，你已属于稀少的一群。

如果你能抬起头，带着笑容，充满感恩的心情，你是真的幸福——因为世界上大部分的人都可以这样做，但是，他们没有。

当你读完这段话时，内心是否也感到一阵巨大的震撼呢？你或许是平凡的，但你不一定就不是幸福的。你的财富往往就是这些看似平凡的东西，只要你拥有一颗感恩的心，就不会被虚荣蒙上你的眼睛，你才能够发现这一切，它们都不应当被你忽略。感恩者常乐。幸福也就是这么简单。

莎莎是北京大学外国语学院的在读博士生。小时候因误诊延误治疗而导致高位截瘫。23年来，她靠着惊人的毅力，不仅在病床和轮椅上学完了小学到硕士学位的学习，还掌握了四门外语。在2003年考入北大英语系读博士。

她的求学经历让听者无不为之动容。身体瘫痪后，莎莎在病床上开始了漫长的自学道路。由于她只能躺在床上，不方便看书，有时候只能趴着看，久而久之，胳膊肘都磨出了茧子。她通过自学完成了初、高中的课程，萌生了参加高考的想法。可是，她那时仍旧不能坐稳，时间一长，腿会抽筋，抽筋的力量很大，甚至会把整个上身甩出去。而且，那时高考需要预选，莎莎不是在校学生，没有预选资格。为了能上学参加考试，莎莎用了一年的时间锻炼身体，练习长时间地保持坐姿。

后来，她又参加了一个自考培训班，上午上课，下午自习。因为上厕所等的不方便，下午莎莎都回家自习，通过刻苦努力拿到了自考的本科学位，并完全靠自学通过了第二外语——日语的全国统考。但就在她准备申请硕士学位时，"高教委"对一些学科申请学位的规定做出了调整。按规定，莎莎不得不在三年后的两次机会中重新考一次第二外语并通过，才能获得申请硕士学位的资格。

要强的莎莎心有不甘，决定再考，并且选择了学习一门新的外语——法语。又是两年苦战，她付出了比别人多几倍甚至几十倍的心血，终于得到了回报，以71分的合格成绩通过考试。这个分数，莎莎刻骨铭心，她为了硕士学位所付出的努力，终于没有白费。

她就这样顶着命运的打击、生命的苦难，终于敲开了燕园的大门，成为一名博士生。

面对生活的苦难，莎莎总是牢牢记住这三句话：

我们这些健康人都是暂时的健康，谁也不知道会发生什么。

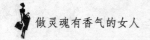

怨天尤人解决不了问题。

我珍惜生活里的每一天。

你觉得她很不幸吗？不！她绝对是一个幸福的女人，一颗感恩的心让她平静、满足，让她懂得珍惜，学会欣赏，让她不会停留在痛苦和绝望中，让她拥有足够的信心和力量去拥抱每一个灿烂的明天。

所以，我们不必感叹别人的富裕，嫉妒别人的权势，因为我们的生命中也有很多让别人羡慕的精彩。抛开那些无休止的欲望吧，它只会令人徒增烦恼。只有当你知道自己幸福的时候，你才真正是幸福的人。

懂礼貌，有教养

【气质女人修炼锦囊】

优雅，表现了女人的修养和内涵，她们在举手投足之间，会使人觉得恰到好处，很有分寸。一个礼貌而又有教养的女人，能够赢得身边人对她的喜爱与尊重。

哈佛大学一位女性气质培训师曾评价一位女士说："你的粗俗将会毁了你的幸福。我要告诉你的是，只有举止优雅的女人，才会赢得男人的尊重和爱。"

合乎规范的、得体的仪态是女人气质的最佳体现。优雅女性的举手投足可能各有不同，但粗俗有定例，让我们来看看毁灭优雅的举止吧。

（1）语言习惯方面。不注意自己说话的语气，经常以不愉快或者对立的语气说话；应该保持沉默的时候，喋喋不休；打断别人的话；以傲慢的态度提出问题，给人一种唯我独尊的印象；尖刻地嘲笑别人；在不适当的时候打电话。

（2）行为举止方面。在公共场合化妆；在公共场合旁若无人地摆弄头发；在餐厅吃饭时脱掉鞋子；面对陌生人，用目光随便打量对方。

　　其实，优雅的行为举止和言谈方式并不是天生的，可以经过设计。所有大企业家和政治家、艺术家一样，他们的言行举止都是经过设计的。一位美国企业家坦然承认："如果你认识昨天的我，那么你就会说今天的我与昨天简直判若两人。因为我现在的一举一动都是经过精心设计的。如果说我们的企业设计有什么标志性的作品的话，那首先就是我。"另一位日本企业家也说道："我在走向经理岗位之前，公司对我进行了精心的形象设计与培训。因为我要代表一个企业，我必须抛弃原来大众所不认同的东西，比方说一些有个性的习惯等。我为此与形象专家们共同练习了三个多月。"

　　通过精心设计与练习，丑小鸭也会变成白天鹅。但是提升形象不仅要把外表装饰得很体面，更重要的是借外在表现内涵。内涵的提升需要一个长期不断的修炼过程。你必须从自己本身的条件出发，尽最大的努力，充分发挥自己的特质。外在条件永远是你的助手，只有你才是自己形象的真正主人。

　　除了优雅的仪态外，一个有魅力的女人还要处处保持良好的教养。一个人如果没有才，不会有人怪他，但是如果一个人没有好的教养，即使他才高八斗、学富五车也不会有人看得起他。因此，良好的教养是气质美的前提。哈佛大学女性气质培训课指出，良好的教养一般体现在以下 10 个方面：

　　（1）守时。无论是开会、赴约，有教养的人从不迟到。她们懂得，不管什么原因迟到，对其他准时到场的人来说，都是不尊重的表现。

　　（2）谈吐有度。注意从不冒冒失失地打断别人的谈话，总是先听完对方的发言，然后再去反驳或者补充对方的看法和意见，也不会口若悬河、滔滔不绝，不给对方发言的机会。

　　（3）态度亲切。懂得尊重别人，在同别人谈话的时候，总是望着对方的眼睛，保持注意力集中，而不是眼神飘忽不定，心不在焉，显得一副无所谓的样子。

　　（4）语言文明。不会有一些污秽的口头禅，不会轻易尖声咆哮。

　　（5）合理的语言表达方式。尊重他人的观点和智慧，即使自己不能接受或明确同意，也不情绪激动地提出尖锐的反驳意见，更不会找第三者说别人坏

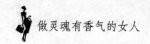

话，而是陈述己见，讲清道理，给对方以思考和选择的空间。

（6）不自傲。在与人交往相处时，从不凭借自己某一方面的优势，而在别人面前有意表现自己的优越感。

（7）恪守承诺。要做到言必信，行必果，即使遇到某种困难也从不食言。自己承诺过的事，要竭尽全力去完成，恪守承诺是忠于自己的最好表现形式。

（8）关怀、体贴他人。不论何时何地，对妇女、儿童及上了年纪的老人，总是表示出关心并给予最大的照顾和方便，当别人的利益和自己的利益发生冲突时能设身处地为别人想一想。

（9）体贴大度。与人相处胸襟开阔，不斤斤计较、睚眦必报，也不会对别人的一些过失耿耿于怀，无论对方怎么道歉都不肯原谅，更不会嫉贤妒能。

（10）心地善良，富有同情心。在他人遇到某种不幸时，能尽自己所能给予支持和帮助。

做个懂礼仪、有教养的女人，那么别人眼中的你一定是最有魅力、最值得喜爱的人。

平静、理智、克制

【气质女人修炼锦囊】

动不动就发脾气的女人只会让所有人敬而远之。

在我们身边，经常会看到一些这样的女士，她们脾气暴躁，为了一点点小事就会大发一顿脾气。倘若稍不如意，她们也会愤怒不已、火冒三丈。虽然女人不一定都像男人那样在发怒的时候大打出手，但还是很容易丧失理智，从而出言不逊，导致人际关系受到影响。当然，显而易见，很多人在冲动地发怒之后都会觉得追悔莫及。

这种心情很好理解，当人们，尤其是女性遇到不公正的待遇或是受到什么委屈的时候，选择发脾气这种方法来宣泄的确是个不错的主意。然而，我们在就要开始发脾气之前也许需要想一想，这种方法能给我们带来什么？能够让问题得到解决，还是让对方一起和自己分享快乐？当然两者都不是。这种做法只会换来别人的反感、厌恶甚至反抗。威尔逊总统曾经说："如果你是握紧一双拳头来见我的话，那么我绝对会为你准备一双握得更紧的拳头。可是，如果你是对我说：'我们还是坐下来好好谈谈，看看分歧究竟在哪？'那么我将会非常高兴地同意你的意见，而且我们也会发现彼此之间的距离并不很大，而且观点上也没那么大差异。其实，我们之间还是有很多地方存在共同语言的。"

很多女性往往把发脾气看成是人类的天性。的确，人是情感最丰富的动物，会根据自己的判断对事物做出反应。因此，在一定程度上，发脾气是一种正常的反应，是本性的真实流露。可是，我们毕竟是成人，而真正喜欢发脾气的是那些小孩子，因为他们的心智还不够成熟，克制力也不够强。也就是说，他们的人性的表现更加突出一些。可是，作为成年人，女性应该拥有成熟的心理，也就是说能够做到平静、理智、克制。

曾在许多女性的眼中，所谓的"平静、理智、克制"在当今的社会，已经成为了"懦弱"的代名词。如果自己不能以愤怒来反抗一些事情的话，就不能给自己争取到一些合理的权力。事实果真如此？哈佛大学的心理学教授丽莎不这么认为，因为她的朋友蒂斯娜女士就没有和她那个"吝啬"的房东发脾气，但却达到了她的目的。

蒂斯娜女士住在纽约的一家公寓里。前段时间，她的经济状况出现了一点问题，而这时房东却突然提出要抬高她的房租。老实说，蒂斯娜女士当时真的非常气愤，因为房东的行为的确有点"趁火打劫"的味道。不过，最后还是理智战胜了发热的头脑，蒂斯娜女士决定采用另一种方法来解决这个问题。她给房东写了一封信，内容是这样的：

亲爱的房东先生：

我知道，现在房地产的行情的确很紧张。因此，我能够理解您增长房租的做法。我们的合约马上就要到期了，那时我不得不选择立刻搬出去，因为涨钱后的房租对我来说有些难以接受。说真的，我不愿意搬，因为现在真的很难遇到像您这么好的房东。如果您能维持原来的租金的话，那么我很乐意继续住下去。这看起来似乎不可能，因为在此之前很多房客已经试过了，结果都以失败而告终。虽然他们对我说，房东是个很难缠的人，但我还是愿意把我在人际关系课程中所学到的知识运用一下，看看效果如何。

效果如何呢？那位房东在接到蒂斯娜的信以后，马上带着秘书找到了她。蒂斯娜很热情地接待了房东，并且一直没有谈论房租是否过高的问题。蒂斯娜很高明，只是不断地在和房东强调，她是多么喜欢他的房子。同时，蒂斯娜还不停地称赞他，说他是一个深懂管理的房东，表示愿意继续住在这里。当然，蒂斯娜也没有忘记告诉房东，自己实在负担不起高额的房租。

很显然，那个房东从来没有从"房客"那里受到过如此之高的待遇。他显得很激动，并开始抱怨那些房客无礼。因为在此之前，他曾经接到过14封信，每一封都是充满了恐吓、威胁、侮辱的词语。最后，在蒂斯娜女士提出要求之前，房东就主动提出要少收一点租金。蒂斯娜又提出希望能再少一点，结果房东马上就同意了。

后来，蒂斯娜在和丽莎谈论起这件事的时候说："我真的很庆幸当时没有随便地乱发脾气。虽然那还不至于让我露宿街头，但确实会给我带来很多不必要的麻烦。"的确，这就是平静、理智、克制的好处。它能让你找到解决问题的最佳途径。

设想一下，假如你的财产被别人破坏、你的人格受到别人的侮辱，那么你们会怎么办呢？我想，女士们一定会说："那还能怎么办？当然是做好一切准备，和那些可恶的家伙大干一场。"可如果小洛克菲勒在1915年的时候也选择用发泄自己的一时之愤来解决问题，相信美国的工业史就要改写了。

那一年，小洛克菲勒还不过是科罗拉多州的一个很不起眼的人物。当时，那个州爆发了美国工业史上最声势浩大的罢工，而且时间持续了两年之久。那些工人显然已经愤怒到了极点，要求小洛克菲勒所在的钢铁公司增加他们的薪水。同时，失去理智的工人开始破坏公司的财产，并将所有带有侮辱性的词语送给了小洛克菲勒。虽然政府已经派出军队镇压，而且还发生了流血事件，但罢工依然没有停止。

如果真的按照上面那些女士的想法去做，相信她们一定会要求政府严惩那些"暴徒"。可是，小洛克菲勒却没有。相反，他会见了那些罢工的工人，并且最后还赢得了很多人的支持。这一切都要归功于他的那篇感人肺腑的演讲。

在演讲中，小洛克菲勒非常平静，没有显出一点愤怒。他先是把自己放在工人朋友的位置上，接着又对工人的做法表示理解和同情。最后，小洛克菲勒表示，他愿意帮助工人们解决问题，而且他永远站在工人一方。

当然，他的演讲远没有这么简单，不过的确是一种化敌为友的好办法。相信，如果小洛克菲勒与工人们不停地争论，并且互相谩骂，或者是想出各种理由来证明公司没有错的话，结果一定会招来更加愤怒的暴行。

很多人的偶像，美国历史上最伟大的总统之一，亚伯拉罕·林肯曾经说："当一个人的内心充满怨恨的时候，就会对你产生十分恶劣的印象，那么即使你把所有的理论都用上，也不可能说服他们。看看那些喜欢责骂人的父母、骄横暴虐的上司、挑剔唠叨的妻子，哪一个不是这样？我们应该清楚地认识到，最难改变的就是人的思想。但是，如果你能够克制住自己的愤怒，以冷静、温和、友善的态度去引导他们，那么成功的可能性将大很多。"

林肯的这段论述可谓言简意赅，一语中的，能够带给人许多有益的启迪。有一个非常古老的格言："一滴蜂蜜要比一滴胆汁更容易招来远处的苍蝇。"对于人来说也是一样。我们想要解决问题，无非就是想要对方同意我们的观点。然而，你想获得别人的同意，首先就要做对方的朋友。你要让他们相信，你是最真诚的。那就像一滴蜂蜜灌入了他们的心田，而并不是一滴腥臭的胆汁。

当我们还是一个小孩子的时候，都曾经读过那本有趣的《伊索寓言》，其中一则寓言讲的是有关太阳和风的故事。

一天，太阳和风在一起讨论究竟谁更有威力。风显然很自信，高傲地说："我当然是最厉害的，因为所有人都害怕我的怒火。看到没有，我一定会用我的愤怒吹掉那个老人的外套。"于是，太阳躲到了云后面，而风则开始愤怒地吹起来。可是，虽然风已经很卖力气了，但老人却把大衣越裹越紧。最后，风终于放弃了，因为它觉得那是个坚强的老头，自己无法征服。这时，太阳从云后出来了，笑呵呵地看着老人。不久，老人就开始擦汗，脱掉了自己的外套。结果很显然，与冲动、激动、不理智的愤怒比起来，温和友善的态度更有效。

能够做到平静、理智、克制不仅可以帮助你们妥善地解决所遇到的各种问题，而且对女性的身心健康也是非常重要的。不妨回想一下，当你们想要爆发的时候，是不是有这样的感觉？你们会不会觉得心跳在加快、血压在上升，呼吸也变得急促起来。没错，这是由于交感神经过度兴奋引起的。洛杉矶家庭保健研究协会主席阿马尔·杜兰特曾经说："那些爱发脾气的人很容易患上高血压、冠心病等疾病。同时，情绪上太波动还会使人感觉食欲不振、消化不良，从而导致消化系统疾病。而对于那些已经患有这些疾病的人，发脾气也会使他们的病情更加恶化，严重的还会导致死亡。"

相信很多人在看到以上这段文字的时候，就已经开始为自己的健康担忧了。每个人都曾有过因为一点小事而乱发脾气的经历。不过如果此刻你已经有了一套很好的解决办法的话，那你就是最幸运的人。因为你已经学会了不再用别人的错误来惩罚自己，发泄自己的情绪，扼杀自己的健康，这不是最愚蠢的做法吗？

也许这些方法并不一定适合所有的女性，我们不妨把它当作蓝本，然后再结合自己的情况做出调整。要相信，做到平静、理智、克制并不是一件不可能的事。

· 第三章 ·

好性格，人见人爱的气质吸引力

性格是左右女人命运的重要因素和神秘力量，性格直接影响到女人婚姻的美满、事业的顺利和生活的幸福。发掘性格的潜能、运用性格优势可以影响女人生活的各个层面和人生走向。好性格是女人好命一生的积极推动力，女人的性格越好，社交能力越强，人际关系越融洽，收获的幸福感也越强。

～ 具有弹性的性格 ～

【气质女人修炼锦囊】

真正的智慧女性具有一种大气而非平庸的小聪明，是灵性与弹性的结合。一个纯粹意义上的"知性"女人，既有人格的魅力，又有女性的吸引力，更有感知的影响力。她不仅能征服男人，也能征服女人。

弹性是性格的张力，有弹性的女人收放自如、性格柔韧。她非常聪明，既善解人意又善于妥协，同时善于在妥协中巧妙地坚持到底。她不固执己见，但自有一种非同一般的主见。男性的特点在于力，女性的特点在于收放自如的美。其实，力也是知性女人的特点。唯一的区别就是，男性的力往往表现为刚强，女性的力往往表现为柔韧。弹性就是女性的力，是温柔的力量。有弹性的

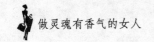

女人使人感到轻松和愉悦，既温柔又洒脱。

这类女人不必有闭月羞花、沉鱼落雁的容貌，但她必须有优雅的举止和精致的生活。不必有魔鬼身材、轻盈体态，但她一定要重视健康、珍爱生活。她们在瞬息万变的现代社会中总是处于时尚的前沿，兴趣广泛、精力充沛，保留着好奇纯真的童心。她们不乏理性，也有更多的浪漫气质——如春天里的一缕清风。书本上的精词妙句，都会给她带来满怀的温柔、无限的生命体悟。她们因为经历过人生的风风雨雨，因而更加懂得包容与期待。具有了灵性与弹性完美统一的内在气质。具体来说，女人的魅力主要体现在以下几个方面：

1. 丰富的内心

有理想，是内心丰富的一个重要方面；有知识，是内心丰富的另一个重要方面，这是现代女性所必不可少的。掌握一定的科学文化知识会让使女性魅力大放光彩。除此以外，女性还需要胸怀开阔。法国作家雨果说过："比大海宽阔的是天空，比天空宽阔的是人的胸怀。"然而，多数女人做不到这一点。

2. 突出的个性

女性的美貌往往具有最直接的吸引力，而后，随着交往的加深、广泛的了解，真正能长久地吸引人的却是她的个性。因为这里面蕴含了她自己的特色，是在别人身上找不出来的。正如索菲娅·罗兰所说："应该珍爱自己的缺陷，与其消除它们，不如改造它们，让它们成为惹人怜爱的个性特征。"刚柔相济是中国传统美学的一条原则，人的温柔并非沉默，更不是毫无主见。相反，开朗的性格往往透露出女性天真烂漫的气息，更易表现人的内心世界。

3. 优雅的言谈

言为心声，言谈是窥测人们内心世界的主要渠道之一。在言谈中，对长者尊敬，对同辈谦和，对幼者爱护，这是一个人应有的美德。

4. 高雅的志趣

高雅的志趣会为女性的魅力锦上添花，从而使爱情和婚后生活充满迷人的色彩。每个女性的气质不尽相同。女性的气质跟女性的人品、性情、学识、智力、身世经历和思想情操分不开。要有优雅的气质和风度，需有良好的教育和修养。

我们可以这么说，魅力实际上是一种无形的吸引力，是人类社会中各种交往活动不可缺少的条件，也是由心理的、社会的、文化的、习惯经验等诸多因素相融合的统一体，并在人际交往中得以充分的表现。魅力包含着深厚而丰富的心理内容，是一种人格特征，是人们心理机制与外在行为的完美统一，也是人世间评价美的唯一的标准。

❧ 温柔是温暖的港湾，人人都愿意停靠 ❧

【气质女人修炼锦囊】

作为一个现代女性，不仅要保留自己独立的个性，也要保留那传统的温柔之美，这会让你受益无穷，也是你一生的魅力所在。

谈起"温柔"，人们总是给它插上自由飞翔的双翅，把它喻为闭月羞花、沉鱼落雁、轻歌曼舞、雅乐华章，还有人把它喻为最纯洁的"水"。水——那一汪汪清冽粼粼、盈盈的水，是那么的明净透彻、可亲可爱，多少人为它发出了由衷的感叹，多少人对它表示了惊喜的礼赞——温柔之美啊！美就美在柔情似水。著名学者朱自清在《女人》一文中对女性的温柔做了绝妙的描绘："我以为艺术的女人第一是她的温醉空气，使人如听着箫管的悠扬，如嗅着玫瑰的芬芳，如躺在天鹅绒的厚毯上。她是如水的蜜，如烟的轻，笼罩着我们。我们怎能不欢喜赞叹呢……"由此可见，女性品格的这种温柔的美，是多么地令人陶醉，多么地令人沉湎，多么地令人神往！

女人最能打动人的就是温柔。当然，这种温柔不是矫揉造作，温柔而不做作的女人，知冷知热、知轻知重。和她在一起，内心的不愉快也会烟消云散，这样的女人是最能令人心动的。

一个女人站在面前，说上几句话，甚至不用说话，你就能感觉出这个女人

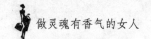

是不是温柔。这种女人味与年龄无关，甚至与外表也没有特别大的关系。

"现在的女孩子都一副咄咄逼人的样子，一点儿也不温柔！"经常可以听到一些男士对现代女性发出类似的怨言。的确，与过去的女性相比，有些现代女性很少有柔顺体贴、小鸟依人的时候了。取而代之的，是作风像男性、满不在乎的所谓"新潮女性"。对于男士的"悲叹"，你可能会柳眉倒竖、杏眼圆睁、气势汹汹地反驳："时代不同了，现在我们可是和男人'平起平坐'的。你大学毕业，我还念过研究生呢；你月收入3000，我还年薪50000呢！我干吗对你百依百顺，做出一副可怜兮兮的'柔弱'状？"

这些话虽然言之有理，但是不论中外，雄性都是代表阳刚，雌性则代表阴柔，有学问、有能力的女性固然令男士倾慕，但也不应该因此而失去女性特有的温柔。

所谓女人味，是指那种看起来含蓄、优雅、贤淑、柔静的女人的味道，也是一种令一般男性不可抗拒的力量。尤其是处于保守的东方社会，男人所期望的仍然是富有母爱温柔的女性，如果女性的行为太开放，言语太大胆，只会令男士们望而却步。

在生活中，男性的严肃常常显示出一种深沉、成熟、沧桑、刚毅之美，而女性的严肃则更多地给人以冷漠、严厉的感觉，甚至会得到"不像个女人"的评价。观察你身边的女人，你会发现：讨人喜欢、人缘好的往往不是那些"冷面美人""病态西施"，而是那些面相随和、温柔的女性。即使她的五官不精致、身材欠婀娜，但她洋溢着善良与爱心的神情气质，却能给人一种精神上的美感和情感上的抚慰。因为人是有思想的，需要的是鲜活生动的、感情上的相互交融与关爱。对于女性，人们期待更多的是一种蕴含着母爱的美，这是一种崇高的美。这种美能够弥补先天的缺憾，使年轻的女性可爱、年老的女性伟大。

温柔是女人的终极武器，哪个男人不愿意被这样的武器击倒？温柔有一种绵绵的诗意，它缓缓地、轻轻地蔓延开来，飘到你的身旁，扩展、弥散，将你围拢、包裹、熏醉，让你感受到一种宽松，一种归属，一种美。

温柔是女性独有的特点，也是女性的宝贵财富。如果你希望自己更完美、更妩媚、更有魅力，你就应当保持或挖掘自己身上作为女性所特有的温柔性情。

那么在日常生活中，女性怎样才能让自己的表现更温柔、更有魅力呢？哈佛大学女性气质培训课建议你可以从以下 7 个方面来培养并释放自己的柔性魅力。

1. 通情达理

这是女性温柔的最好表现。温柔的女性对人一般都很宽容，她们为人谦让、对人体贴，凡事喜欢替别人着想，绝不会让别人难堪。

2. 富有同情心

这是女性的温柔在为人处世方面的集中表现。对于老、弱、病、残、幼及境遇不佳者，女性都应表现出应有的同情，并尽自己最大的努力去帮助他们。

3. 吃苦耐劳

这是东方女人的传统美德，特别表现在家庭生活方面。已婚女人要相夫教子、孝敬长辈、勤俭持家，同时还要兼顾自己的工作，这就更需要女人有吃苦耐劳的精神。

4. 善良

就是要有爱心，对人对事都抱着美好的想法，乐于关心和帮助别人。对家人尤其是子女要表现出更多的关爱。

5. 性格柔和

温柔的女人绝对不会一遇到不顺的事就暴跳如雷或火冒三丈。以柔克刚，这是温柔女人的最高境界。

6. 温馨细致

让人心动的不只是一个女人做出了多么惊人的业绩，更多的情况下，是女人那种适时适地的细心关怀和体贴，最能叫人怦然心动。和她一同出门时，你吃东西弄脏了手，她将备好的纸巾递上；衣服扣子掉了，细心的她正好带着针线……这些细微之处充分体现了女人难以抗拒的温柔魅力。

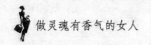

7. 不软弱

温柔绝不等于软弱。温柔是一种美德，是内心世界力量充实的表现，而软弱则是要克服的缺点，二者不可混淆。

总之，温柔可以体现在各个方面，在聪明女人的生活领域，处处都能体现出温柔的特征。而且值得回味的是，女性的温柔不但能够超越国家的界限，把它的芳香洒向世界各地，而且还可以突破时间、年龄的约束，永远贯穿于每个女性的一生。

女性正是依着自己那千种风流、万般妖娆的温柔性格，才给男士开辟了一个可以置身于其中的温馨世界，从而达到了爱情生活的美好和谐；才给男士创造了一个可以感受其内在的审美对象，女性从而在同阳刚之美的对立统一中看到了自身存在的价值，使自身的美感境界得以自由伸展和全面升华。

快乐让美丽女人更有魅力

【气质女人修炼锦囊】

快乐是一种积极的心态，一个女人若能从日常平凡的生活中寻找和发现快乐，就一定比别人幸福。

快乐是一种在积极的心态下努力去获取的过程。它并不是封闭式的自我陶醉，而是指一种可以轻松自然地体会自我、驾驭生活的心情。

快乐是一种态度——它不属于富人，也不属于穷人，它属于寻找快乐的人。

美在快乐的心态

一个人有没有美丽的容貌并不是很重要，关键是自己的心态是否良好。如果自己整天愁眉苦脸的，那么再美丽的容貌也可能让人敬而远之。反过来说，虽然一个人的容貌并不美丽，但是拥有快乐的心态、善良和宽容的心灵，为人处世非常得体，那么在人们的眼里，也是十分美丽和可爱的。外表的美丽只是一个方面，内心的美丽更为重要。快乐是幸福的源泉，快乐是自己心灵的一种满足。景物总是难以变化的，变的多是自己的心情。假如自己感觉快乐，那么整个世界也是美好的；假如自己感觉痛苦，那么整个世界也是丑陋的。

快乐的女人才有永恒的魅力

做一个快乐的女人，别人就会强烈地感受到你的魅力。

快乐的花朵会点缀你的整个人生，快乐是紧紧地抓住现在，让昨天所有的阴霾烟消云散，只留下理性的经验教训做今天快乐的基石；把明天的杞人之忧挡在门外，只让幸福的憧憬走进落地之窗，让自己尽情享受当下的人生！

快乐是自我的肯定，是在自我中发现种种可爱之处，对着镜子欣赏自己的美丽。快乐的女人要让自己的每一个早晨都滚动着露珠，每一个日子都有新鲜的花朵！

快乐来源于头脑的清醒。让身体、家庭、事业统统隶属于你的灵魂，你就是统管这一切的至高无上的尊贵女皇，它们从各个层次、各个方面构成了你那丰富多彩的女性世界。你支配它们、调度它们，让它们齐心协力为你弹奏出一曲优雅、华美、深厚的生命乐章。

你打扮自己，又善于保持个性风采；疼爱丈夫和孩子，但正如你不可能成为他们的一切一样，他们谁也不该独霸你的情感天地；认真读书却犯不上痴迷，工作在成为一种生命的享受时，才有不可遏制的吸引力与创造力。

快乐其实就在充实而朴素的生活中：它躲在厨房装满油盐酱醋茶的瓶瓶罐罐中，它藏进塞满了碎布头、毛线卷的抽斗，它钻入你读了一半的书页内，爬进你正在撰写的论文里，它隐身于丈夫、儿女的谈笑间。在温馨的灯光下，安静的课堂上，熙熙攘攘的菜市场，琳琅满目的百货店、炉火旁、水池边、花丛中、草叶间，它悄悄地、静静地望着你。

快乐就在我们每个人的身边，抓住快乐，拥抱快乐，你就是一个快乐的

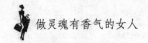

女人！

做个快乐的女人

快乐，是幸福生活海洋里激起的美丽浪花，是人生乐曲中振奋人心的音符，是一种积极向上的人生态度。快乐的春天纯洁无瑕，快乐的夏天绚丽多彩，快乐的秋天金光闪烁，快乐的冬天自然宁静。

由于年龄、阅历的不同，每个人快乐的感觉是不一样的。老年人的快乐似一坛酱香浓郁的好酒，中年人的快乐似一缕和煦的春风，小孩子的快乐似五彩缤纷的气球，而少男少女的快乐则似跳跃着的音符。

那么女人呢？其实，女人的快乐最简单，似一片白云那么纯洁，似一杯清茶那么清香，似一点星光那么宁静，似一抹朝霞那么绚烂。

女人的快乐从何而来？那就更简单了。温馨的家庭使女人快乐，富有挑战性的工作使女人快乐，在自己愿意做的事情中感受快乐，在对人生的感悟中体味快乐。

快乐好比一杯红酒，女人完全可以按照自己的口味亲自调制。

下面是哈佛大学女性气质培训课提供的几种调制快乐的方法：

1. 不贪图安逸

快乐的人总是离开让自己感到安逸的生活环境。快乐有时是人离开了安逸的生活才会产生的感觉，从来不求改变的人自然缺乏丰富的生活经验，也就难以感受到快乐。

2. 不抱怨生活

快乐的人并不比其他人拥有更多的快乐，只是因为他们对待生活和困难的态度不同，他们从不问"为什么"，而是问"为的是什么"，他们不会在"生活为什么对我如此不公平"的问题上做长时间的纠缠，而是努力去想解决问题的方法。

3. 勤奋工作

专注于某一项活动能够刺激人体内某种激素的分泌，它能让人处于一种愉悦的状态。工作能激发人的潜能，让人感到被需要和身负重任，这给人以充实感。

4. 感受友情

一个人如果没有友谊，就会感到孤独寂寞，不可能有更多的欢乐。因此，人的生存需要有朋友。至于如何交友、交什么样的朋友，这要根据各人的要求去选择。对待朋友，应本着尊重、友爱、信任、互助的态度，努力使友谊醇厚、持久。遇到不愉快的事情或矛盾时，要多和朋友交流，商讨解决问题的办法。闲暇时，也可和朋友做一些有意义的活动，充实生活。事实证明：真正的友谊会给你带来幸福和快乐。

5. 降低负面影响

少接收一些有关伤感、悲伤、恐惧等负面的消息，这样无形中就保持了对世界的一种美好乐观的态度。

6. 给自己动力

通常人们只有通过快乐和有趣的事情才能够拥有轻松的心情，但是积极乐观的人能从恐惧和愤怒中获得动力，他们不会因困难而感到沮丧。

7. 树立生活的目标

快乐幸福的人总是不断地为自己树立一些目标。通常人们会重视短期目标而轻视长期目标，而长期目标的实现更能给人们带来幸福的感受，你可以把你的目标写下来，让自己清楚地知道为什么而活。

8. 心怀感激

人的生存不是孤立的，而是相互依赖的。在生活中，每个人的思想、性格、品质不尽相同，所表现的言行也不一样。抱怨的人把精力全集中在对生活的不满之处，而快乐的人把注意力集中在能令他们开心的事情上，所以，他们更多地感受到生命中美好的一面，因为对生活的这份感激，所以他们才感到幸福和快乐。

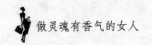

❧ 善良娴静，诠释出无言的脱俗 ❧

【气质女人修炼锦囊】

女人的美德，应首推善良的心灵。

试想，一个女人如果心胸狭窄、心地险恶的话，她的外形、声音再女性化，男人也不会长久地欣赏她的。即便开始他或许会迫不及待地追求她，但一旦认清她的"庐山真面目"，就会避而远之。

而与一个善良的女人相处，男人不仅无须戒备，而且会特别放松，时不时还会被她的美德善行所感动，除爱情之外，更对她有一份敬意。这样彼此敬爱交织、敬爱有加，便铸就了双方感情的铁打江山。

善良，主要体现在对弱者的同情和对处于困境者的支援。在大街上经常会看到一些女人，遇到乞丐，总会送上一元几角；看到行动不便的老人、残疾人，有需要时便上前搀扶一把。

善良的女人，不仅能够做到"己所不欲，勿施于人"，而且还会设身处地为对方着想。如有一位在广州工作并成家的男士，一次突然接到住在农村老家父母的信，信中说："家中房屋被洪水冲塌了，好在你及时寄钱来，现在房屋已重新建起来了。"接到这样一封信，他懵了，因为他不知道家乡遭了灾，更没有寄过钱。一问妻子，她才说："是我接到的信，就汇款过去了，也忘了告诉你。"她的这一举动，使丈夫感动不已：有妻如此，夫复何求？于是，他在心中暗暗发誓：以后一定好好珍惜爱妻。

善良是魅力女人的底线。只要你有一颗善良的心，便会有夫妻关系的良性循环、家庭关系的良性循环、社会人际关系的良性循环，最终你自己也会获益良多，处于丈夫疼爱、子女敬爱、亲戚朋友关爱的融融乐境之中。这样的女人自然是幸福而富有魅力的。

～ 女人的宽容会让浪子回头 ～

【气质女人修炼锦囊】

处处宽容别人，绝不代表软弱，绝不是面对现实的无可奈何。在短暂的生命历程中，学会宽容，意味着你的心情更加快乐，宽容可谓女人一生中最有魅力的财富。

大海因为能够容纳百川，所以可以成为浩瀚的海洋。莎士比亚忠告人们说："不要因为你的敌人而燃起一把怒火，灼热得烧伤你自己。"富兰克林说："对于所受的伤害，宽容比复仇更高尚。因为宽容所产生的心理震动，比责备所产生的心理震动要剧烈得多。"如果自己能够宽容别人，不但自己能够及时释放心理压力，而且别人也能够因此而宽容自己，同时与自己友好相处。假如别人伤害了自己，千万不要只会怨恨，关键是要学会宽容，并避免被别人再次伤害。心胸太狭窄绝对是一件坏事。报复心太强烈，最终只能害自己。宽容别人不仅是自己的一种美德，更是让自己健康长寿的秘诀。愤怒是毒药，宽容是良药。所以，女人应该学会宽容。

宽容是一种非凡的气度、宽广的胸怀，是对人对事的包容和接纳。女性的宽容更是一种高贵的品质、崇高的境界，是精神的成熟、心灵的丰盈。宽容是一种仁爱的光芒、无上的福分，是对别人的释怀，也是对自己的善待。宽容是一种生存的智慧、生活的艺术，是看透了社会人生以后所获得的那份从容、自信和超然。

学会宽容能使自己保持一种恬淡、安静的心态，去做自己应该做的事情。整日为一些闲言碎语、磕磕碰碰的事情郁闷、恼火、生气，总去找人诉说，与对方辩解，甚至总想变本加厉地去报复，这将会贻误自己的事业，失去更多美好的东西。女人要成为一个生活的强者，就应豁达大度、笑对人生。有

243

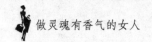

时一个微笑，一句幽默，也许就能化解人与人之间的怨恨和矛盾，填平感情的沟壑。

学会宽容是一个女人成熟的标志。宽容的人常常表现出勇于承担责任的作风，如果肯检验一下自己，就可以从失败和差错中找到自己所应负的责任。当一个人心平气和的时候，才可能保持清醒的头脑，找出失败的原因，采取克服差错的有效措施，以便更加努力地工作。

宽容，首先表现在不愤世嫉俗、不感情用事。

生活中，确实存在很多矛盾和困难：物价上涨、住房拥挤、人际关系紧张，还有这个"难"那个"难"，真让人有点喘不过气来。谩骂、生闷气都无济于事，倒给疲惫的身躯又增加了几分新的负担。只要冷静观察，就会发现人们的生活本来就是苦、辣、酸、甜、咸五味俱全。在生活中，"看不惯"的有很多，理解不了的有很多，让人失望的也有很多。但人的能力毕竟是有限的，愤世嫉俗不会改变事态的发展，不会使关系缓和。所以，首先应当适应事件的发展，在适应中发现"破绽"，掌握改造的契机和应知应会的本领，而不是游离其外去指手画脚。这就是一种宽容的表现，人要顺利走完生命的旅程，就离不开宽容。

其次，宽容体现在对别人的不苛求，"但能容人处且容人"。每个人都有自己的思维、工作、学习、生活习惯，既有其长处，也有其短处。在社会生活中，人们总要同各种各样的人打交道。所以，为了生存和发展，为了事业的成功，我们必须习惯于人际交往，善于同各种各样的人，特别是同能力、天赋等各方面不及自己或脾气秉性与自己不同的人友好相处、协调共事。就是对于有各种各样的缺点和毛病的人，我们也应注意发现其所长，尊重其所长。

如果你只注意到别人的缺点，就容易使自己陷入孤立无援的境地。相反，换个角度，多注意别人的好处，用理解、同情和爱心去影响别人，使他既能认识自己的缺点，又能心悦诚服地改正，你就会处处碰到信赖和爱戴自己的朋友和下属，你的人际关系也会因此得到很好的发展。

给人面子，既无损自己的体面，又能使人产生感激和敬重之情。

不计较小事，不苛求别人，会为你赢得更多的时间和精力。

胸襟广阔，能容人容物是现代女性追求的境界，因为大度和宽容能给你带来太多的好处。

当然，宽容不是无条件的，绝对要因人、因事、因时、因地而异，所谓"大事讲原则，小事讲风格"，即是应取的态度。

适当的幽默为女人锦上添花

【气质女人修炼锦囊】

一个幽默的女人，肯定是一个热爱生活的女人，有着淡淡的从容和优雅，会用带笑的心去体会生活、感受生活，去化解生活路上的一切问题。

某位主持人语言风趣幽默，很受观众好评。有一次，她的一位搭档夸张地说："只要提到位于北极圈的加拿大，身上就会冷得直打哆嗦。"她接过话头，更加具体、形象地说："我也听说，有两位加拿大人在室外说话，因为那里天气冷得出奇，话一出口就冻成冰碴儿了，所以很快用手接住，进屋用火烤了才听见说了些什么……"幽默说笑使演播厅的气氛更加轻松、活跃，电视机前的观众听了也禁不住捧腹大笑。可见，这种幽默的谈吐是知识丰富、才思敏捷的直接表现。

当近代才女林徽因放弃徐志摩，跟梁思成结婚之后，梁思成问林徽因："你为什么选择了我？"

林徽因笑笑，淡淡地说了一句话："看样子，我要用一生来回答你的这个问题。"

这一句话里，包含了多少人生的"不能承受之重"啊！人们再三咀嚼之余，不由得深深感慨于林徽因的才智与幽默，更欣羡于梁思成后半生的幸福与快乐！

显然，这样的女人才是真女人，才是让人动心、怜爱、喜欢的女人，才会真正得到丈夫的宠爱、朋友的喜欢、同事的亲近……

善于创造幽默的女人，不仅可以让自己如鱼得水、左右逢源，更能笑对人生、豁达处世。

幽默的女人是智慧的，因为幽默必须具备一定的文化底蕴，没有文化的人是学不会幽默的。但文化虽高，没有灵气也是不行，所以，但凡幽默的女人总是兼具才气与灵气。

幽默的女人是自信的，因为幽默有时就是一种自嘲。一个姿色平庸的女子若是能将自己的外表当作玩笑，那么，可以肯定她已经并不以此为卑，而且，她的身上肯定还有更多让她引以为傲之处。

幽默的女人是乐观的，因为幽默的机智反应并非只是能言善道，它也是一种快乐、成熟的达观态度。当她身处困境之时，并不会因此沉沦丧志，而总能开朗豁达、从容不迫。

幽默的女人是真实的，欲求幽默，必先有淡然的心境，不为浮名，不忸怩作态，不博庸人之欢心，举止言谈之间尽显超脱淡然的率真性情。

幽默的女人是可爱的，她总是能适时地在一汪清水之中激起点点涟漪，为平日里琐碎的生活增添几分韵味与情趣。

幽默是人的思想、常识、智慧和灵感的结晶，幽默风趣的语言风格是人的内在气质在语言运用中的外化，在公关交际中有很重要的作用。

第一，幽默能激起听众的愉悦感，使人轻松、愉快、爽心。这样可活跃气氛，沟通双方感情，在笑声中拉近双方的心理距离。

第二，幽默的一个显著特点是寓庄于谐，通过可笑的方式表现真理、智慧，于无足轻重之中显现出深刻的意义，在笑声中给人以启迪，产生意味深长的美感趣味。

第三，幽默风趣还可使矛盾双方从尴尬的困境中解脱出来，打破僵局，使剑拔弩张的紧张气氛得以缓和平息。

第四，幽默风趣还有利于塑造交际中的自我形象，因为幽默的风度是良好性格特征的外露。

不懂幽默的女人，就像绿叶中缺少红花一样没有情致。

所以，要想成为具有高尚精神品位的魅力女人，就要注意培养自己的幽默感，掌握幽默语言的艺术，努力使它成为自己的知识和本领。

（1）注意丰富自己的幽默资料。看得多了，听得多了，获得的幽默资料多了，运用幽默语言的能力自然会得到提高。有道是："熟读唐诗三百首，不会写诗也会吟。"说的就是这个道理。

（2）注意从别人的幽默语言中体会幽默的要领。仅仅是从抽象的概念中学习幽默的要领，往往是不深刻的，只有结合大量的幽默语言实例进行深入体会，才能深刻理解幽默的要领，使自己对幽默语言运用自如。

（3）注意从别人的大量幽默语言实例中启发思路。运用幽默语言，要有独特的思维方式，要有如何借题发挥、创造幽默语境的思路，而且要求反应敏捷、思路明快，这些从幽默语言实例中都能体会出来。

（4）注意从别人的幽默语言实例中学习幽默的语言方式。幽默语言是表达思想的一种特别的语言方式，这也需要从大量的幽默语言实例中去学习、体会和掌握。

（5）多找机会应用。实践出真知，幽默语言的修养也是这样。从书上学来的幽默语言知识，只有经过自己在实践中练习和运用，才能变成自己的东西。而且，在实践中练习和运用幽默语言，也能加深对幽默的理解，丰富幽默知识，这本身也是一种学习，是书本学习的继续和深化。通过多练习、多运用，才能有效提高使用幽默语言的水平。

（6）幽默只是手段，并不是目的。不能为幽默而幽默，一定要根据具体的语境，选用恰当的幽默话语。另外，人的才能不一样，有的会幽默，有的不会幽默，不会幽默的，则不必强求，若故作幽默，反而会弄巧成拙。

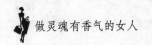

别让嫉妒成为习惯

【气质女人修炼锦囊】

嫉妒有无限的可能性，对女人来说只是要好好掌握这个尺度。但最重要的是别让嫉妒成为一种习惯。

嫉妒心理不但有损于女人的自我人格，同时也限制了自己的视野，使得自己不能和恋爱对象进行充分的交流。有心计的女人会用自己的美丽、忠贞、贤淑来赢得男人的欣赏和忠诚，而不是让嫉妒的罂粟破坏自己的幸福生活。

女人善妒，这是众所周知的事情。古龙就说过："不吃饭的女人也许有几个，不吃醋的女人一个也没有。"

当一个女人爱上一个男人，她所有的生活重心就像倾斜的天平，所有的心思似乎都在围绕这个男人旋转个不停，就算这个男人随意提到一个不太相干的女人，她也会敏感得像搜寻猎物的猎犬，紧张地竖起耳朵，仔细听听这个男人嘴里的那个女人到底是什么样子，女人有丰富的想象力，她会一边想象一边不自觉地拿对方和自己做比较。如果听到男人对其他女人的赞美之词，女人的神经估计会在瞬间达到最高点，表面上也会装得温文尔雅，实际上内心的挣扎程度不亚于火山爆发的猛烈，当然这火应该是妒火中烧吧！这就是恋爱中女人的嫉妒心理。

女性因为希望能够绝对占有爱情，因此更容易吃醋和嫉妒，甚至会陷入误区。女性的嫉妒心理主要体现在精神和情感上对对方的独享，希望自己成为恋爱对象心目中的唯一，这种心理是正常的现象。但一旦女人被嫉妒心理所支配，有过激行为的时候，就应该冷静下来仔细审视，看自己是否远离了爱情的真谛，是否有一个正常心态。

向娅在报告文学《男女十人谈》中就讲述了这样一个故事：

毕女士是一个想征服男人的美丽女人，有着敢恨敢爱的强烈个性，她说："我不在乎别人说什么，他有才华，我爱他。我就是要勇敢地追求他，哪怕他拒绝我。我当时想过，他要是拒绝我，我就死给他看。我念过初中，那时候我就幻想着一种有血有泪、激情热烈的爱情。"

然而，这个为了爱不惜付出生命的女士在婚后并没有得到想要的幸福，因为她终日生活中在嫉妒心理的煎熬之中。

她说："可是谁能想到近些年我越来越害怕。不知不觉之中，他的世界在扩大。我想完全占有他，但我已不是他的整个世界。忽然感觉到社会开放对我并不好，他在文学界的名气大起来，他好像顾不得我了。他周围尽是那些现代派的时髦女人，那些什么女作家、女诗人、女文学青年，我讨厌她们、恨她们。该结婚的不结婚，结了婚的又离婚……我也专门找她们的作品来读过。有什么了不起，蹩脚得很，就会围着一个'爱'字转，让人恶心。他整天跟她们在一起能有什么好？"

毕女士在嫉妒心的驱使下竟然开始敌视丈夫的事业，她开始时时关注丈夫的行踪，经常私拆丈夫的信件，跟踪丈夫，甚至捕风捉影地对丈夫的异性同事破口大骂。而且威胁丈夫："如果你敢蹬掉我，我就毁了你！"

在她的威胁下，毕女士的丈夫好像断绝了和异性的交往，然而他的心却并没有回到毕女士的身上，相反，他对夫妻性爱越来越冷淡，似乎丧失了性功能。而在这种情况下，毕女士还说："就是这样我也心甘情愿。我得不到，别人也休想得到！"在毕女士看来，"我向他献出了一切，我当然有权占有他！"

这个故事带给我们的除了沉重之外，还有深深的悲哀，夫妻之间的关系走到这种地步，真的是值得所有的人反思。女人和男人之间的感情需要用沟通、理解和安慰来维系，而不是用嫉妒来占有，更不是强制性地专权。过于强烈的占有欲，使毕女士失去了自我，把丈夫当作是专属于自己的物品，而忽视了丈夫的感受，自己也日益变得狭隘。因此，女人在对待爱情和爱人方面，不要让自己受到妒火中烧的灼伤，而是不断地对爱情真谛进行深入认知，懂得及时地

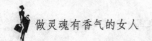

调整自己的爱情心理。如果一个女人在嫉妒时不能够克制自己情绪的蔓延，那么就会放纵嫉妒成为一种坏习惯，而这种坏习惯会成为婚姻的头号杀手。

女人和女人还不一样，嫉妒的程度自然也不一样，你看有些在街上看美女直流口水的男人回去自然会遭女人的掐捏，这是小惩小戒，小嫉妒小惩罚。时常也能看到报纸上女人拿刀子动棍子打杀情敌的事，这种嫉妒可要不得。别人的美貌和能耐始终是人家的，再嫉妒也要从自己身上或自己男人身上找出路，而不是让那和你一样无辜的女人受到摧残，这样往往会适得其反。

爱嫉妒的女人也是可爱的。不是说爱嫉妒就有多遭人厌恶，她的嫉妒恰恰显示她的可爱和爽直。恰到好处的嫉妒是枯燥生活的调剂品，至少可以让身边的人知道你有那么鲜活的个性，或者可以让心爱的人更能知道他在你心中是那么重要，你甚至不愿意和其他女人分享他的点点滴滴。

⟍ 做洒脱的小女人 ⟋

【气质女人修炼锦囊】

有心计的女人在很多时候往往是典型的小女人。小女人活得轻松洒脱，而且更受人欢迎。

在竞争激烈的现代社会里，一些独立女性都认为应该以"大女人"的形象出现，认为大女人的自立和坚强是女人应该具备的品质。其实，大女人在生活中往往吃亏更多，尤其在处理男女关系方面。大女人们一般都是事业型的，她们一般不知道男人要什么，并且认为没有必要知道，因此得不到男人的青睐。也许男人们会钦佩大女人在事业上的能力和成功，但很少对这些女人产生怜爱或者呵护的情感。

相比之下，小女人更容易在生活和事业上实现自己的目标，因为大女人觉得应该依靠自己，而不会运用手段寻找捷径，这样会生活得很累很苦。而小女人则不同，小女人一般是细心的女人，她们善于向男人传递各种信息，能够运用极妙的手段来达到自己的目的。

某公司新来了一位特别能干的"小女人"。她原来是一个文工团的舞蹈演员，因为生计原因，下海到这家公司当秘书。刚到公司的时候，周围的同事都有些看不起她，认为她打扮得过于妖艳，专业能力也不强，在事业上不会有长远的发展。然而后来大家慢慢发现她的交际能力很强，再难缠的男客户，只要她出马，都能够"手到擒来"。当然，她并不是靠自己的色相作为交易的筹码，而是善于发挥女人的特征，能够抓住男人心理的弱点，从而打开防线，达到目的。

在工作上，大女人也许付出得比小女人多，业务能力也许比小女人强，但往往取得的成就不一定比小女人多。这是为什么呢？难道是现实真的黑白颠倒了吗？其实不然，我们不否认大女人也能够取得事业上的成功，然而这种成功需要付出的是小女人的数倍。因为小女人善于运用自己的优势，能够将女性的诸如撒娇等手段派上用场，她们懂得适当地显示自己的无知和柔弱，能够抓住男人的弱点出击，自然能事半功倍。而大女人则不同，因为她们本身的优秀，她们希望用自己的才华和知识来征服男人，甚至有些自视过高，在同事和客户面前清高而骄傲，殊不知这些是人际交往尤其是业务洽谈中的忌讳。虽然大女人们坚信自己的事业会蓬勃发展，但这个过程要比小女人们艰辛得多。

琼认识一个知识型的"大女人"，会说7种语言，是普林斯顿大学的优秀毕业生。她爱上了一个男人，并且在事业上帮了这个男人很大的忙。这个男人虽然对她也很好，但最终因为无法忍受大女人每天孜孜不倦的教诲和盛气凌人的高谈阔论，就另外寻找了一个温柔的小女人。

心理学家为这个大女人支招：如果想要男人回心转意，就用7种语言向这个男人表示她的伤心、嫉妒，和她对这个男人的爱，让他心软而回头。可是这个大女人认为自己是个独立的人，不一定要依附于男人才能够生活，于是拒绝了心理学家的建议，自然也就将本来可以拥有的幸福拒之门外。

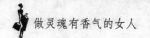

聪明的小女人们绝对不会像大女人那样能克制自己，有如此好的忍耐力，假如她们知道自己的男人另有所爱，绝对不会轻易拱手让人，也不会放弃得如此决绝。她们会用女性的柔情和智慧来挽回男人的心，只要她还爱这个男人，就一定有办法让男人重新回到自己身边。当然这只是假如，因为聪明的小女人们是不会给男人出轨的机会的。可以说，当小女人是女人的福气，既能赢得自己想要的男人，而且能够留住自己想要的男人。在这种情况下，大女人就只有吃亏的份儿了。

有心计的女人在适当的时候会选择做小女人，她们懂得生活不只是由事业组成，还应该有和谐的家庭，有一个相爱的丈夫，因此她们会为自己着想，懂得保护自己。这样的女人才是真正聪明的女人，只要是她认定的，无论是事业还是男人，她都能够稳操胜券。

❧ 鼓励是男人的动力 ❧

【气质女人修炼锦囊】

男女的相处是一门艺术，学会赞美尤其重要。对方的赞美会使人的自我价值得到充分的肯定，从而增加对生活和工作的信心，这也是保持爱情之树常青的关键所在。

人们常说，一个成功的男人背后一定有一个伟大的女人。这个女人就是鼓励他、支持他的那个女人，当然也就是会赞美他的那个女人。了解一个男人，也可以说是善待一个男人最重要的个性，就是不要使他的自尊心受到伤害。假如你是位有心计的女人，你一定会体会出，要保护男人的自尊心，最好的方法就是赞美他完全像个男人，无论他说的、做的，他使你感受的方式等，你都要赞美他完全像个男人。

你见过海豚表演吗？看似憨态可掬的海豚，总能一次次灵敏地钻过驯兽师手里的圆圈，或者高高跃起去碰高空中的球，然后随着驯兽师的指引在水面上翻翻起舞。你也许忍不住要夸赞海豚的聪明可爱。但是，仅仅是因为聪明吗？来看看驯兽师是怎么训练海豚的吧。

训练的时候，驯兽师让海豚拼命地从水中跃起，去撞高空中的球，撞到了，给条小鱼奖励一下，然后把球升得更高，就这样，海豚越跳越高……

驯兽师是务实的，他明白要想让这些庞然大物乖巧听话，奖励比鞭子更有效。如果没完没了地驱使，海豚脾气上来了还有可能罢工。

训练海豚如此，对待男人也应该如此。只要对男人多加鼓励和支持，他才能表现得越来越好，爱情才会越来越和谐。

爱情是一种娇贵又脆弱的东西，需要我们时时处处用心去呵护经营。一句赞美的话如同丰富的养料，滋润着爱情并让它成长。就连画家凡·高都说过："偶尔才有的一个赞扬足以让我高兴一星期。"如果你能够经常给爱人以赞美，就会让他高兴一辈子。

有一位在机关上班的男人，努力了几年也得了一官半职，但是他的妻子却对他很不满意，觉得他挣钱太少，因此先生每次下班回来都不给他好脸色看，开口闭口都是抱怨指责，全都是些负面消息。曾经恋爱时对他一手好书法欣赏不已，结婚6年后，如果先生再一挥而就、挥毫泼墨，她也不再站在一边静静欣赏，而是皱着眉头又开始唠叨："人家隔壁老李又买了小汽车，你还有闲情逸致写这些烂字。"

没过多久，朋友们就接到了这位男人的电话："我离婚了，终于解放了！"

其实，一个聪明的女人最不能忽视的就是，在男人心里，非常渴望自己的才华能被对方肯定。婚姻生活中，作为一个善解人意的好女人，要适时地扮演一下男人的崇拜者，不吝啬你对他的赞美，经常地传达你对他才华和能力的欣赏，而且，这是女人一辈子要持续的工作，而不要三天打鱼两天晒网、忽冷忽热，这样只会把你的男人弄得越来越不自信。

因此，作为一个有心计的女人，应该利用鼓励和赞美来改善自己的感情和婚姻。女人们需要经常鼓励男人，即使是不满意他的某些行为，也不要采用抱怨的方式，而是应该换一种方式来达到自己的目的。比如在男人对自己不够关心和体贴时，可以这样说："谢谢你现在对我的体贴，可是如果你在这方面能再细心一些会更好。"这比冷冰冰地抱怨"你一点都不体贴"更有效。每个聪明的女人都明白，推动一个男人前进的动力，不是批评而是肯定。

那么，女人应该如何肯定和鼓励男人呢？哈佛大学女性培训课程提供了以下建议。

1. 肯定和赞扬男人的行为

无论男人还是女人都渴望得到肯定，尤其是自己伴侣的赞扬。一般来说，男人在工作和生活上承受的压力比女人大，他为妻子和家庭所做的事首先希望得到妻子的肯定和认可。这是一种正常的心理需求。同样，每一个女人也都希望自己的男人能够成为理想中的类型，因此常常抱怨男人达不到自己要求的标准。其实，要想让男人离自己的要求更近，需要运用女人的智慧，而不是简单地唠叨和抱怨。任何人都有逆反心理，当女人们总把自己的男人和别人做比较时，不但让自己变得不快乐，也会给男人带来压力，因此，聪明的女人会用温柔的鼓励和支持来塑造自己的完美男人。

2. 鼓励和欣赏男人的进步

男人们一般也在不断地完善自我，而每到一个阶段，都希望能够得到女人的肯定和鼓励。希望女人能够注意到他的进步，肯定他的付出。女人们明白男人的这种心理需求时，可以在男人取得哪怕是小小的进步时，对他说："你竟然真的做到了！真了不起啊！"这句话比"这种事情是个男人都能做"更能激起男人的自信心。一个成功的女人永远不会对自己的男人说："你真没用！"尤其在他身处困境时。

3. 多说一些鼓励和积极的话

女人们千万不要低估了自己的语言对男人的影响力，其实女人们所说的每一句话，是让男人改变的契机——让他变得更好或更坏。因此一个有心计的女人，在话语说出口之前一定会进行选择，懂得用明智而鼓励的话，来改变男人的消极态度，从而增强他的信心。

杰克是一个从战场上胜利归来的战士，但是他的背部在战争中受了严重的伤，留下了深深伤疤。有一天，他去游泳时发现，周围的人都用异样的眼光看着他的背，窃窃私语，他知道他的背上的伤疤很丑陋。过了一段时间，他妻子建议他们一起去海滩游泳，他拒绝了，妻子看出了他的心思，问他："是不是开始对自己背上的伤疤产生自卑感了？"他不好意思地点点头。妻子见了，没有责备他，笑笑说："那是你的光荣，你的勇敢赢得了这些伤疤。你应该骄傲地带着它们。走吧，我们一起去游泳吧！"

就这样，杰克心中的阴影被妻子的一席话给吹散了。

4. 挖掘男人的优点，增强他的信心

赞美还可以帮助男人建立自信。对于一个男人，自信是他建立自我的一个重要手段，但是自信也很容易被女人打碎，有时，可能仅仅只是一个鄙视的眼神、一个不耐烦的动作。当然，男人的自信也很容易被女人唤起，只要女人给他足够的崇拜和赞美。事实上，一个无论多么失败的男人，内心里也希望有女人崇拜、赞美他。那么他才不会对自己完全否定，才会重拾信心，走向成功的彼岸。

5. 用体贴的话温暖他的心

学会赞美你的男人，如果有什么好话，请立即勇敢地说出来，使用具体的语言，不要泛泛而谈，比如他厨艺好，比如他小提琴拉得很出色等。

男人不喜欢唠叨的女人，但是喜欢容易感动的女人，不要认为在家里说声"谢谢"没必要，其实，男人都真心希望自己的心意能够被别人理解。每天丈夫下班回来，可以微笑着递给他一双拖鞋，或者和孩子说："不要缠着你老爸，他刚回来很辛苦！"虽然是很简单的一个动作、一个表情、一句话，却温暖人心，这比你花心思装扮自己更能赢得男人的心。

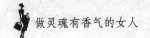

做一个会爱的女人

【气质女人修炼锦囊】

一个有气质的女人应该是一个懂得如何去爱的女人。会爱的女人懂得在何时去爱，何时应该放手，用正确的方式来爱。

聪明的女人能够从容而积极地面对生活，懂得用爱来保护自己。因此，在面对男人提出分手的要求时，聪明的女人不会哭泣或者茫然无措，而会洒脱地笑着说："等你说这话很久了。"因为不爱自己的人的离开，对自己来说是一件幸运的事情，女人们在任何时候都不应该为负心的男人伤心，而是应该庆幸自己早日看清了男人的真面目，这总比一辈子被蒙骗要好。其实这不是在教女人们自欺欺人，而是让女人们懂得爱的方式。

女人应该把自己打造成一个恋爱高手，就如琼斯一样。

琼斯是一个职业女性，工作压力很大，在恋爱时她保持有自己独立的个人空间。她爱自己的爱人，但不依赖他，而她的爱总让他觉得很舒服。琼斯每天优雅而从容的上班，假如爱人没空陪她共度休闲时间，她会一个人看电影，在虚拟的世界中轻松畅快地哭或者笑。再不然就一个人做做运动，洗个热水澡，做做美容，看看书！她不会抱怨爱人没有时间陪她，因为她明白，即使再相爱的两个人也应该有独立的空间，有自己的生活和工作，爱情不是谁必须迁就谁，而是互相尊重。但是在爱人遇到困难和挫折时，她会尽自己最大的努力帮助他，陪在他身边鼓励他度过困难时期。因为她知道这会儿男人也会脆弱，也会需要她的帮助，哪怕只是陪伴。她的明白事理和大方得体，使她拥有了常青不衰的爱情。

琼斯爱自己的丈夫，但是不会以他为自己生活的中心，永远围着他转，尽管她真诚地爱着自己的丈夫，但还是给他足够的空间。而在男人需要她的鼓励和安慰时，琼斯就会适时地出现在他身边，给予他女性温柔而宽宏的爱。这种爱是一种伟大的力量，能够让男人感受到爱情的真正价值。

女人应该像琼斯那样，做一个会爱的女人，好好地经营自己的爱情。

会爱的女人在理智和情感的把握上很有分寸。她能够认真对待自己的工作，因为她知道工作是自己独立的保证，是她不依附男人的筹码，让自己在爱情领域占有优势。在空闲时，会爱的女人可以通过运动、看电影、逛街、美容或者煮花茶、听音乐、看书等方式来体验生活的美好。她深爱自己的男人，但是不会把自己的所有精力都放在男人身上，因为会爱的女人知道，只有先学会爱自己，男人才会爱你。

一个会爱的女人，会聪明地回避一个问题，不会一遍遍问自己的爱人想不想自己、爱不爱自己？因为男人一般都是比较内敛含蓄的，他若想你、爱你，自然会用行动表达出来的。一遍又一遍地追问这样的傻问题，这恰恰是男人最厌烦的。哈佛大学曾经有一个调查显示：大多数的男人都不喜欢女人总问自己是否爱她和想她，因为他们认为这两个问题没必要总挂在嘴边。问这种问题的女人只会给人一种没自信的感觉，对爱情并没有帮助。

女人不管是在恋爱中还是在婚姻生活中，都应该学着做一个会爱的女人，懂得何时应该去爱，而何时要放手，这才是爱的正确方式，这个方式可以这样理解：

首先，会爱的女人明白，两个相爱的人是在不同环境下长大的，有着不同的经历和不同的个性，因此注定了彼此之间需要一个相互了解、相互适应的过程，也就是人们经常说的磨合期。在这个过程中，聪明的女人不会企图去改造自己的爱人，因为那样将得不偿失，男人们的固执很多时候是女人一生都无法理解的，而男人的固执一旦成为逆反，那么女人将永远失去这个男人。因此，假如你不能接受他的某些习惯，索性就放弃对它的改造，这样反而对爱情更有帮助。

其次，会爱的女人不会强求爱情，面对一个已经变心不再爱自己的男人，适时放手和放弃才是女人们最好的解脱方法，也是保护自己的最佳手段。女人不但需要男人的爱，更需要自己的爱，因此，在受到男人伤害的时候，女人要学会爱自己，自己疗伤。俗话说"强扭的瓜不甜"，同样，强求的爱情也不会幸福。放弃一个不爱自己、不懂得珍惜自己的男人，恰恰是为了得到一个爱自己疼自己的男人。

最后，会爱的女人明白，女人在受到挫折时可以依靠男人的臂弯，可以躲在男人的背后，而男人们却必须咬牙承受一切重负。因而，会爱的女人能够把家庭打造成一个温馨的港湾，在男人沮丧时给他提供安歇调养之所，在男人情绪激烈时给他以温柔的化解。会爱的女人懂得付出精力来经营爱情，为爱情保鲜，因为她知道，即使是结婚证也无法替她永远守住一颗心。那么在激情冷却后，平淡的相守才是婚姻的真谛，而这种平淡却是需要用心来经营的。因此女人们要学会在平淡的生活中爱自己的丈夫，即使自己要做家务、照顾孩子、上班，也要把自己最漂亮、最精彩的一面展现给爱人，而不是向丈夫展示一张倦怠的面容、一双冷漠的眼睛、一副粗俗的嗓门。

会爱的女人深知，假如失去了自我就等于失去了所有，因此她们注重自身素质的不断提高，能够拥有自己的理想和追求，而这些才是女人永远充满活力与魅力的秘方，是令男人们对女人永远充满新鲜感和神秘感的武器，是爱情不断得到升华的宝典。婚姻并不是爱情的坟墓，二者应该是同步发展的，一个会爱的女人，是爱情的天使，能够给爱人带来温馨和踏实。

∽ 善解人意，体贴他人 ∽

【气质女人修炼锦囊】

女人的善解人意是指在遇到事情时，能尽量用自己的心去体会对方的心，用自己的感觉去体会对方的感觉。男人不会因为女人的善解人意而得寸进尺，反而会心存感激之情。

相信很多女士都曾遇到过这样的问题：有些人明知道自己错了，而且他们的确是错了，但就是不肯承认错误。面对这种情形，女士们大多是选择责备，然而结果却是丝毫不见效，甚至于还会起到相反的作用。其实，女士们完全可以采用另一种方法，那就是理解他，从他的角度看问题，也就是善解人意，体贴他人。

要想掌握住这一技巧，女士们首先要知道对方为什么会固执地坚持自己的意见。很显然，他那么做一定是有原因，只要女士们找到背后的秘密，那么就相当于找到了体谅他、理解他的钥匙。

曾经有一位名叫凯莉的女士，她的丈夫不务正业，不但不把心思花在工作上，反而每周都要拿出 3 天的时间来修理家中的那些花草。在凯莉看来，那些经丈夫精心修剪的花草并不比他们结婚时更好看，因此她总是批评丈夫。当然，凯莉的丈夫在面对批评时也不甘示弱，因此家中经常爆发"战争"。

听完她的描述，卡耐基对她说："你为什么不换个角度考虑？何不尝试一下站在他的角度思考问题？"卡耐基的话显然打动了凯莉，她沉默了一会儿说："是的，我知道丈夫一直都很喜欢花草。记得我们在恋爱的时候，他经常会送给我几朵自己种的花。那时候我还常常称赞他有情趣。也许，这次真的是我错了。的确，我丈夫太喜欢花草了，他能在修剪花草的过程中体会到快乐，而我却要剥夺他这种快乐。"

知道以后发生什么事了吗？那太神奇了。当丈夫再一次修剪花草时，凯莉兴冲冲地走过去说："嗨！亲爱的，我今天才发现原来你种的花是这么的漂亮。我相信，如果我们两个一起经营的话，我们的家会变得更美。""是吗？亲爱的，你真的这么认为？"凯莉的丈夫几乎是眼含热泪地说，"我很久没听到你这么说了。事实上，你一直都反对我这么做。"凯莉笑着说："可我现在改变主意了。能在工作之余管理自己的花草，这也是一件非常惬意的事情。当然，工作是不能落下的。好了，我们开始吧！"

从那以后，凯莉再也没有责备过丈夫，反而会经常帮他干活。如果实在没

259

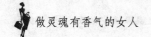

时间，那么在丈夫干完活后她也会重重地表扬他一番。就这样，凯莉一家每天都过得很愉快。

有时候，虽然人们的出发点是好的，但是却并没有理解到善解人意的重要性。比如，当你看到一群孩子在树下玩火的时候，可能会感到非常的气愤，甚至会想各种办法来阻止他们。或许你会走上前，恶言恶语地警告他们，命令他们将火扑灭。如果他们胆敢拒绝你，那你就会吓唬他们说，你一定会把他们交到警察手里的。这一方法也许有效，那些孩子也许听从你的话，不过是带着厌恶和反感心理听从的。只要你一离开，他们就又会生起火来。

很多年以后，你已经学会了一些与人相处的技巧了。这时你才发现，当初自己的做法是多么愚蠢。于是，当你再一次在公园中看到那些淘气的孩子时，你会对他们说："孩子们，这真是太棒了，是不是？让我看看你们在做什么？午餐吗？事实上，当我还是个孩子的时候也很喜欢在外面野炊，直到现在也是。不过我从来不在公园中玩火，因为那是一件非常危险的事。虽然我可以肯定地说，你们一定会非常小心的，但我却不能保证别的孩子也同样小心。那些粗心的孩子看到你们在生火，他们也一定会跟着学，而且在回家的时候还不将火扑灭，接着公园里就会发生一场可怕的火灾。仅仅因为不小心，我们将失去这个美丽的公园，而那些调皮的小家伙们也会因为生火而被捕入狱。我从没打算要制止你们做什么，我也希望你们能从中体会到快乐。不过，快乐地享受一番后，你们千万不要忘记把那些树叶扔得离火远一点儿。还有，在离开之前，你们一定要把火用土盖起来。对了，我还有一个很好的建议，你们下次可以到山丘那边的沙滩上生火，那不会有任何危险。祝你们好运！"

这些调皮的孩子这次会心甘情愿地听你的话。他们觉得，你是从他们的立场上考虑问题，你是一个善解人意的人。孩子们得到了自尊，也没有了反感，所以他们不会抱怨，更不会抵触。因为在他们看来，你是一个值得信赖的人，也就是说，你用魅力打动了他们。

这又和魅力扯上什么关系了？其实，你不妨想一想，什么叫魅力？魅力的表现形式是什么？当我们称赞一个人有魅力的时候，是不是也是在说："我真喜欢他！"对，你只有让别人喜欢你、敬佩你、欢迎你，才能使自己充满魅力。也就是说，做一个善解人意、体贴他人的女人是魅力无穷的。

罗曼莎是纽约一家大型剧院的总经理，是一个不善言谈的人。有一次，剧院要上演一场非常不错的戏剧，前来观看的人很多，因此票价从原来的 3 美元涨到了后来的 10 美元。这当然会引起一些顾客的不满，所以经常发生顾客与售票员争吵的事。

有一次，一位顾客对售票员说："居然涨了这么多，简直太不像话了。"那售票员抬起了头，说："是的，太不像话了！"这下轮到顾客傻了，不知道该说些什么好。过了一会儿，顾客问道："刚才那个售票员是谁啊？真的很不错。"店员回答说："先生，那是我们的老板罗曼莎女士。"

罗曼莎女士正是凭借自己的善解人意，才使得对方放弃了争论，因为顾客感到自己的想法被理解，而他也开始理解剧院的难处。

做一个"柔道"高手

【气质女人修炼锦囊】

古今中外有许多男人都是被女人打败的，但女人很少是依靠力量，至少99% 依靠的还是以柔克刚的智慧，这是以退为进的一种战术表现。

加州心理学教授斯科尔·塔克拉曾经说："即使一个人的脾气再坏，当他遇到一个和蔼可亲、笑容满面的人时也很难发作。"很多人不明白这个道理，当面对麻烦时，他们往往采取硬碰硬的方法来解决。我们姑且不谈这种方式能不能解决问题，但它一定会让你的形象在别人的心中大打折扣。

除了外貌、气质以外，处世方法是最能体现女人魅力的地方。没有一个人会把一个斤斤计较、丝毫不让的女人与魅力联系起来。原因很简单，和这种女人相处都是一件很头疼的事，更别说是喜欢她。相反，如果一个女人对谁都笑容满面，从不发火，而且懂得用最委婉的方法来处理问题的话，那么她将成为众人眼中最有魅力的女人。

英国著名的人际关系学大师卡斯·卢卡泽曾经在一次演讲中说："最成功的女人就是那些能够运用巧妙的方法让别人接受自己，获得别人的好感，让别人感受到她们魅力的人。我承认，好的外表、得体的衣着、迷人的气质等都是一个魅力女人所必备的条件。然而，我个人认为，懂得'温柔'的处世方法却是最重要的，可是很多人却忽视了这一点。这种方法是打开对方心灵的钥匙，是自我介绍的名片。没有了这种'温柔'，就不可能获得别人的好感，更不会让别人接受你。我一直都认为，在所有的因素中，这种'温柔'的处世方法是最能体现女性魅力的。"

英国的一个小镇曾经举行过一次评选"全镇最有魅力的女人"的比赛。最后，一位名叫塔莎的女士获得了冠军。相信你们一定想不到，这位塔莎没有高贵的出身，也没有出众的外貌，更谈不上什么高雅的气质，她只不过是一个餐馆的服务员而已。那么，她为什么会成为全镇最有魅力的女人呢？

原来，塔莎对待任何人都十分和蔼。餐馆服务员是一项非常枯燥的工作，很容易让人产生厌烦的心理。因此，我们往往遇到是粗声粗气、满脸不耐烦的服务员，然而塔莎却从来没有这样过。她的脸上总是挂着笑容，对待每一个人都非常和气，而且说起话来也很温柔。有人曾经开玩笑地说，他真的怀疑塔莎会不会大声说话。

女士们可能会认为，一个冠军或奖牌并不能说明什么，也不能代表所谓的"柔道"女人的魅力，有可能英国那个小镇上的人就是喜欢那种类型的。

事实上，塔莎在餐馆工作的 6 年里都没有发生过一起争吵事件，这在别的餐馆看来简直是天方夜谭。虽然有些人就是抱着找茬心理去的，但是他们的"恶意"无一不被塔莎的"柔道"化解。一个不愿透露姓名的人说，他曾经故意到那家餐馆找麻烦。可是不管他怎么刁难，塔莎始终都非常和蔼。最后，这个人实在忍不住了，终于承认自己败在了塔莎的"柔道"之下。

一个懂得"柔道"的女人，首先就要是一个会微笑的女人，因为微笑是打开对方心灵的一把钥匙。试想一下，如果你对面站的是一个愁眉苦脸、郁郁寡欢的女人，你怎么可能把她与魅力联系起来？事实上，所谓"柔道"就是以最温和的方式打动对方，而这种温和方式的最佳表现途径就是微笑。曾经有一位诗人说："微笑是世界上最有魅力的表情，能让所有人都感受到温暖。"

既然是"柔道"，那么温柔就是必不可少的，而最能体现女性温柔的地方莫过于你说话的声音。当然，我所说的"莺声细语"并不是那种胆怯的、害羞的轻声说话，而是一种将自己内心柔情的一面展示给对方的方法。如果女士们能够做到这一点，再配上微笑的脸庞，那么相信没有人会不被你的魅力所折服。

不与人发生争吵则是"柔道"女人的杀手锏。道理很简单，争吵是最愚蠢、最无能的一种解决问题的方式，所以不管你们遇到什么问题，都要压制住自己的怒火，千万不要为了一时之快而失了风度。

至于说最后一点，女士们只需要把握一个原则，那就是你们所需要学习的技巧都是有关如何巧妙地、婉转地、间接地解决问题的方法，因为这才是"柔道"的真谛。

❧ 用柔情结网 ❧

【气质女人修炼锦囊】

事实上，不管是男人还是女人，都对女性的温柔有着一种天生的好感。女人的温柔无疑会给周围的环境增添一些亮色和温暖，她会让对方的情感找到归依。

人际关系学大师斯蒂芬·霍尔曼也曾经直言不讳地说："相信没有人会喜欢一个自私、贪婪、任性的女人，可是如果这个女人学会了温柔，那么她一样可以交到很多朋友。相反，即使女人身上有千个万个人类的美德，只要她不温柔，那么也不会成为受欢迎的人。我虽然没有找到最根本的原因，但是我知道所有的人都喜欢温柔的女人，这是不争的事实。"

卡耐基先生一直对一次很不愉快的经历记忆犹新。卡耐基先生讲述了他的亲身经历：

"那是一天早上，我独自一人坐在办公室思考问题。突然，一阵急促的敲门声打断了我的思路，我赶忙起身开门。门外站着一位女士，应该说是一位漂亮迷人的女士，而且还很有气质。说实话，当时我很难把眼前这位美丽的女士与刚才粗鲁的敲门声联系起来，我宁愿相信那是我的秘书做的。

"还没等我开口，那位女士就大声说道：'你是卡耐基先生吧？你好，我叫露易斯，是一家汽车公司的推销员。我想问您需不需要汽车？'我摇了摇头说：'谢谢你，可是很抱歉，我……''哦，卡耐基先生，不要这样好吗？'她突然大声叫了起来，说实话把我吓了一跳。她接着说：'我们的汽车很好的，一定很适合您的。'我定了定神，说道：'谢谢你，可我真的不需要。''什么？'那位女士又大叫了一声，让我在一天之内受到了两次惊吓。'请您不要这么快就拒绝我好吗？'女士显然有些激动，'您再考虑一下吧！我们的汽车真的很不错，而且我还能给您很高的优惠。这对您来说是件好事。'这时，走廊里聚集了很多人，因为大家都以为我是在和那位女士吵架。当时的我很尴尬，于是就对她说：'小姐，对不起，我还是不需要。'最后，在我的一再坚持下，那位女士终于离开了。

"说真的，发生那件事以后，我一整天的心情都糟透了。虽然我知道自己不应该被这样的小事搞得心烦意乱，但却怎么也不能把它忘掉。后来，我听说那位女士换了很多份工作，但始终没有一次是成功的。"

有这样一个年轻人的故事。

很久以前，在一个小村庄里住着一个年轻人。这个年轻人非常喜欢吃鱼，可是由于家庭不富裕，所以根本买不起。后来，他就常常一个人跑到村外的小河边，看着河里来回游动的鱼说："亲爱的鱼啊！我该用什么样的方法让你们跳到我的餐桌上呢？"一天，一个长者看到他在河边发呆，就问他："年轻人，你站在这里干什么？"年轻人说："我喜欢吃鱼，所以在观察它们，希望能找到捕鱼的方法。"长者笑了笑说："要想得到鱼就必须行动起来！与其在这里傻傻地看鱼，还不如回家编织一张渔网来捕鱼。"

女士们中意的男人就是"鱼"，而女士们就是想要得到鱼的人。与其坐在那里终日空想如何得到男人的爱情，还不如回家行动起来，编一张能抓住男人心的"网"。

那么，究竟用什么才能编织出最好的网呢？答案是柔情。在前面的文章中已经提到过，温柔的女人是最可爱的，也是最受欢迎的。的确，如果女士们想成为所有人眼中的魅力天使，那么温柔是必不可少的。同样，如果女士们想获得男人的青睐，那么温柔则更加重要。

美国家庭委员会主席德勒克·塔克博士曾经对1000多名单身男性进行过调查，问他们心目中最理想的女性是什么样的？其中，有不到10%的人说是漂亮、性感，而剩下90%的男人则都回答说："温柔的女人。"

田纳西州立大学心理学教授布拉德·卡莫尔曾经说："女人的温柔是最令男人无法抗拒的。在男人眼里，温柔的女士是最美丽、最迷人的。男人可以忍受女人自私、无礼、贪财、任性，但绝对不可能忍受女人不温柔。事实上，男人在寻找伴侣的时候，并不想给自己找一个领导、火药桶或是监工。他们希望自己的伴侣能够理解他们，关心他们，并且让他们的心理得到安慰，而这一切都是以温柔为基础的。"

杰希卡女士在一家公司做打字员。坦白说，杰希卡是一个外貌普通得不能再普通的女士了。然而，让任何人都想不到的是，追求杰希卡的男士非常多，其中不乏相貌英俊、事业有成的人。她使用什么方法抓住男人的心呢？杰希卡

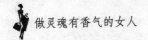

不好意思地说："我也不知道。我只是按照自我的一贯作风去做的。"他们究竟喜欢杰希卡哪一点呢？那几位追求者异口同声地说："杰希卡太温柔了。"

那几位男士说，他们和杰希卡在一起有一种非常舒服的感觉，那种感觉无法用言语来形容。杰希卡从来没大声和他们说过话，也很少抱怨或唠叨，更不会随便地因为某些事就和人发生争吵。在他们的印象中，杰希卡好像从来就没有发过脾气，更别说和某个人大打出手。在那些人眼中，杰希卡就是女神，就是他们一直都梦寐以求的理想女性。

女士们即使不想成为像杰希卡一样的大众情人，也不会不愿意让自己心仪的男人喜欢自己。那么，你们最好的选择就是学会温柔，用柔情结网。

· 第四章 ·

自信，从容淡定的气质之美

自信的女人最美，不是因为美丽而自信，而是因为自信而美丽，她不一定有倾城之貌，但一定具有惊鸿之态，那是一种优雅，一种沉稳，宁静的眼波、淡淡的妆容、清雅的笑容，永远散发着诱人的味道，似陈年的酒，让人陶醉，似品香茗，清淡，回味悠长。女人自信，三分漂亮能增至七分；女人不自信，七分漂亮能降至三分。

∾ 自信的女人最具吸引力 ∾

【气质女人修炼锦囊】

只有自信的女人，才不会仅把漂亮的容貌当成可靠的朋友，她还会在不知不觉之中用自信彰显深藏在灵魂中的内涵和美丽。

哈佛大学的调查机构曾经做过一个调查，总结出几项男性所认为的女人令人厌烦的仪态、举动：交谈过程中不敢和人对视，目光犹疑不定；忧心忡忡的神情；被激怒、生气的表情；厌烦的表情；拘谨的站姿；僵硬的步伐；落落寡合的举动。

如果对这些举动稍加分析，就可以发现一个共同点，那就是它们基本上都跟女人的不自信有关。也就是说,自信与否能直接影响到女人的魅力指数。自信能使女人更加漂亮、迷人、性感,更具吸引力;相反,如果少了从容和自信,即便有沉鱼落雁之容、闭月羞花之貌的女人,也会失去吸引力。

自信的女人,无论她的外貌多平凡,也会因为拥有独立人格、真性情,拥有自己的事业和朋友而流光溢彩。因为她懂得将外表、内涵和肢体语言融合为一,以呈现出一种独特的、迷人的自然魅力,让人无法抵挡。自信女人的美丽是一种从容到极致所散发出来的美丽。

自信的女人相信自己在任何年龄都能散发出迷人的魅力:20岁时青春靓丽,30岁时有女人味,40岁时善解人意,50岁时的智慧则是年轻人无法拥有的。

自信的女人心态平和,不会故意摆出一副女王的姿态,她们会对趾高气扬、矫揉造作、装模作样的行为嗤之以鼻;自信的女人不会当唠唠叨叨的让人厌烦的碎嘴婆,不惹事,有事也会点到为止,不会得理不让人;自信的女人不光待人接物落落大方,不拖泥带水,有主见、有原则,而且也会恰到好处地在人前示弱,自然随意地表现女人的温柔乖巧;自信的女人有个性,不过分依赖,不对别人言听计从,不委曲求全,让人觉得她能对自己的行为负责,让人有安全感,可以放心与她交往下去。

自信的女人有自己的事业,她们不把命运的缰绳交到别人的手里,不把希望寄托在男人身上,不会在遭遇男人背弃的时候手足无措,让生活变得一团糟;自信的女人懂得生活,懂得体现自己的人生价值。她们每天都过着充实的生活,总能带给孩子、爱人、朋友以最灿烂的笑容和赏心悦目的感觉。

自信的女人在爱情中也不会迷失自我,她们会给自己和对方都留出一定的自由空间:既和男人保持一定的距离,又让男人渴望接近。自信的女人不会纠缠,合则在一起,不合则分开。

自信的女人相信自己是男人心目中理想的女人,走在公共场所,她会保持微笑,向那里的男人传递"我可以拥有你们中的任何一个人"的信息,她还会默默告诉自己"我要找出你们当中我最喜欢的那个人"或者"被我看中的男人应该感到幸运"。自信的女人不允许男人对她说:"你什么都不用做,我养你一辈子。"

自信的女人不会总是害怕失去爱情，不会一天 24 个小时抓着男人不放。自信的女人对自己的魅力有把握，知道男人逃不脱自己的手掌心。

自信的女人不会依附于任何人，她是独立的，而且能够在生存游戏中掌握主动权。

自信是长期修炼的结果。如果你对自己没有信心，那就给自己一些暗示。先在外表上给自己加分，穿上有品位的服装，穿上漂亮的高跟鞋，化上漂亮的妆容。

女人不自信往往是因为对自己的外表不满意，在穿着打扮上占了上风，你就成功了一半，你会因此体验到无比自信的感觉。

与别人接触的时候，也要注意通过身体语言传达自信的信息，展现出最美、最冷静、最自信的一面：挺胸收腹，立直身体，保持潇洒的体态；放松肩膀和面部肌肉，步伐坚定而缓慢，给人以轻松的感觉；接受对方的凝视，并传递出"我比你更有魅力"的暗示。

古人说"女子无才便是德"，那只是把女人变成男人附属品的借口。真正有吸引力的女人是那些多才多艺、有内涵、有头脑、有能力的女人。一个睁眼不知天下事的女人不可能让任何人感到震惊和折服。

无论你是貌若天仙还是相貌平平，只要你能自信地昂起头来，你就是美丽的。自信的女人最具吸引力。

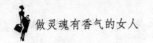

❧ 把自信当外套，做优雅的自己 ❧

【气质女人修炼锦囊】

自信原本就是一种美，一种持久的美。天生丽质，拥有花容月貌般的女人固然很漂亮，但缺少了自信、优雅、从容、淡定，未必是美丽的。

对美的追求永远是女人的天性。无论为悦己者，还是为了自己的绽放。现代女性总是不知疲倦地奔走在完美的路途上，她们努力寻找各种各样的方式来修复自身某些瑕疵或者不满意的部位。这些盲目追逐美的女人却不知道，优雅才是女人最美的外衣，是一种永不褪色的美丽。

女人的优雅是娴静之美，若隐若现的美。那一瞥一笑，是万绿丛中一点红，动人春色不须多的优雅。女人话要少、妆要淡、笑容可掬、爱执着、赏心而又悦目。常能让人感觉不出她真实的年龄。优雅是女人最美丽的衣裳，穿上它，再普通的女人也会神采奕奕。

著名作家毕淑敏女士曾说过：我不美丽，但我拥有自信。

让我们做一个自信的女人，每天清晨与阳光同时出现，肩上洒满阳光，步履轻盈，精神焕发，昂首挺胸，神采奕奕，信心十足地投入到生活和工作中去。古今中外，无数仁人志士拥有自信，推崇自信，从而抵达成功。

爱因斯坦这个名字似乎就代表着20世纪科学成就的巅峰，这与他拥有着无与伦比的自信心是密不可分的。在相对论发表后的一段时间里，很多人都提出了质疑，他遭遇到前所未有的批评、攻击和谩骂，甚至有人还用极具"创新意识"的手段，挖空心思地炮制了一本看上去论据确凿的书，书名叫《百人驳相对论》。

面对这一类的打击和责骂，爱因斯坦却从来没有对自己的学说产生丝毫的怀疑，对于这些，他曾这样说："假如我的理论是错误的，一个人反驳就足够了。一百个零加起来还是零。"事实证明，爱因斯坦是正确的。相对论的提出是物理学领域的一次重大革命，推动物理学发展到一个新的高度。

一位法国物理学家曾经这样评价爱因斯坦："在我们这个时代的物理学家中，爱因斯坦将位于最前列，他现在是、将来也还是人类宇宙中最有光辉的巨星之一。"

的确，对于代表虚无和空洞的零来说，即使一千个、一万个又有多大意义呢？而唯有真正的自信，永远有着绿树常青的生命力。

一个女人一旦拥有了自信就会拥有美丽，就会拥有"呼之即来，挥之则去"的洒脱，也更拥有了"点滴滴，入心底"的从容。因此，从某种意义上来说，拥有自信比拥有美丽重要得多，因为自信可以随着日月的递进而历久弥新，而美丽却不能，所以，自信女人的一颦一笑所散发出的成熟的馨香，是一种耐品耐读的美。

高尔基也指出"只有满怀自信的人才能在任何地方把自信沉浸在生活中，实现自己的意志。"因此，自信是很多奇迹的萌发点。玫琳凯就拥抱自信，用乐观的心态开拓了自己的美丽事业。

玫琳凯化妆品公司创始人玫琳凯·艾施女士，她的一生可谓是多灾多难，她的创业史也是一部辛酸的眼泪史，可是那些困难并没有把她打垮；相反，人们从她的身上里看到了自信的笑容，看到对生活永不磨灭的热情。

1918年，玫琳凯·艾施出生在美国休斯敦，高中毕业后就和罗杰斯结婚了。3年后，丈夫却抛弃了她，这位年轻的母亲不得不独自带着3个孩子开始了艰辛的生活。这是她人生的最低谷，带给了她无尽的自卑、痛苦和眼泪，还有因伤心而带来的一身病痛。

当时，玫琳凯前去医院看病。医生诊断说她患了风湿性关节炎，甚至很快就会完全瘫痪。可是为了抚养3个嗷嗷待哺的孩子，她还是擦掉眼泪坚强地面对生活，她相信生命不会如此不公地对待自己，霉运总会离去，阳光迟早会降临。

　　为了维持生计，她找了一份销售员的工作，无论多累多苦，她都相信自己不会被病痛打倒，她相信自己一定能走出低谷。于是，她在工作的时候总是微笑着服务，保持着最好的状态。奇迹出现了，自信居然治好了她的关节炎！她曾自嘲地说："原来上帝是喜欢积极的生活态度的。"

　　1963 年，已经 45 岁的玫琳凯依然相信自己的生命会有奇迹出现，生活可以更美好。于是，她毅然辞职和小儿子用尽了所有积蓄，成立了玫琳凯化妆品公司。可是在公司开张之前，玫琳凯的第二任丈夫因肺癌离世，这对玫琳凯来说，又是一次沉重的打击。痛定思痛，她擦去眼泪对悲伤的儿子说："哭是没有用的，相信自己可以成功，不要放弃！"

　　玫琳凯做到了，公司安然渡过了创业困境，并且很快成长为美国一家颇有名气的企业，到现在玫琳凯已经走出美国，走向了世界。而玫琳凯女士也成为成功女性的典范。

　　玫琳凯的自信绝不同于自以为是和孤芳自赏。自信是一种冷静的态度和客观的自我评价，永远是一种积极进取和准确的自我定位；自信是一种巨大的力量和遭遇困难永不低头的精神。那种顽固不化、固执己见的自以为是和孤芳自赏，是多少头力大无穷的牛也拉不回来的悲哀。

　　每个人的生活都会充满坎坷，有时甚至是让人难以承受的灾难。相信未来，相信自己，相信在下一次的尝试中自己会做得更好。玫琳凯用她的经历告诉我们，无论发生了什么事情，都要笑着活下去。财富时代，女人不是弱者，把自信当外套，我们也可以像男人一样活出精彩，做最优雅的自己。

　　生活中的我们未必会比玫琳凯的境遇更糟糕，但是却难拥有的是和她一样的心境，面对困境、磨难，依旧相信美好，相信今后会比以前更好。一个人的一生都不是一帆风顺的，如果没有信心，如何才能快乐、幸福地生活呢？

　　自信的女人，热爱生活，热爱事业，热爱家庭，沉稳干练，思维敏捷，内心丰富，高贵典雅，沉着大方，个性充满无限魅力，她们的脸上永远透着自信的光芒，自信的女人活得很精彩！因此，面对人生路途上的坎坷或是挑战，让我们勇敢地相信自己，拥有自信，走向成功的彼岸。

多说"我可以"，少说"我不能"

【气质女人修炼锦囊】

> 很多女人的"我不能"并非客观上的原因，而是因为自卑贬低了自己的能力，才使得自己变得无精打采、毫无斗志。这些人夸大了自己身上的缺点。

人的一生中所有事情只有亲自经历才能下结论，既然如此，任何事情都"非做做看不可，否则不能说不能"。换句话说，除了"做"之外，没有其他方法，如果做都没做，就提出能或不能的概念，这就是一个人精神虚弱的表现。

很多女人都拿自己的经验来做论证："这件事我做不了。"但经验本身是微不足道的，有时还具有欺骗性。人必须遭遇未知的体验，才能激发出自己的潜能，所以生存的真正喜悦在于经常能够发现未曾自知的新力量，并惊讶地说出"原来我竟具有这种力量"，这才是人生最大的欣喜。

相信自己的能力，你就能摘下"我不能"的面具。相信自己有能力做好身边的每一件事，只有给自己这样的信心，才可以跨出消极心理的圈子，走上成功之路。

如果你认为自己满身是缺点，如果你自认为是一个笨拙的女人，如果你承认自己绝不能取得其他人所能取得的成就，那么，你只会失败。

如果给予一个总说"我不能"的女人自信，开导她不要陷入自我贬低的泥潭，让她相信会有光辉灿烂的前途，那么她也许能成为卓越的人才。对她进行不断的训练，就可以使她充满自信。

我们每个人都会在心中为自己复制一幅理想图景，为自己描绘画像。没有哪一个人会比自己心中描绘的做得更好。如果一个天才相信他只是一个笨蛋，并且一直那么想，那么他就会真的成为一个"笨蛋"。

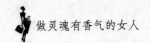

卓越者从不会说"我不能"，他们总是用自信去激发自己的潜能。这就是为什么一个对自己信心十足但看似平凡的人所取得的成就，往往比一个具有非凡才能但自信心不足的人所取得的成就大得多的原因。

低劣、平庸的自卑所产生的有效力量远没有伟大、崇高的自信所产生的有效力量强大。如果你拥有了伟大、崇高的自信心，你就不会总说"我不能"。你身上的所有力量就会紧密团结起来，帮助你实现理想，因为精力总是跟随你确定的理想走。

女人一定要对自己有一种卓越的自信，一定要相信"天生我材必有用"。如果你坚持不懈地努力达到最高的要求，那么，由此而产生的卓越动力就会帮助你摘去"我不能"的帽子。

自动自发地去与命运抗衡

【气质女人修炼锦囊】

你的一切成功、一切成就，完全取决于你自己。

作为女人，我们要知道，虽然命运有时不因为我们的意愿而改变，但是我们却可以通过自己的行动去让自己变得更强，让自己自动自发地去与命运抗衡。哈佛大学心理学家布伯曾用一则犹太牧师的故事阐述一个观点：凡失败者，皆不知自己为何；凡成功者，皆能非常清晰地认识他自己。失败者是一个无法对情境做出确定反应的人。而成功者，在人们眼中，必是一个确定可靠、值得信任、敏锐而实在的人。

成功者总是自主性极强的人，他总是自己担负起生命的责任，而绝不会让别人驾驭自己。他们懂得必须坚持原则，同时也要有灵活运转的策略。他们善于把握时机，摸准"气候"，适时适度、有理有节。如有时需要，该出手时就出手，积极奋进，有时则需稍敛锋芒，缩紧拳头，静观事态；有时需要针锋

274

相对，有时又需要互助友爱；有时需要融入群体，有时又需要潜心独处；有时需要紧张工作，有时又需要放松休闲；有时需要坚决抗衡，有时又需要果断退兵；有时需要陈述己见，有时又需要沉默以对；有时要善握良机，有时又需要静心守候。人生中，有许多既对立又统一的东西，能辩证待之，方能取得人生的主动权。

善于驾驭自我命运的人，是最幸福的人。在生活道路上，必须善于做出抉择：不要总是让别人推着走，不要总是听凭他人摆布，而要勇于驾驭自己的命运，调控自己的情感，做自我的主宰，做命运的主人。

要驾驭命运，从近处说，要自主地选择学校，选择书本，选择朋友，选择服饰；从远处看，则要不被种种因素制约，自主地决定自己的事业、爱情和崇高的精神追求。

你应该掌握前进的方向，把握住目标，让目标似灯塔在高远处闪光；你得独立思考，独抒己见；你得有自己的主见，懂得自己解决自己的问题。要知道你的品格、你的作为，就是你自己思想的产物。

的确，人若失去自己，则是天下最大的不幸；而失去自主，则是人生最大的陷阱。赤橙黄绿青蓝紫，你应该有自己的一方天地和特有的色彩。相信自己、创造自己，永远比证明自己重要得多。你无疑要在骚动的、多变的世界面前，打出"自己的牌"，勇敢地亮出你自己。你该像星星、闪电，像出巢的飞鸟，果断地、毫不顾忌地向世人宣告并展示你的能力、你的风采、你的气度、你的才智。

自主之人，能傲立于世，能开拓自己的天地，得到他人的认同。勇于驾驭自己的命运，学会控制自己，掌管自己的情感，善于分配好自己的精力，自主地对待求学、就业、择友，这是成功的要义。要克服依赖性，不要总是任人摆布自己的命运，让别人推着前行。

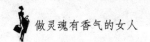

❧ 相信自己比什么都来得重要 ❧

【气质女人修炼锦囊】

能够成就大事的人，永远是那些信任自己的见解的人；是敢于想人所不敢想，为人所不敢为，不怕别人眼光的人；是勇敢而有创造力的，注前人所未曾注的人；更是那些勇于向规则挑战的人。

每个人的能力是不一样的，甲拥有 10 成的能力，乙拥有 5 成的能力，丙拥有 1 成的能力。如果丙把 1 成的能力全部使出来，就应该给他 100 分；但是乙拿出 1 成能力，只能得 20 分；甲拿出 1 成能力，则只能得到 10 分。有些时候，一个人究竟拥有怎样的能力并不重要，重要的是他是否能够将这些能力充分地发挥出来。一个人即使只拥有一项能力，但能够使之不断提高，不断增强，他也是成功的，也比那些虽拥有十项能力却不发挥的人更能创造优秀的业绩。一个人业绩的好坏，主要在于工作中的表现。工作的表现主要以行为为导向，知识和能力是核心，思维模式是外围，态度是第三层。一个人的知识、能力和思维模式不太容易很快提高或改变，但是态度很容易改变。

有时候我们自认为的缺点，旁人眼中的我们所谓的"负面性格"，也许恰恰是我们的潜能所在。所以我们要学会发掘自身的闪亮点，让自己多一分自信。

事实上，没有人能够在一生之中成功地、完全地实现"实在的自我"所具有的全部潜能。我们的"自我"，我们表现出来的"外显的自己"从来也没有彻底发挥过"实在的自我"所可能发挥的力量。我们常常可以学得更多，做得更好，表现得更得体。实在的自我是不完美的，毕生之中它都朝着理想的目标前进，但是从未到达过这个目标。真实的自我不是静止的东西，而是活动的东西，它不会是完整的，也不会是确定的，但确实是一直在茁壮成长的。

不要逃避负面状态的现实，逃避绝对不能战胜自我，无论多么痛苦，也必须面对，然后从根本上找出问题的根源；要给自己鼓劲，学习接受这种"实在的自我"，既要接受它的优点，也要接受它所有的缺点，因为它是我们表达"自我"的唯一工具，也是突破自我潜能的最有效办法。现在是一个竞争激烈的年代，要想获得成功，就必须突破固有的规则，展现全新的自我。

　　凡是一个人不相信自己能够做成一件从未为他人所做过的事时，他就永远不会做成它。你能觉悟到外力之不足，而把一切都依赖于你自己内在的能力时，不要怀疑你自己的见解，要信任你自己，尽量表现你的个性。

　　姗姗在学校时是一个有名的才女，她不但无所不通，论口才与文采也是无人可与之媲美的。大学毕业后，在学校的极力推荐下，她去了一家小有名气的公司。

　　公司里，每周都要召开一次例会，讨论公司计划。每次开会很多人都争先恐后地表达自己的观点和想法，只有她总是悄无声息地坐在那里一言不发。她原本有很多好的想法和创意，但是她有些顾虑，一是怕自己刚刚到这里便"妄开言论"，被人认为是张扬，是显摆；二是怕自己的思路不合领导的口味，被人看作是幼稚。就这样，在沉默中她度过了一次又一次激烈的争辩会。有一天，她突然发现，这里的人们都在力陈自己的观点，似乎已经把她遗忘在那里了。于是她开始考虑要扭转这种局面，但这一切为时已晚，没有人再愿意听她的声音了，在所有人的心中，她已经根深蒂固地成了一个没有实力的花瓶人物。最后，她终于因为她的保守思想付出了代价，她失去了这份工作。

　　所以，女人要大胆地放开思路，突破自我的思想局限，努力进取，才能取得成功。

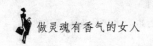

把自卑扔出天空外

【气质女人修炼锦囊】

自卑感产生的原因只有一种：我们没有用适合自己的"尺度"来判断自己，而用某些人的"标准"来衡量自己。

至少有95％的女人，其生活多少要受到自卑感的干扰。自卑感之所以会影响我们的生活，并不是由于我们在技术上或知识上的不如意，而是由于我们有不如人的感觉。不如人的感觉，产生的原因只有一种：我们不是用适合自己的"尺度"来判断自己，而用某些人的"标准"来衡量自己。如果这样做，毫无疑问地，只会带来次人一等的感觉。

比如说，你知道你的乒乓球比不上张怡宁，唱歌比不上毛阿敏，但你大可不必因为比不上她们而产生自卑感，使你的人生黯淡无光，也不该只因为某些事情无法做得像她们那样，而觉得自己是块废料。就算你是一个打乒乓球不行的人，或唱歌不行的人，这并不是说你是个"不行的人"。张怡宁和毛阿敏没办法替人动外科手术，她们是"手术不行的人"，但这并不意味她们是"不行的人"。行不行，这全部决定于用什么标准来衡量自己，拿什么人的标准来衡量自己。

事实上，世界上没有两个完全相同的树叶，也没有两个完全相同的人，你没有必要拿别人的优秀来夸大自己的不足。记住：你不"卑下"，也不"优越"，你只是"你"。

你身为一个个体的人，不必与别人比较高下，因为地球上没有人和你一样。你是一个人，你是独一无二的，你不"像"任何一个人，也无法变得"像"某一个人，没有人"要"你去像某一个人，也没有人"要"某一个人来像你。

大家都知道，著名作家三毛的自杀为读者留下痛苦，也留下疑问。是《滚滚红尘》的失败使她自杀？不，《滚滚红尘》的失败只是她自杀的导火线，其实在她的心中，早就因自卑萌发了自杀的念头。

少年时代的三毛因沉湎于"闲书"而不能自拔，初二第一次月考，她4门课不及格，数学更是常得零分。初中二年级第二学期，因为怕留级，她决心暂不看闲书，跟每位老师都合作，凡课都听，凡书就背，甚至数学习题也一道道死背下来，她的数学考试竟一连得了6个满分，引起了数学老师的怀疑，老师就拿全新的习题考她，她当然不会做。数学老师即用墨汁将她的两个眼睛画成两个零鸭蛋，并令她罚站和绕操场一周来羞辱她，严重地损伤了她的自尊心，回家后她饭也不吃，躺在床上蒙着被子大哭。第二天她痛苦地去上学，第三天她因害怕被嘲笑不敢进校门。

从那天起，三毛开始逃学，她不愿让父母知道，还是背着书包，每天按时离家，但是她去的不是学校，而是六犁公墓，静静地读自己喜欢的书，让这个世界上最使她感到安全的死人与自己做伴。从此，她把自己和外面的热闹世界分开，患了医学上所说的"自闭症"。

父母理解她，当他们了解真相后，即为她办了退学手续，自此，她"锁进都是书的墙壁……没年没月没儿童节"，甚至不与姐弟说话，不与全家人共餐，因为他们成绩优异，而自己无能，她曾因此自卑地割腕自杀，为父母所救。

作为作家，她当然很想超越自己，以再造一个撒哈拉时期的轰动，但是未能如愿。再后的教书生涯，讲演、座谈的记录则更平淡。她不甘寂寞抱病创作剧本《滚滚红尘》。当年，台湾电影金马奖评选提名，《滚滚红尘》获包括最佳编剧在内的12项提名，可以说大获全胜。可是，当她盛装赴会，准备接受得奖荣誉时，8项获奖中有"最佳影片奖"，却偏偏没有"最佳编剧奖"，她当场落泪。

青少年时代的遭遇，使三毛产生了很深的自卑感，在以往的日子里，她对自我价值的肯定，常常求证于他人。创作《滚滚红尘》，是希望它能体现对自己的超越，但是，结果不仅没得奖，还受到报刊"草包编剧""外行编剧"

的猛烈批评，她还能超越自我吗？身心俱疲的她深深怀疑了，自杀之念也因此萌生。

埋藏心底多年的自卑，就这样把作家三毛送到了另一个世界。

可见，一个女人就算事业上再成功，如果她自己不自信，也是一生都不会幸福的。但是，女人一旦开始自信，一旦把自卑扔出天空外，生活的天空就会变得五彩缤纷。

记住：不要无端地拿他人的标准来衡量自己，因为你不是"他人"。只要你了解这个简单的道理，接受它，相信它，你的自卑感就会消失得无影无踪。

哈佛大学的一位女性研究专家曾说："我们不能够改变一个人的为人——即使我们能够，我们也不会这样做。我们所能做的只是帮助一个人，更有效地运用她所具有的天赋才能和任何优点……我们不能把人们内心里所没有的资质给他们，但可使他们认识自身的资质，并鼓励他们去开发自己的资质。"

这番话体现出卡耐基夫人课程的精髓就是启示和希望人们肯定自我，视自己为一个有价值的人，并因为真正有了自信而达到自己所向往的目标——这才是成功之本。

·第五章·

自爱：先做自己的掌上明珠

　　一个懂得爱惜自己的女人，才能学会爱她周围的人，也才有机会赢得他人更多的爱。女人们应该懂得把自己的爱至少分成三份，一份用来爱男人，一份用来爱世界和生活，剩下的那份要用来爱自己。

❧ 善待自己，为自己活着 ❧

【气质女人修炼锦囊】

　　相信自己，善待自己，让自己的生活精彩纷呈，这样做不是为了要让某个人后悔，而是为了让自己的人生更精彩。

　　请记住下面这几条：每天打扮得优雅从容出门，给自己带上不同的笑容；想吃就吃，为了保持身材让自己饿着，是世界上最愚蠢的；如果有可能，尽量留长发，短发确实打理起来容易一些，但始终少了些女人味；如果可以，和相爱的人牵手漫步，在找不到那个人之前，学会自己欣赏风景；做个睿智的女子，学会从容、积极面对生活，生活定会如你所愿！

　　你可以去爱一个男人，但是不要把自己的全部都赔进去。没有一个男人值得你用自己的整个生命去讨好。你若不爱自己，怎么能让别人爱你？疯狂的事

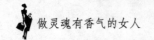

情经历一次就好，比如翻越千山万水地去看望一个人。

女人在社会家庭中，往往不是一种角色，而是身兼数种角色。在工作单位，你既是上司的下属，又是下属的上司；在家庭中，你既是母亲的女儿，又是丈夫的妻子，还是孩子的母亲。这么多的角色转换很累，而女人本来就天性善良，总想顾及每个方面，这样做的结果就是劳心劳力，却没有留一点时间给自己。女人啊，不要再满脑子只为别人着想了，要为自己活着，倾听自己的声音。想做的就去做，想玩的都去玩，每个人都是独立的个体，总被别的事物牵绊是不会开心的。相信自己吧，一切美好的追求和希望正在彼岸向你招手呢！

一个女人，以要照顾亲人作为抛却理想、梦想和欲望的理由，忘记追求，忘记进取，到最后甚至连自己都给忘掉，看似每天都忙忙碌碌，全身心地付出，可能真正得到的理解却并不多。心情抑郁不欢，脸上的笑容越来越少，家人的情绪被影响，老公、孩子的心都离她越来越遥远，受了那么多罪最终没有一点好处，最后独自黯然神伤，这样的女人真是得不偿失。同情她吧，那是她心甘情愿自找的；苛责她吧，她又确实为家庭付出很多，让人有那么点不忍心。可叹可悲！只能希望并祝福她早点变得聪明起来，对自己和亲人都是解脱。

女人应该把自己放在第一位，想吃就吃，想穿的时候就去买件新衣裳，抽时间好好打扮自己，让自己永葆青春，时时保持好心情。

女人应该把自己放在第一位，不懈地追求自己的理想，努力实现自己的梦想。把在厨房的时间减少一些，有空约自己的朋友喝喝茶，聊聊天，去户外走走，看看久违的风景，重拾原有的自信。只有自己把自己当回事，别人才会把你当回事，才能被别人看得起；只有自己把自己照顾好了，才更有资格去照顾别人。

女人应该把自己放在第一位，好好对待自己，不要在生活中迷失自己。心情不错时，可以随时改变自己。

生活的艺术在于知道如何享受一点点而忍受许许多多。每天给自己多一点自信，即使生活有一千个理由让你哭，你也要找到第一千零一个能让你笑的理由。

接受真实的自己

【气质女人修炼锦囊】

　　每个人都不可能完美无瑕，只有从内心接受自己、喜欢自己，坦然地展示真实的自己，才能拥有成功快乐的人生。

　　我们都要知道，在这个世界上，你是自己最要好的朋友，你也可以成为自己最大的敌人。在悲喜两极之间的抉择中，你的心灵唯有植根于积极的乐土，你的自信才能在不偏不倚的自爱中获得对人对己的宽宏，做到明辨是非。学会从内心善待自己，你会觉得阳光、鲜花、美景总是离你很近。你平和的心境是滋养自己的优良沃土。

　　爱自己首先要按自己喜欢的方式去生活。因为我们要想生活得幸福，必须懂得秉持自我，按自我的方式生活。如果你一味地遵循别人的价值观，想要取悦别人，最后你会发现"众口难调"，每个人的喜好都不一样，失去自我，便会是自己人生中痛苦的根源。

　　辛迪·克劳馥，对于中国的中青年人来说，几乎是无人不晓。作为一代名模，她也和许多名模一样，缺乏主见，也几乎和许多名模一样，差点儿沦为有钱人摆弄的花瓶。但她及时意识到了自己的个性弱点，主动调整自己的性格，展示出了自己的独有魅力，牢牢将命运掌握在自己手中。

　　辛迪·克劳馥在18岁的时候进入了大学的校门。大学里的辛迪，是一朵盛开在校园的鲜艳花朵，走到哪里，哪里就发出一阵惊呼。那个时候，她已经身材修长、亭亭玉立，再加上漂亮的脸蛋，匀称修长的腿，实在是美极了。当时，人们对她赞不绝口。的确，她的整体的线条已经是那么的流畅，浑然天成；她的鼻子是那么的挺拔，配上深邃的目光、性感的嘴唇，一切都那么完美。难怪，在同学当中，她是那么的引人注目。

在这期间，有一个摄影师发现了她，拍了她一些不同侧面的照片，然后挂在他自己的居室墙上。同时，她的照片刊在《住校女生群芳录》中，她的脸、她的身体、她的名字，第一次出现在刊物上。很快，她被领着去城市里的模特经纪公司。但是一开始，她就碰了壁。这家公司竟说她的形象还不够美。她感到伤心。而令她更感到伤心的是，那个经纪人认为她的嘴边的那颗痣，必须去掉，如果不去掉，她就没有前途。但她不肯去掉。

成名之后，她回忆起这件事的时候说："小时候，我一点都不喜欢那颗黑痣，我的姐妹们都嘲笑它，而别的孩子总说我把巧克力留在嘴角了。那颗痣让我觉得自己和别人不一样。后来，我开始做模特儿，第一家经纪公司要我去掉那颗痣。但母亲对我说，你可以去掉它，但那样会留下疤痕。我听了母亲的话，把它留在脸上。现在，它反而成了我的商标。只有带着它到处走，我才是辛迪·克劳馥。其他人跑来对我说，她们过去讨厌自己脸上的小黑痣，但现在她们却认为那是美丽的。从这个意义上来说，这是件好事，因为人们变得乐于接受属于自己的一切，尽管他们过去并不一定喜欢。"

辛迪·克劳馥的经历告诉我们，你才是你自己的中心，一个人无须刻意追求他人的认可，只要你保持自我本色，按自己的方式生活，生活中没有什么可以压倒你，你可以活得很快乐、很轻松。人应该爱自己的全部，那样你才会感到自身的魅力。一旦你看上去既美丽又自信，就会发现周围的人对你刮目相看了。正如美国歌坛天后麦当娜所说："我的个性很强，充满野心，而且很清楚自己想要什么。就算大家因此觉得我是个不好惹的女人，我也不在乎。"而事实上，并没有人因此而讨厌她，相反，人们更加着迷于她的优美歌声和独特个性。

给自己创造一个有情调的家

【气质女人修炼锦囊】

我们要创造一点家居的情趣，从家居设计到精神情境，真正提高生活的品质。诗在这样的家里，让你感到舒适、安全，多了一份归宿感，少了一份诱惑的浮躁。

让家成为你们的天堂

要使家庭幽雅、舒适，主要责任在于妻子。作为妻子，必须清楚的是你对家庭的装饰与布置，不要完全从个人的爱好出发，否则，你的一番心思将会白费。女人与家，天生有一种无形的维系。一个聪明的妻子，总是善于布置自己的家，让家充满温馨、充满情调，使丈夫的灵魂找到真正的归属地，从而使婚姻更长久、更幸福。

家对于女人来说，就是自己可以为所欲为的地方。有阳光的时候可以晒晒太阳，没有阳光的时候，可以窝在沙发上看电视，尽情享受家的温馨。未来的家，是不需要拖鞋的，冬天穿上厚厚的袜子，直接坐在地上也不会觉得寒冷，夏天光着脚，穿着少得不能再少的衣服在自己的天地里进出，在自得其乐中享受作为情趣女人的惬意。家对于女人来说，是生活中极其重要的部分。

很多女人都曾谈论过自己未来的家的样子。于是就有女人这样想象自己的家：客厅一定要宽敞明亮，要有落地窗，要有很软很大的布沙发；卧室要有一张又大又舒服的床，一条漂亮的床单；厨房不要太小，要有阳光……只要想象一下这些，女人的心里都会觉得美滋滋的。

总之，对于自己的家，还是需要自己慢慢去设计、去填满。否则，再豪华的家，没有温暖的感觉，也不过是个样板房而已。

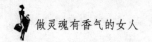

现在人对家居的要求已走过了大红大绿的年代，个性化装饰已成为时尚，无论现代、古典、温馨、前卫，只要自己喜欢，都是不错的选择。

居室的整体美化

居室的布置，除了注意从大的方面使布局合理、色彩协调和用小件物品的摆设来点缀、装饰外，还可以利用被人们称之为"软体装饰"的织物来美化，可增添不少情趣。

布艺装饰具有很大的可塑性，可根据房间的主色调来选择，也可以依心情随意变换组合。它不在多，而在于精巧实用，花色不宜杂，在于与居室的主色调相协调。如选配得当，会给人一种舒适、优雅、清爽、悠然自得的感受。

床上用品一般可采用折叠式和遮罩式两种。折叠式图案和色彩搭配要求严格，被罩、枕套、床单、垫子等尽量统一、和谐，并注意与房间里其他织物的协调。

沙发套的制作应讲究些，要与沙发整体造型相协调。可采用全色式的，也可采用半色式的。如今夏威夷、地中海风格极为流行。沙发垫的形状、颜色也是灵活多变的，随意性很大。

台布的铺置有保护和美化家具的作用，选用时，应根据家具的形状、款式而定。如果在圆桌上别出心裁地铺上方台布，在长方形茶几上铺上圆桌布，就会改变家具呆板的线条，使室内显得生动活泼，富于变化。

地毯的铺设，可使房间显得华丽、温暖且舒适。若经济条件不允许，可采用局部铺设地毯的方法，如对于小面积的床前地毯、沙发前地毯，可采用深色和饱和色彩点缀，采用大协调、小对比的方法，室内就会形成统一而丰富的色调，同样能得到想要的好效果。

如果想居室四季常新，可以多准备几套款式、风格、颜色各异的布艺饰品，并可随着春夏秋冬四季的变更而改变你的家，这样生活也会丰富多彩起来。

给家注入"温馨"

窗帘是居室的重要配置，它不仅有遮阳、隔热、隔音、保温和调节光线的作用，而且与室内墙纸、地板、布艺饰品的色彩、款式相协调，有着丰富空间构造和装饰美化居室的艺术效果。

窗帘的选购，要由房间大小、主色调和个人的爱好决定，要达到物尽其用、和谐美观。

一般来说，窗帘的颜色最好与室内布置的主色调相协调，若能与床上用品、沙发、台布等物品相统一，将获得意想不到的效果。如果是新婚的房间，色彩一般鲜明浓烈些，窗帘色彩不妨也醒目一些，可用双层窗帘，显其华贵幽雅。窗帘的图案大小，要根据房间和窗户的大小而定。宽敞的房间可采用大花形图案，大方华丽。小房间应用图案纤巧细密、竖条纹、色彩明快的长窗帘，显其精致。

窗帘的宽度应宽于窗口，这样在关闭窗帘后能形成丰满的波浪折纹。窗帘的高度应超过窗口下沿 40 厘米左右。房间较低矮的，可采用落地式窗帘，在视觉上增添房间的高耸感。

窗帘的悬挂方法很多，要因窗而易，选择正确适当的挂法。一般有单向窗帘、双向窗帘、幕帷式窗帘、层叠式窗帘、长短双层窗帘等。单向窗帘和双向窗帘的运用较普遍，幕帷式窗帘别致华贵，很适合新婚房间使用。有条件的话，窗帘的布置最好铺设轨道，对吊窗帘的铁丝、线绳等作美化遮掩，使窗面更为整洁、自然、得体。

花卉——"情调"的宠儿

花，不仅是爱情的象征，而且可以体现女人高雅的情调和品味。将花移入居室，便带来一份自然与芬芳。

室内花卉装饰大致可分为盆花摆设、瓶花装饰、墙壁与柱体的花卉的装饰、空中吊盆花卉装饰、窗台与阳台的花卉装饰等不同类型。这里重点介绍盆

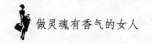

花摆设的注意事项及要求：

（1）宁可少而精，不要杂乱无章。

房间摆盆花，宜小不宜大，宜精不宜粗，切勿贪多求大。如在墙角或沙发的外侧可安放高 2 ~ 3 尺的较大的盆栽，或用花架安上一盆体积适中的盆花。

（2）衬盆用具宜精不宜粗。

所用盆、架、几案等陈设用具力求高雅或质朴，不要太粗糙，否则美感尽失。

（3）花色随环境变化，不要千篇一律，盆花要随季节不同、厅室不同而有相应的变化。

比如，卧室宜摆文静素雅一些的各色兰花，客厅则可陈设艳丽大方一些的。如发财树、梅树等。

（4）保留时间不要太长。

春、夏、秋三季室内摆花时间以七天为宜，七天后要搬到室外，适时轮换。冬季则可让花久留室内。

小饰品——画龙点睛之笔

对居室进行小方面的装饰和点缀，是居室大布局之外的画龙点睛之笔。小空间的添补，对平衡布局、协调色彩、活跃气氛、增添情趣，具有良好功效。比如，在平整方正而又刻板的家具上，覆盖上钩织精美的织物；在书架、床头、茶几上摆一两件有欣赏价值的古玩、字画、陶器、木雕、石刻、石膏制品或者样式新款、造型奇特、活泼可爱的玩具，精美的工艺品，等等，都可以给人以美的享受。

小物品在摆设时，应注意其色彩尽量和房间色彩、家具色彩相协调。数量上宜少而精，恰到好处。摆设位置要高低适度，以便于人的观赏为原则，应尽量避免踮脚、伸脖、弯腰、抬头、扭体等不自然的观赏姿态。

在摆设小物品时，要注意与摆放的位置、材料、质地、光泽相配合的效果。例如，在平整光亮的家具上，适合放长绒毛的小动物，相映成趣，妙趣横生。

家就像花圃一样，它供应了花木的营养。而不曾被精心整理过的花圃，只能长出泛黄的花草，甚至孕育不出生命，成为不毛之地。

家里必须有几样情趣，它能使心境轻扬灵动，使人清纯振作，更重要的是它给人心理健康和幸福。客厅里的气氛，越是显示出功利和欲望，气氛就越沉闷；越懂得生活的情致，越容易保持温馨和谐。

家居情趣，建立在闲情、恬淡和富于创意的生活中，如果缺乏情趣，就好像没有开阔的空间可以挥洒，缺乏清净的空气可以呼吸，那会是一种僵化的、没有生机的生活。因而，我们要创造一点家居的情趣，从家居设计到精神情境，真正提高生活的品质。

玻璃窗上精心挑选的窗帘，光洁的地板上好看的花纹图案，还有那些日日如新的写意插花……所有的空间都充盈着一种灵动的生气。待在这样的家里，让你和丈夫感到舒适、安全，多了一份归宿感，少了一份诱惑的浮躁。

为梦想而努力

【气质女人修炼锦囊】

梦想有多大，舞台就有多大。梦想能激发你潜藏的能量，让你登上成功的高峰。如果你坚信自己的梦想，并且为它付出足够的努力，你就会看到梦想的奇迹。

60多年前，在美国三藩市，一位演员喜获儿子。由于父亲是演员，这个男孩从小就有了跑龙套的机会，他渐渐产生了当一名演员的梦想。他在一张便笺上写下了这样一段话："我，布鲁斯·李，将会成为全美国最高薪酬的超级巨星。作为回报，我将奉献出最激动人心、最具震撼力的演出。从1970年开始，我将会赢得世界性声誉；到1980年，我将会拥有1000万美元的财富，那时候我及家人将会过上愉快、幸福的生活。"当时，他过得穷困潦倒。这张便笺引来的是白眼和嘲笑。然而，他却牢记着便笺上的每一个字，克服了无数次常人难以想象的困难。甚至在重伤后只用了 4 个月就奇迹般地离开了病床。

20 世纪 70 年代初，他主演的《猛龙过江》等几部电影都刷新香港票房纪录。1972 年，他主演了香港嘉禾公司与美国华纳公司合作的《龙争虎斗》，这部电影使他成为一名国际巨星——被誉为"功夫之王"。1998 年，美国《时代》周刊将其评为"20 世纪英雄偶像"之一，他是唯一入选的华人。他就是"最被欧洲人熟识的亚洲人"——李小龙，一个迄今为止在世界上享誉最高的华人明星。1973 年 7 月，李小龙英年早逝。在美国加州举行的李小龙遗物拍卖会上，这张便笺被一位收藏家以 29 万美元的高价买走，同时，2000 份获准合法复印的副本也当即被抢购一空。

其实，我们每一个人都如李小龙一般，只要敢于挣脱平庸命运的摆弄，大胆追梦，人生将会出现另一种辉煌与多彩。我们每个人都应相信自己，相信我们本身就是梦想大厦的设计师和建筑家。

你应该知道，在你通向梦想的道路上会遭遇很多挫折，会有人嘲笑你甚至阻拦你。而更多时候是你自己给自己的梦想套上了沉重的枷锁。你会受到他人的影响，也会怀疑自己的能力，从而放弃了梦想。而那些最终实现梦想的人绝对是心地纯净没有杂念的人，他们不相信别的，只做自己梦想的信徒。

你能想象到这一切吗？一名默默无闻的墨西哥移民，胸怀大志，后来竟成为世界上最大经济实体的财政部长。巴纽埃洛斯的经历告诉你：梦想越大越好，即使它是梦境般的空想也没关系，因为空想是达成愿望前的一个出发点。人是有潜力的，当我们抱着必胜的信心去迎接挑战时，我们就会挖掘出连自己都想象不到的潜能。如果没有梦想，潜能就会被埋没，即使有再多的机遇等着我们，我们也可能错失良机。

增强意志力，关注生活细节

【气质女人修炼锦囊】

不管你的嗜好是巧克力油炸圈还是啤酒，当你下定决心一定要放弃、一定要远离这些东西的时候，就要努力做到。

对我们中的大多数人来说，用意志力战胜诱惑就像和迈克·泰森打一回拳击赛一样不可能。问题在于自我克制具有双重的负面作用。告诉自己，某件东西你就是得不到，那么结果只能是让你更加想要得到这样东西。如果你觉得自己意志力薄弱，下面教你该怎么做。

1. 改变自己的状态

你知道这样做的原因：时间是晚上8点了，你已经吃过了晚饭，一点都不饿，但是冰箱正在向你招手。你的脑子中满是那盘剩下的美味、一包饼干，甚至是一块蛋糕。你的冲动就是吃、吃、吃，找不到坚持节食的力量。女孩子就是这样！除了将诱惑放到自己拿不到的地方之外，专家们建议，你可以改变一下自己的状态。这也叫作：远离欲望。与其在屋子里与食欲作斗争，不如站起来、走出去、去看一位朋友。这一类的排遣能够增强意志力，因为这将你的注意力拉离了你的欲望和冲动。也就是说你没有那么强烈地想要满足某一欲望了。

2. 想象一下欲望满足之后的影响

迫不及待地想打电话给让你心碎的前男友，目的只是想再见他一次吗？你觉得很孤单，时间很晚了他也愿意见你，所以为什么不打这个电话呢？解决这个问题的唯一办法就是想一想见面之后会有什么事发生，然后打电话给你最严厉的朋友，告诉她你的意图。大多数情况下，当我们失去意志力的时候，我们会自欺欺人，认为通过掩饰细节，我们就可以处理事后的影响。但是要增强意志力，就必须关注细节。

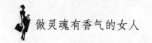

3. 激励自己

总是提醒自己，让自己想起过去所有的失败，你的意志力就会慢慢变得薄弱。对现在来说，重要的不是过去的失败，而是现在怎样做才会成功。要使这种思想根深蒂固，那就要从错误中吸取教训。过去让你失败的不止是缺少意志力，还包括许多细节。压力和烦恼，或者是经前综合征，甚至是缺少家人的支持，这些会让你意志力薄弱吗？一定要弄清楚导致你意志力薄弱的具体原因和发生的时间，以便找出克服它们的办法。

4. 让自己休息一下

当你将自己置于"不能完全，宁可没有"这种精神状态之中的时候，意志力就会土崩瓦解。相反，要制订一个现实的、长期可行的计划。这个计划总是应该包括一些"放纵"的空间。这种放纵可以是每天吃一次好的，可以是买一双昂贵的跑鞋，穿着它去健身房。

❧ 明智申诉，维护自己的利益 ❧

【气质女人修炼锦囊】

当我们觉得自己受到了不公正或者粗鲁的待遇，好像根本就是激不足道的人一样，这时产生的感情就是去控诉。当觉得别人在搪塞我们、忽视我们的时候，我们也会想着去控诉。

如果你曾经是恶劣服务的接受者，下面教你怎样有效地控诉。

1. 坚持自己的观点

坚持维护自己的利益并不意味着怒不可遏，脸红脖子粗，大声嚷嚷。这里的关键是坚持自己的观点，而不是咄咄逼人。如果混淆了这两者，要么你会发现自己被保安人员粗鲁地推出去，要么最终造成的问题要比控诉严重得多。因此，问题的答案就在于要有建设性。首先，要确保你是在和一个可以提供帮助的人控诉；其次，要确保所有的证据都准备妥当，这样你才能迅速地让别人理解你的意思。

2. 不要怕难为情

提醒自己，如果受到了不公正的待遇，或者买的东西没用几次就坏了，你有权利去控诉。其他人也许会认为你是在无理取闹，但是如果你觉得自己受到了亏待，你有权说出自己的不满，维护自己的利益。说话一定要平静，如果说得太快，自己都心烦意乱了，那你的话就会源源不断地冒出来，而你的控诉就会被埋没在这种混乱中。

3. 搞清楚自己想要什么

这是问题的本质，因为如果你不知道什么会使你感觉好受一些，没有人能够平息你的怒气。你是想要别人向你道歉，想要得到补偿，还是想要别人把钱退给你，或者是更进一步的行动？此外，你想要的和你控诉的是一回事吗？如果仅仅是你点的早餐没有及时送来，你就想不给钱，这可不是什么好的想法。从另一方面来说，别人对你粗鲁无礼，那就确实需要向你道歉，而不是随随便便地做点什么，让你感觉好一些就行了。

4. 知道自己的权利

当然，在知道自己想要什么的同时，在大叫退款、保值单据之前，知道自己有哪些权利，也是会有帮助的。如果你的控诉是关于你买的东西（包括食品），而且有理有据，那你就不需要出示保值单据，或者重新选择一些新的东西。但是，如果只是不再喜欢某双鞋子了，你就没有权利要求退款（尽管有些商店确实会给你退款），但是一般会有机会换成另外一双鞋子。

5. 不要害怕向上层反映

如果没有得到你想要的服务，或者和现在这个人的谈话一点成效都没有，那就不要害怕向管理链中更高一层反应。向他们要总经理办公室的电话，或者客户服务部的电话，记住一直在和你谈话的这个人的姓名，确保带上了购物凭证。尽管不停地对着同一个人咆哮，会让你越说越有劲，但事实上，那一点成效都没有，而且还会让你觉得更难受，不会让你更接近目标。